《钢结构设计标准》GB 50017—2017 PKPM软件应用指南

北京构力科技有限公司　编著

U0299808

中国建筑工业出版社

图书在版编目（CIP）数据

《钢结构设计标准》GB 50017—2017 PKPM 软件应用指南/北京构力科技有限公司编著. —北京：中国建筑工业出版社，2019.7（2023.4重印）

ISBN 978-7-112-23593-3

Ⅰ.①钢… Ⅱ.①北… Ⅲ.①钢结构-结构设计-计算机辅助设计-应用软件-指南 Ⅳ.①TU375.4-62

中国版本图书馆 CIP 数据核字(2019)第 068162 号

随着《钢结构设计标准》GB 50017—2017 的实施，PKPM 软件也发布了新版本。新版本从钢材材料、钢构件验算、宽厚比控制、性能设计等各方面深入理解规范内容，全面执行规范条文。本书详细介绍软件对于规范的理解及实施细节，并进行了手工计算复核，希望对广大设计人员合理使用软件提供帮助。

本书适合 PKPM 用户、结构设计人员阅读，也可供相关培训机构作为软件培训教材使用。

责任编辑：刘瑞霞　武晓涛
责任设计：李志立
责任校对：芦欣甜

《钢结构设计标准》GB 50017—2017 PKPM 软件应用指南
北京构力科技有限公司　编著
*
中国建筑工业出版社出版、发行（北京海淀三里河路 9 号）
各地新华书店、建筑书店经销
北京红光制版公司制版
北京建筑工业印刷厂印刷
*
开本：787×1092 毫米　1/16　印张：12¼　字数：303 千字
2019 年 7 月第一版　2023 年 4 月第四次印刷
定价：**39.00** 元
ISBN 978-7-112-23593-3
(33889)

本书编委会

前　言

国家标准《钢结构设计标准》于2017年12月12日由住房和城乡建设部第1771号公告批准发布，编号为GB 50017—2017（以下简称“新钢标”），自2018年7月1日起实施。PKPM于业内第一时间发布新版本，全面贯彻执行新钢标，为广大用户采用新钢标进行工程设计提供有力的软件支持。新版本于2018年7月11日正式发布，即PKPM V4.2版。软件从钢材材料、钢构件验算、宽厚比控制、性能设计等各方面深入理解规范内容，全面执行规范条文。本书旨在详细介绍软件对于规范的理解及实施细节，希望对广大设计人员合理使用软件提供帮助。

本书第1、8、9章作者为朱恒、王曦；第2、6章作者为吴海楠；第3、7章作者为刘孝国、第4章作者为肖川、赵珊珊；第5章作者为朱恒禄，以上均为参与V4.2新钢标版本产品设计、研发、测试的核心成员。

同时，为尽快满足读者、用户需求，编写时间仓促，编者水平有限，书中难免有差错或不周全之处，还望广大读者、用户批评指正。

目　录

第1章　材　　料

1.1　引言

《钢结构设计标准》GB 50017—2017 发布后，材料部分的修改和已发布的《高层民用建筑钢结构技术规程》JGJ 99—2015（以下简称高钢规）、《门式刚架轻型房屋钢结构技术规程》GB 51022—2015（以下简称门规）保持一致。所以今后在执行钢结构相关的新规范时，材料强度指标无需再区分规范，只需要统一执行一套即可。

1.2　钢材强度指标

1.2.1　厚度分级

厚度分级按照《碳素结构钢》GB/T 700—2006、《低合金高强度结构钢》GB/T 1591—2008 和《建筑结构用钢板》GB/T 19879—2005 确定。Q235 钢材取消了 60～100 的厚度分组，Q345 新增了一个 63～80 的分组，同时对 Q345 及以上钢材的分组厚度值进行了修改。

对比可以发现，部分落在厚度分组阶梯上的厚度值会有小部分的波动，但波动值大部分都在 5%以内，考虑到实际设计时施工不确定性和长细比控制等因素，对设计影响并不大。

1.2.2　材料分项系数

这次新钢标的材料分项系数（表 1.2-1）无一例外都进行了上调，尤其是高钢号钢材（Q420，Q460），在厚度较大时，考虑到材料试验结果的离散性太大，又做了进一步的上调。因为构件强度设计值是采用屈服强度除以材料分项系数得到，所以在各厚度分组上材料的强度设计值都较旧规范明显下降（表 1.2-2）。

材料分项系数　　**表 1.2-1**

<table>
<tr><td colspan="2">厚度分组（mm）</td><td>6～40</td><td>>40，≤100</td><td>2003 规范值</td></tr>
<tr><td rowspan="5">钢牌号</td><td>Q235 钢</td><td colspan="2">1.090</td><td>1.087</td></tr>
<tr><td>Q345 钢</td><td colspan="2" rowspan="2">1.125</td><td rowspan="3">1.111</td></tr>
<tr><td>Q390 钢</td></tr>
<tr><td>Q420 钢</td><td rowspan="2">1.125</td><td rowspan="2">1.180</td></tr>
<tr><td>Q460 钢</td><td>—</td></tr>
</table>

新旧规范钢材强度对比 **表 1.2-2**

Q345 钢	≤16	310	Q345	≤16	305
	>16～35	295		>16，≤40	295
	>35～50	265		>40，≤63	290
	>50～100	250		>63，≤80	280
Q390 钢	≤16	350		>80，≤100	270
	>16～35	335	Q390	≤16	345
	>35～50	315		>16，≤40	330
	>50～100	295		>40，≤63	310
Q420 钢	≤16	380		>63，≤100	295
	>16～35	360	Q420	≤16	375
	>35～50	340		>16，≤40	355
	>50～100	325		>40，≤63	320
				>63，≤100	305

1.2.3 材料类型扩充

这次的新标准，合金钢材料新增了 Q460，同时新增了一种比较常见的高建钢材料——Q345GJ。

标准还单独增加结构用无缝钢管材料的强度指标，见新标准表 4.4.3。但是鉴于这种材料规范组并不推荐使用，程序暂不支持选择此材料。对于钢管构件，还是建议采用常规的焊接形式。

而对于其他各处未使用 ε_k 的地方，则按照新标准表 4.4.1 中的 f_y 按厚度进行取值，例如新标准 D.0.5 中计算正则化长细比。

还有一处标准的错误需要注意一下：公式（C.0.1-1）中的“ε_k”应为“ε_k^2”。

1.3 程序对应修改

1.3.1 材料类型的扩充

除了标准中提到的材料以外，程序还按照合金钢规范以及高建钢规范扩充了 Q500～Q690，以及 Q235GJ 和 Q390GJ～Q460GJ 这些钢材。对于这些扩充的钢材，除了按对应规范取钢材屈服强度 f_y 以外，合金钢按照 Q460，高建钢按照 Q345GJ 的材料分项系数分别计算了对应的强度设计值 f。有需求的用户，使用前还应进行充分的试验，确定实际的材料分项系数。

1.3.2 软件的实现

软件已经全面贯彻了钢结构系列规范的材料，从建模到前处理，都提供了完全的材料修改入口。见图 1.3.1～图 1.3-3。

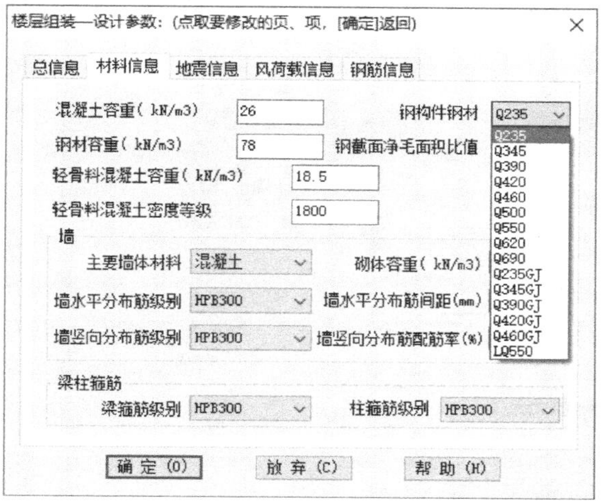

图 1.3-1　PM 建模中材料选择

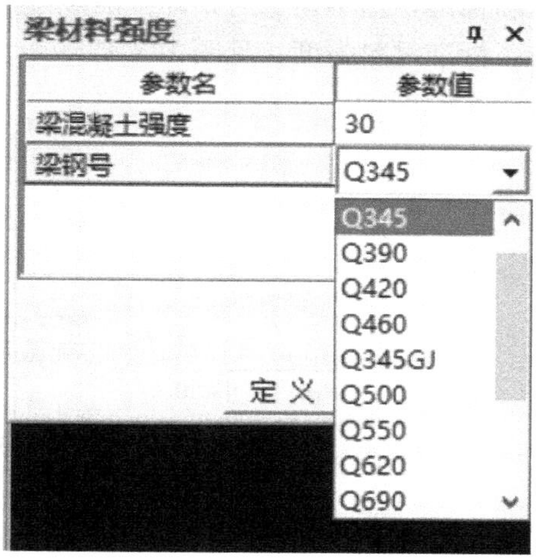

图 1.3-2　SATWE 前处理中可进行构件的修改

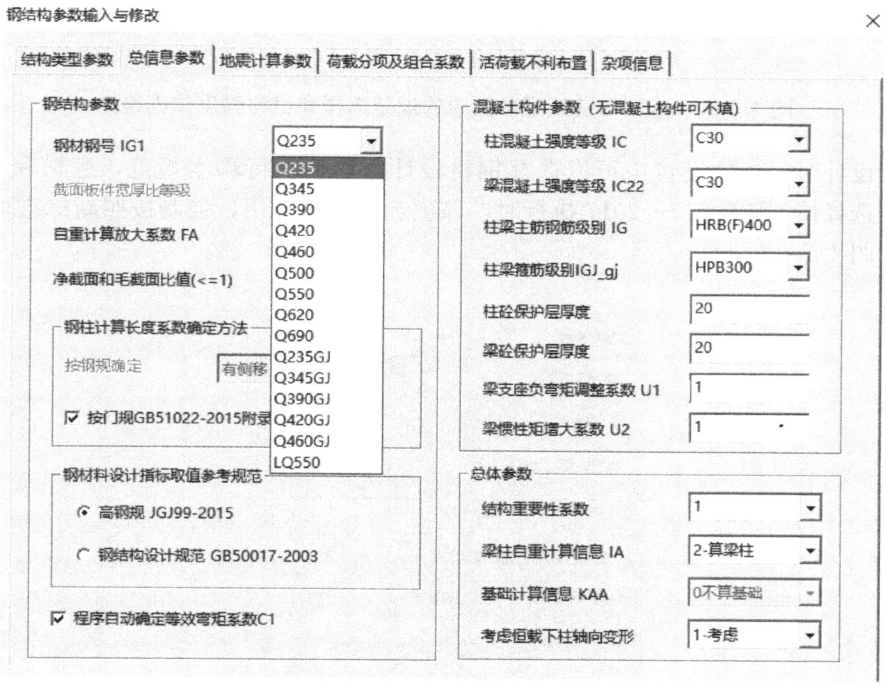

图 1.3-3　二维设计中指定构件钢号

1.3.3　新旧规范材料的兼容性

对于一些按旧规范设计的结构，除了构件等验算需要遵循旧规范外，材料强度也需要按旧规范执行。程序针对这个情况，提供了旧规范材料的兼容性。

SATWE 前处理中，当选择设计规范为 GB 50017—2003 时，材料强度可选择是否执行新标准，当不勾选时，即按旧规范执行。当选择规范为 GB 50017—2017 时，则强制执行新标准材料强度。见图 1. 3-4。

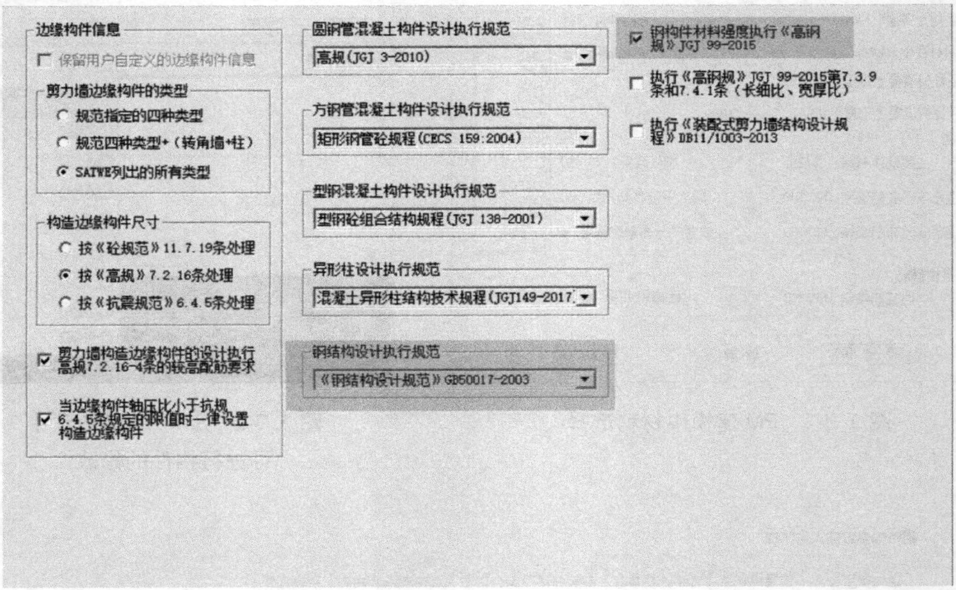

图 1. 3-4　SATWE 前处理参数中的规范选择和材料强度依据选择

二维设计时，参数设置中可以选择钢材设计值指标执行哪本规范，逻辑和 SATWE 一样。当选择按 GB 50017—2017 执行时，该项选择不起作用，强制按照新标准取强度设计值。见图 1. 3-5。

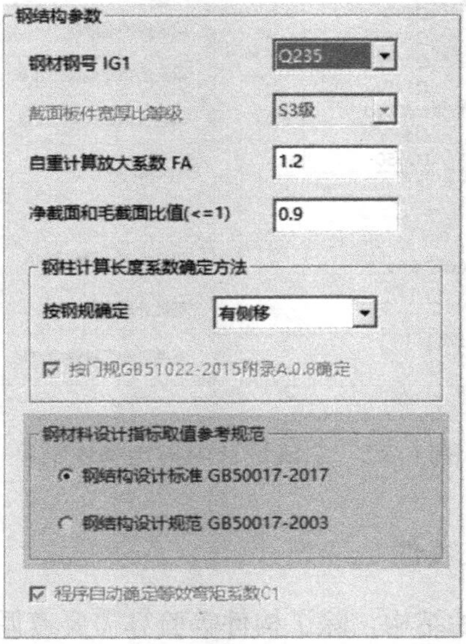

图 1. 3-5　二维参数中材料取值依据选择

1.4　材料强度变化对设计的影响

1.4.1　与旧规范（GB 50017—2003）的对比

1）稳定设计

对比柱截面：HW350×357

钢号：Q390

面内计算长度：6m

按旧规范验算，轴心受压稳定系数：0.851

按新标准验算，轴心受压稳定系数：0.912

分析差异原因可以发现，这个型钢 t_w 和 t_f 都是 19，按旧规范设计时，屈服强度程序直接取牌号强度，即 $f_y=390$；而按新标准设计时，按 19 的厚度取 $f_y=370$，因此计算得 λ_n：旧规范为 0.565，新标准为 0.551。考虑到正则化长细比和稳定系数的关系（旧规范 209 页图 11，本书图 1.4-1），新标准的稳定系数就会比旧规范相应增加，对应的稳定应力轴力项就会相应减小。

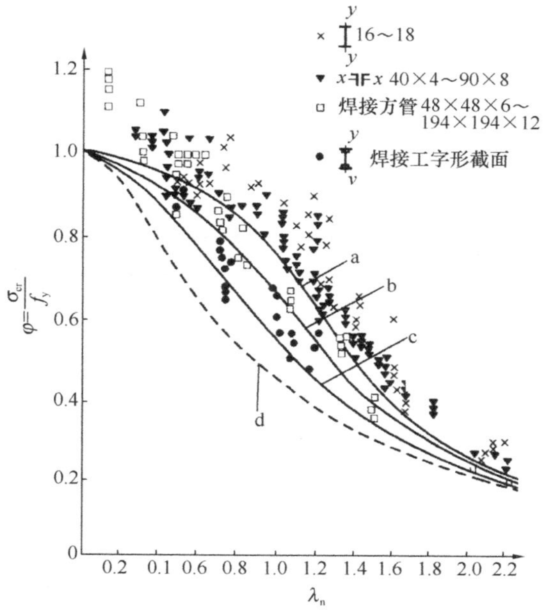

图 1.4-1　柱子曲线与试验值

2）强度计算

对比柱截面：H800×250×40×50

钢号：Q345

设计内力：$N=2000\text{kN}$；$M=2000\text{kN}\cdot\text{m}$

按旧规范验算，强度应力比为：0.7588

按新标准验算，强度应力比为：0.6934

对比可以发现，虽然规范对强度公式未做调整，但是构件的强度应力比还是出现了明显的波动（差异在 10%）。主要原因还是构件的厚度正好介于新旧规范两个厚度分组之间，导致一个向上取为 290，另一个向下取为 265。但总的来说，在 Q345 这个情况比较特殊的钢材上，旧规范的结果总是能包住新规范的结果的。

1.4.2　设计建议

从新标准设计结果来看，一般很少因为强度设计值的调整而导致设计不满足新规范要求的情况，因为常用钢号 Q235 和 Q345 的强度调整并不明显（甚至厚度较大时 Q345 新标准强度设计值更高），而对于高钢号的构件，往往都是构造控制，应力比也不会太高，所以对于构件钢号的使用习惯不用改变。

这次新标准新增的高建钢材料无疑是一个亮点，而且是第四章强度相关条文唯一没有设置强条的一处。高建钢的特点是强度随厚度变化很不明显，是一种很好的建筑材料，这次规范没有设置强条也是为了推广这种材料，方便按照实际情况选取更高的强度。（见新钢标条文说明 30 页表 9）特别是板厚度较大时，建议采用更稳定的 Q345GJ，而不是离散性较大的 Q390。从下面的对比中可以发现，在 40～50 的这个厚度分组上，Q345GJ 的强度设计值甚至大于 Q420。见图 1.4-2。

Q345	≤16	305
	＞16，≤40	295
	＞40，≤63	290
	＞63，≤80	280
	＞80，≤100	270
Q390	≤16	345
	＞16，≤40	330
	＞40，≤63	310
	＞63，≤100	295
Q420	≤16	375
	＞16，≤40	355
	＞40，≤63	320
	＞63，≤100	305

Q345GJ	＞16，≤50	325
	＞50，≤100	300

图 1.4-2　高牌号钢材强度与高建钢强度对比

第 2 章　钢构件板件的宽厚比控制

2.1　引言

绝大多数钢构件由板件构成，而板件宽厚比大小直接决定了钢构件的承载能力和受弯及压弯时塑性转动变形能力，因此钢构件截面的分类，是钢结构设计的基础，尤其是钢结构抗震设计方法的基础。

对于钢结构而言，钢构件的板件宽厚比限值不同规范都有较为独立的规定，程序基本上也是基于各自的要求去控制的，它们分别是《钢结构设计标准》GB 50017—2017（以下简称“新钢标”），《建筑抗震设计规范》GB 50011—2010（以下简称“抗规”），《高层民用建筑钢结构技术规程》JGJ 99—2015（以下简称“高钢规”），《门式刚架轻型房屋钢结构技术规程》GB 51022—2015（以下简称“门规”）。

2.2　《钢结构设计标准》GB 50017—2017 规定

新钢标根据截面承载力（弹性要求）和塑性转动能力的不同，将构件板件的板件宽厚比划分为 5 个等级，分别为 S1 级～S5 级，如表 2.2-1 所示。

板件宽厚比等级　　　　**表 2.2-1**

宽厚比等级	塑性变形能力	弹塑性截面分类
S1	可达全截面塑性，保证塑性铰具有塑性设计要求的转动能力，且在转动过程中承载力不降低	一级塑性截面（塑性转动截面）
S2	可达全截面塑性，局部屈曲，塑性铰的转动能力有限	二级塑性截面
S3	翼缘全部屈服，腹板可发展不超过 1/4 截面高度的塑性	弹塑性截面
S4	边缘纤维可达屈服强度，但由于局部屈曲而不能发展塑性	弹性截面
S5	在边缘纤维达屈服应力前腹板可能发生局部屈曲	薄壁截面

压弯构件和受弯构件板件的宽厚比限值，依据新钢标 3.5.1 条要求（表 2.2-2）考虑。

宽厚比限值　　　　**表 2.2-2**

构件	截面板件宽厚比等级		S1 级	S2 级	S3 级	S4 级	S5 级
压弯构件（框架柱）	H 形截面	翼缘 b/t	$9\varepsilon_k$	$11\varepsilon_k$	$13\varepsilon_k$	$15\varepsilon_k$	20
		腹板 h_0/t_w	$(33+13\alpha_0^{1.3})\varepsilon_k$	$(38+13\alpha_0^{1.39})\varepsilon_k$	$(40+18\alpha_0^{1.5})\varepsilon_k$	$(45+25\alpha_0^{1.66})\varepsilon_k$	250
	箱形截面	壁板（腹板）间翼缘 b/t	$30\varepsilon_k$	$35\varepsilon_k$	$40\varepsilon_k$	$45\varepsilon_k$	—
	圆钢管截面	径厚比 D/t	$50\varepsilon_k^2$	$70\varepsilon_k^2$	$90\varepsilon_k^2$	$100\varepsilon_k^2$	—

续表

构件	截面板件宽厚比等级		S1 级	S2 级	S3 级	S4 级	S5 级
受弯构件（梁）	工字形截面	翼缘 b/t	$9\varepsilon_k$	$11\varepsilon_k$	$13\varepsilon_k$	$15\varepsilon_k$	20
		腹板 h_0/t_w	$65\varepsilon_k$	$72\varepsilon_k$	$93\varepsilon_k$	$124\varepsilon_k$	250
	箱形截面	壁板（腹板）间翼缘 b/t	$25\varepsilon_k$	$32\varepsilon_k$	$37\varepsilon_k$	$42\varepsilon_k$	—

其中：ε_k 为 $\sqrt{235/f_y}$，其中 f_y 为钢材牌号屈服点；

箱形截面梁和单向受弯的箱形截面柱可按 H 形截面腹板采用；

α_0 为应力梯度与旧版钢结构设计规范规定是一致的，即：

$$\alpha_0=\frac{\sigma_{max}-\sigma_{min}}{\sigma_{max}}$$

对于轴心受压的支撑杆件，新钢标中增加了等边角钢肢件宽厚比限值要求，各个截面的限值要求见表 2.2-3。

各截面限值 **表 2.2-3**

H 形截面		箱形截面	T 形截面			等边角钢		圆管
翼缘 b/t_f	腹板 h_0/t_w	壁板（腹板）间翼缘 b/t	翼缘 b/t_f	腹板		肢件宽厚比 ω/t		径厚比 D/t
				热轧剖分 T 型钢	焊接 T 型钢	$\lambda\leqslant80\varepsilon_k$	$\lambda>80\varepsilon_k$	
$(10+0.1\lambda)\varepsilon_k$	$(25+0.5\lambda)\varepsilon_k$	$40\varepsilon_k$	$(10+0.1\lambda)\varepsilon_k$	$(15+0.2\lambda)\varepsilon_k$	$(13+0.17\lambda)\varepsilon_k$	$15\varepsilon_k$	$5\varepsilon_k+0.125\lambda$	$100\varepsilon_k^2$

与《钢结构设计规范》GB 50017—2003（以下简称“旧钢规”）相比，新钢标增加了轴心受压构件宽厚比限值放大系数的内容，根据新钢标 7.3.2 条规定：当轴心受压构件的压力小于稳定承载力 φAf 时，可将其板件宽厚比限值由本标准第 7.3.1 条相关公式算得后乘以放大系数 $\alpha=\sqrt{\varphi Af/N}$ 确定。

2.3 《钢结构设计规范》GB 50017—2003 的相关规定

旧钢规关于截面板件宽厚比的规定分散在受弯构件、压弯构件的计算及塑性设计各章节中，为了方便比较，将旧钢规的内容和新钢标的相关要求，总结为表 2.3-1。

新旧规范相关要求对比 **表 2.3-1**

构件	截面和宽厚比		旧钢规限值	新钢标非抗震要求
压弯构件	H 形截面	翼缘 b/t	$15\varepsilon_k$	$15\varepsilon_k$
		腹板 h_0/t_w	$(16\alpha_0+0.5\lambda+25)\varepsilon_k$ $(48\alpha_0+0.5\lambda-26.2)\varepsilon_k$	$(45+25\alpha_0^{1.66})\varepsilon_k$
	箱形截面	翼缘 b/t	$40\varepsilon_k$	$45\varepsilon_k$
		腹板 h_0/t_w	$(16\alpha_M M0+0.5\lambda+24)\varepsilon_k$ 或 $0.8\times(48\alpha_0+0.5\lambda-26.2)\varepsilon_k$	$45\varepsilon_k$

续表

构件	截面和宽厚比		旧钢规限值	新钢标非抗震要求
轴心受压构件	工字形截面	翼缘 b/t	$(10+0.1\lambda)\ \varepsilon_k$	$(10+0.1\lambda)\ \varepsilon_k$
		腹板 h_0/t_w	$(25+0.5\lambda)\ \varepsilon_k$	$(25+0.5\lambda)\ \varepsilon_k$
	箱形截面	翼缘 b/t	$40\varepsilon_k$	$40\varepsilon_k$
		腹板 h_0/t_w	$40\varepsilon_k$	$40\varepsilon_k$
	圆钢管截面	径厚比 D/t	$100\varepsilon_k^2$	$100\varepsilon_k^2$
受弯构件（梁）	H 形截面	翼缘 b/t	$15\varepsilon_k$	$15\varepsilon_k$
		腹板 h_0/t_w	80，250	$124\varepsilon_k$
	箱形截面	翼缘 b/t	$40\varepsilon_k$	$42\varepsilon_k$
		腹板 b_0/t_w	$40\varepsilon_k$	$124\varepsilon_k$

根据表 2.3-1 我们可以得知，旧钢规中的相关要求，是对于一般持久和短暂工况设计而言的，没有涉及相关的抗震设计下的宽厚比、高厚比及长细比限值要求。新钢标中除 17 章抗震性能化设计各延性等级对应的宽厚比等级以外，其他规定也同样针对一般持久和短暂设计工况下的延性要求。对比旧钢规和新钢标，在轴心受压杆件各截面板件宽厚比限值上是保持一致的，在压弯构件和受弯构件的宽厚比限值上，两者存在不同程度的差异，这些差异会体现在下面具体构件的对比中。

2.4　《建筑抗震设计规范》GB 50011—2010 的相关规定

抗规主要以抗震等级为核心控制条件，同时规定了不同的钢结构形式的宽厚比控制要求，其对于各个钢结构形式的梁柱板件宽厚比控制要求依据总结为表 2.4-1。

抗规宽厚比控制要求　　　　**表 2.4-1**

结构形式	宽厚比限值要求
钢框架	抗规表 8.3.2
单层钢结构厂房	重屋盖厂房：抗规 9.2.14-1 按烈度 7/8/9 度对应抗规钢框架四/三/二级
	轻屋盖厂房：抗规 9.2.14-1“高弹性、低延性”性能化设计要求确定板件宽厚比限值
多层钢结构厂房	厂房总高度不大于 40m 的多层部分，按照抗规 9.2 节执行
	厂房总高度大于 40m 的多层部分，按照抗规 8.3 节钢框架要求执行

2.4.1　与抗震等级相关宽厚比限值规定

由表 2.4-1 可知，抗规主要有两种方式进行构件板件宽厚比控制，一种是以抗震等级作为直接或间接条件，控制钢框架结构、单层重屋盖钢结构厂房以及多层钢结构厂房总高度大于 40m 的多层部分的构件板件宽厚比，梁柱构件板件宽厚比执行抗规表 8.3.2，如表 2.4-2 所示。

梁柱构件板件宽厚比 表 2.4-2

板件名称		抗震等级			
		一级	二级	三级	四级
柱	工字形截面翼缘外伸部分	10	11	12	13
	工字形截面腹板	43	45	48	52
	箱形截面壁板	33	36	38	40
梁	工字形截面和箱形截面外伸部分	9	9	10	11
	箱形截面翼缘在两腹板之间部分	30	30	32	36
	工字形截面和箱形截面腹板	$72-120\rho\leqslant60$	$72-100\rho\leqslant65$	$80-110\rho\leqslant70$	$85-120\rho\leqslant75$

注：$\rho=N_b/(Af)$，为梁轴压比。

2.4.2 单层轻屋盖厂房的宽厚比限值规定

单层轻屋盖钢结构厂房按照抗规 9.2.14 节条文说明要求选择厂房结构相应的承载力目标，在满足按 1 倍地震作用、1.5 倍地震作用、2 倍地震作用的承载力目标时，对应 A、B、C 三类去控制构件板件的宽厚比，如表 2.4-3 所示。

单层轻屋盖厂房梁柱构件板件宽厚比控制要求 表 2.4-3

构件	截面类型	板件名称	A类	B类	C类
柱	工字形截面	翼缘 b/t	10	12	钢标 3.5.1 条的 S4 级经修正后的限值
		腹板 h_0/t_w	44	50	钢标 3.5.1 条的 S4 级经修正后的限值
	箱形截面	翼缘 b/t	33	37	钢标 3.5.1 条的 S4 级经修正后的限值
		腹板 h_0/t_w	44	48	钢标 3.5.1 条的 S4 级经修正后的限值
梁	工字形截面	翼缘 b/t	9	11	钢标 3.5.1 条的 S4 级经修正后的限值
		腹板 h_1/t_w	65	72	钢标 3.5.1 条的 S4 级经修正后的限值
	箱形截面	翼缘 b/t	30	36	钢标 3.5.1 条的 S4 级经修正后的限值
		腹板 h_0/t_w	65	72	钢标 3.5.1 条的 S4 级经修正后的限值

注：表中数值适用于 Q235 钢，当材料为其他钢号时，应乘以 $\sqrt{235/f_y}$。

2.5 《高层民用建筑钢结构技术规程》JGJ 99—2015 的相关规定

高钢规中关于构件板件宽厚比的相关要求与抗规基本相同，两者的不同点在于高钢规规定了非抗震下的宽厚比要求，该要求与抗震等级为四级时相同，见表 2.5-1。

高钢规宽厚比要求 表 2.5-1

板件名称		抗震等级				非抗震设计
		一级	二级	三级	四级	
柱	工字形截面翼缘外伸部分	10	11	12	13	13
	工字形截面腹板	43	45	48	52	52

续表

板件名称		抗震等级				非抗震设计
		一级	二级	三级	四级	
柱	箱形截面壁板	33	36	38	40	40
	冷成型方管壁板	32	35	37	40	40
	圆管径厚比	50	55	60	70	70
梁	工字形截面和箱形截面外伸部分	9	9	10	11	11
	箱形截面翼缘在两腹板之间部分	30	30	32	36	36
	工字形截面和箱形截面腹板	$72-120\rho$ 不宜大于 60	$72-100\rho$ 不宜大于 65	$80-110\rho$ 不宜大于 70	$85-120\rho$ 不宜大于 75	$85-120\rho$

注：ρ 为梁的轴压比 N_b/A_f，其他钢号乘以 ε_k。

2.6　《门式刚架轻型房屋钢结构技术规范》GB 51022—2015 的相关规定

门规 3.4.1 条规定：工字形截面构件受压翼缘板自由外伸宽度 b 与其厚度 t 之比不应大于 $15\sqrt{235/f_y}$，腹板高厚比不应大于 250。

同时门规 3.4.3 条还规定“当地震作用组合的效应控制结构设计时，工字形截面构件受压翼缘板自由外伸宽度 b 与其厚度 t 之比不应大于 $13\sqrt{235/f_y}$，腹板高厚比不应大于 160”。

从门规的要求可以看出，对于抗震组合下的板件宽厚比提出了更高的要求，工程设计中应该区分构件强度稳定控制组合是否是地震作用参与的组合，对于非地震组合控制的构件可以适当地放松宽厚比、高厚比等构造措施。

2.7　程序实现

2.7.1　二维程序对板件宽厚比的控制

二维钢结构模块主要完成以二维单向受力为主的厂房结构的分析、设计以及施工图的绘制，因此目前钢结构二维中没有针对新钢标第 17 章抗震性能化设计相关的功能，对于构件板件的宽厚比限值要求，按照图 2.7-1 中的一般流程进行考虑。

对于抗震设计，二维程序以抗规要求为主，在参数中定义结构的抗震等级，同时可在交互定义中修改某些构件的抗震等级。定义后程序对各个构件的宽厚比限值按照地震作用参与的组合和非地震作用组合分别控制板件宽厚比，地震作用组合下的宽厚比按照抗震等级对应的限值考虑，如果不满足则输出对应的超限信息。而构件设计中的非地震作用组合或非抗震构件（如次梁构件）则按照《钢结构设计标准》中的 S4 级要求控制，如果不满足 S4 级的要求，则按照新钢标 8.4.2 条的要求考虑有效截面下的应力要求，具体验算过

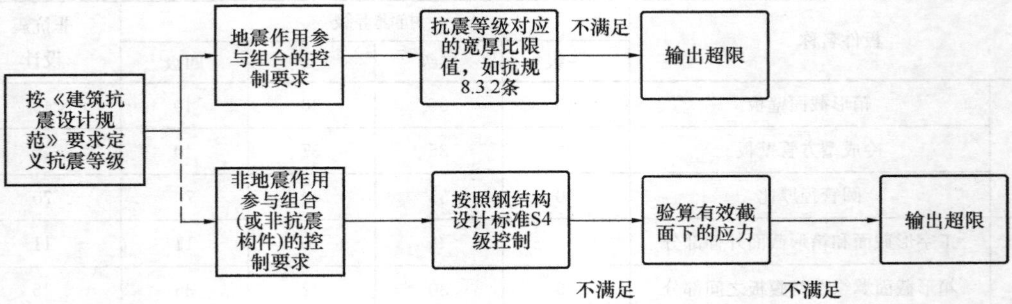

图 2.7-1　二维程序控制构件板件宽厚比的一般流程

程可参考构件设计验算相关章节，有效截面条件下的应力比如果不满足，则输出对应的超限信息；如果按照有效截面验算满足强度与稳定要求，则直接放松宽厚比、高厚比限值。

2.7.2　二维程序控制宽厚比校核算例

算例一如图 2.7-2 所示。该模型为三层单榀框架，以图中圈出的柱、梁为例，校核其板件宽厚比限值。

该结构抗震等级为四级，钢柱截面为 H500×250×8×10，钢梁截面为 H500×250×8×10，钢材为 Q345。

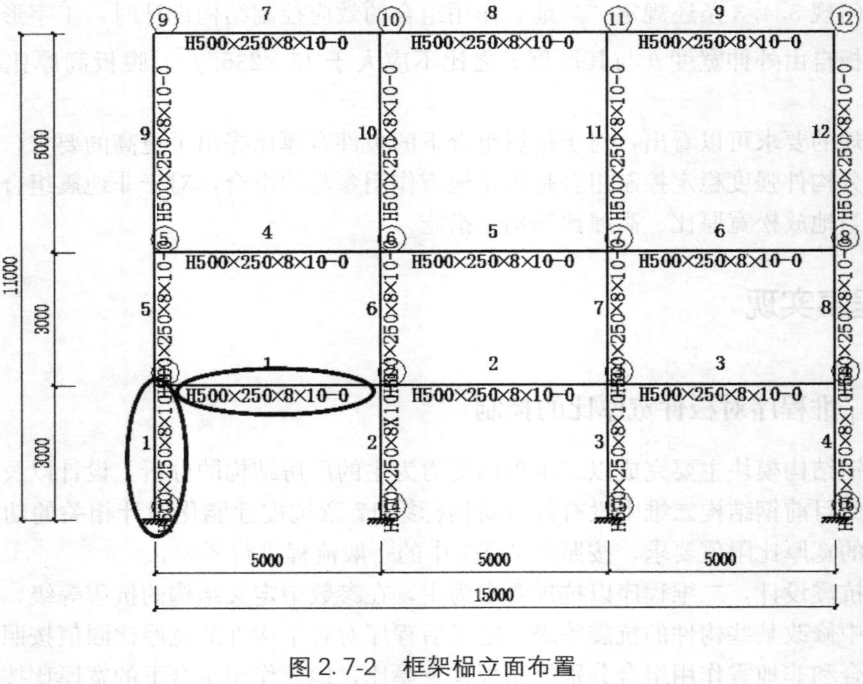

图 2.7-2　框架榀立面布置

柱宽厚比控制结果见图 2.7-3。

梁宽厚比控制结果见图 2.7-4。

```
腹板容许高厚比计算对应组合号:  1,  M=    -4.21,  N=   100.50,  M=   -11.81,  N=   -97.13
对应的应力梯度α0 =       0.82
GB50017腹板容许高厚比 [H0/TW] =      51.97
GB50011腹板容许高厚比 [H0/TW] =      42.92
翼缘容许宽厚比 [B/T] =      10.73

强度计算最大应力 < f=  325.00
平面内稳定计算最大应力 < f=  325.00
平面外稳定计算最大应力 < f=  325.00
```

图 2.7-3　柱宽厚比控制结果

```
腹板高厚比 H0/TW=  60.00 < [H0/TW]=  102.34 (GB50017)
腹板高厚比 H0/TW=  60.00 < [H0/TW]=   61.90 (GB50011)
翼缘宽厚比  B/T =  12.10 <  [B/T] =   12.38(GB50017)
翼缘宽厚比  B/T =  12.10 >  [B/T] =    9.08 (GB50011) *****
```

图 2.7-4　梁宽厚比控制结果

1）校核柱板件宽厚比限值

校核柱的腹板高厚比限值：

腹板高厚比在抗震等级四级时为 $[h_w/t_w]=52\varepsilon_k=42.92$

非抗震组合下其腹板高厚比限值和应力梯度有关，应力梯度计算过程如下：

柱截面面积：$A=0.00884\ \mathrm{m}^3$，X 向截面模量：$W_x=0.0014956\ \mathrm{m}^4$

$$\sigma_{\max}=\frac{N}{A}+\frac{M}{W}=100.5/0.00884+11.81/0.0014956=19.265$$

$$\sigma_{\min}=\frac{N}{A}-\frac{M}{W}=100.5/0.00884-11.81/0.0014956=3.472$$

$$\alpha_0=\frac{\sigma_{\max}-\sigma_{\min}}{\sigma_{\max}}=\frac{19.265-3.472}{19.265}=0.820$$

进而得到 S4 级对应的高厚比限值：

$(45+25\alpha_0^{1.66})\varepsilon_k=51.97$

校核结果与程序输出一致。

校核柱的翼缘宽厚比限值：

柱翼缘宽厚比限值在抗震等级四级时为 $[b/t]=13\varepsilon_k=10.73$

非抗震组合下其翼缘宽厚比限值为 $[b/t]=15\varepsilon_k=12.38$

该柱的翼缘宽厚比限值由抗震控制，与程序输出是一致的。

2）校核梁板件宽厚比限值

校核梁的腹板高厚比限值：

抗震设计时，梁腹板高厚比可能与轴压比相关。

由轴力包络图（图 2.7-5）得到，梁的轴力为 47kN

梁的轴压比为：$N/A_bf=47/(0.00884\times305)=0.0174$

考虑轴压比梁腹板高厚比限值为 $[h_w/t_w]=(85-120N/A_bf)\varepsilon_k=68.42$

同时抗震规定四级时高厚比限值不应大于 $75\varepsilon_k=61.9$

非抗震组合下其腹板高厚比限值为 $[h_w/t_w]=124\varepsilon_k=102.34$

该梁的腹板高厚比限值与程序输出是一致的。

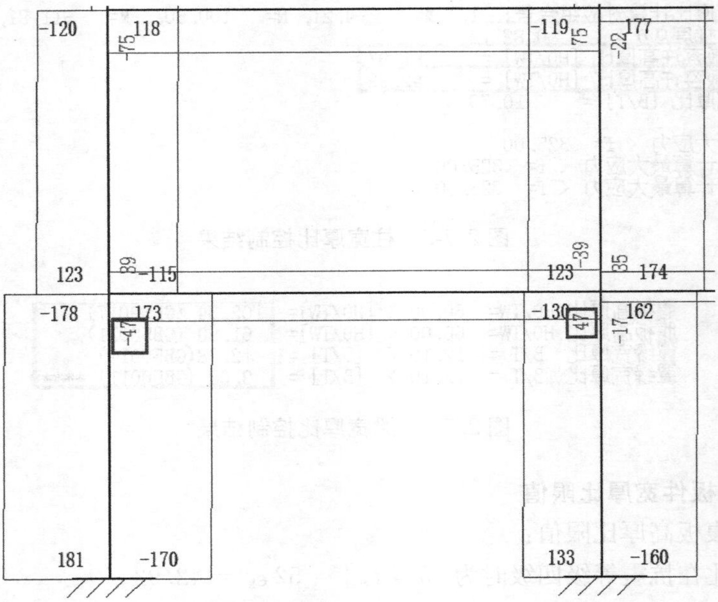

图 2.7-5　框架柱轴力包络图

校核梁的翼缘宽厚比限值：

梁翼缘宽厚比限值在抗震等级四级时为 $[b/t] = 11\,\varepsilon_k = 9.08$

非抗震组合下其翼缘宽厚比限值为 $[b/t] = 15\,\varepsilon_k = 12.38$

该梁的翼缘宽厚比限值由抗震控制，与程序输出是一致的。

2.7.3　单层轻屋盖厂房的性能化设计和程序实现

采用轻钢屋盖的单层钢结构厂房，它的梁柱板件宽厚比按照规范规定要求采用“高弹性承载力，低延性”的性能化设计思路控制。为什么要按照这种性能化设计的方式来控制它的板件宽厚比呢？原因就在于其使用的轻型钢屋盖上，使用这类轻型屋盖时，相较重屋盖厂房结构整体自重会比较轻，整个结构的地震作用效应水平就会比较低，在 8 度（0.2g）及更低设防烈度的地区，即使按照设防地震作用进行弹性计算，也就是多遇地震的 2.85 倍左右时，也可能出现非地震作用组合控制厂房受力的情况，例如风荷载组合或吊车荷载组合控制。从实际震害反应来看，这类轻屋盖结构的构件和节点也没有出现明显破坏，甚至可以说完好无损，因此，可按规范提出的“高弹性承载力，低延性”这种性能化设计方式考虑板件宽厚比。具体怎么执行，如：当能满足当前多遇地震作用组合下的构件的强度和稳定要求时，根据抗规 9.2.14 条条文说明要求，按照抗规条文说明表 6 中 A 类要求控制板件宽厚比，当满足 1.5 倍多遇地震作用组合下的构件承载力要求时，按抗规 9.2.14 条条文说明 B 类控制板件宽厚比；当满足 2 倍多遇地震作用组合下的构件承载力要求时，构件的宽厚比控制指标按钢结构设计标准进行控制，即按 C 类控制。从图 2.7-6 中可以看到随着我们选择和控制的弹性目标的提高，对应的延性限值逐步降低。我们可以在单层钢结构厂房设计中按照此规律，选择合适的性能目标，实现结构安全和用钢量的平衡兼顾。

图 2.7-6　单层轻屋盖厂房的性能化设计思路

如图 2.7-7 所示，在结构计算下的参数输入中结构类型参数下拉选项中选择单层钢结构厂房，验算规范选择钢结构设计规范；此时对话框下半部分的轻屋盖厂房“低延性，高弹性承载力性能化设计”勾选就会点亮为可勾选的状态，这时就可选择相应的承载力目标，满足承载力条件，程序会按照相应的板件宽厚比去控制。

图 2.7-7　二维轻屋盖厂房参数

在进行单层钢结构厂房的性能化设计时，在满足 2 倍地震力的承载力验算后，宽厚比限值可以执行新钢标中的要求，新钢标 3.5.1 注 5 中规定“当按国家标准《建筑抗震设计规范》GB 50011—2010 第 9.2.14 条第 2 款的规定设计，且 S5 级截面的板件宽厚比小于 S4 级经 ε_σ 修正的板件宽厚比时，可视作 C 类截面，ε_σ 为应力修正因子，$\varepsilon_\sigma = \sqrt{f_y/\sigma_{max}}$”，二维钢结构设计程序可执行该性能目标下的板件宽厚比限值要求。

在程序中如果需要按照按上述要求考虑板件宽厚比，需要在轻屋盖厂房按“低延性、高弹性承载力”性能化设计中选择“2 倍地震力作用”的同时，宽厚比等级设置为 S5 级，然后计算，满足要求时，程序会考虑 S4 级经修正后的板件宽厚比限值，如图 2.7-8 所示。

```
强度计算最大应力对应组合号:  6,  M=    -84.36, N=     73.84,  M=  -102.62, N=    -66.99
强度计算最大应力 (N/mm*mm) =     103.27
强度计算最大应力比 =  0.480
平面内稳定计算最大应力 (N/mm*mm) =      92.20
平面内稳定计算最大应力比 =  0.429
平面外稳定计算最大应力 (N/mm*mm) =     129.56
平面外稳定计算最大应力比 =  0.603
对应的应力梯度α0 =       1.79
GB50017腹板容许高厚比 [H0/TW] =     111.80
翼缘容许宽厚比 [B/T] =      20.20

强度计算最大应力 < f=  215.00
平面内稳定计算最大应力 < f=  215.00
平面外稳定计算最大应力 < f=  215.00
腹板高厚比 H0/TW=  71.67 < [H0/TW]=  111.80
翼缘宽厚比 B/T  =  12.20 < [B/T]=   20.20
* 按抗规进行抗震性能化设计时,按GB50017表3.5.1注5,S5级截面板件宽厚比限值取S4级按εσ修正
```

图 2.7-8　单层轻屋盖厂房抗规性能设计结果输出

2.7.4　抗规中与抗震等级相关的两倍地震力要求的执行

抗规 8.1.3 条注 2：多、高层钢结构房屋，当构件的承载力满足 2 倍地震作用组合下的内力要求时，7～9 度构件抗震等级允许按降低 1 度确定。通过该条要求可以使承载力能力用较大富裕度的构件，降低其板件宽厚比、长细比等指标的限值。

如图 2.7-9 所示，结构类型选择“钢框架结构”，此时勾选“按 2 倍地震作用承载力验算，抗震等级自动降低一级设计”后，如果构件满足 2 倍地震力下的应力比要求，程序自动按照降低后的抗震等级考虑。

2.7.5　三维程序对板件宽厚比的控制

三维计算程序可以完成三维模型，如钢框架、钢框架支撑、钢框架核心筒等结构类型的分析计算、设计和施工图绘制。三维计算程序中除了集成抗规、高钢规相应宽厚比要求之外，还可以考虑新钢标第 17 章钢结构抗震性能化设计的要求，因此钢构件板件宽厚比按照如图 2.7-10 所示流程控制。

对于考虑抗震的钢构件板件的宽厚比控制，程序提供了两种相对独立的控制模式，一种是按照抗规要求执行，另一种是按新钢标进行抗震性能化设计时的要求执行。

如果按照抗规控制板件宽厚比，对于构件的地震作用参与组合对应的限值要求，程序会按照在参数定义中结构的抗震等级，以及在特殊构件交互定义中修改某些构件的

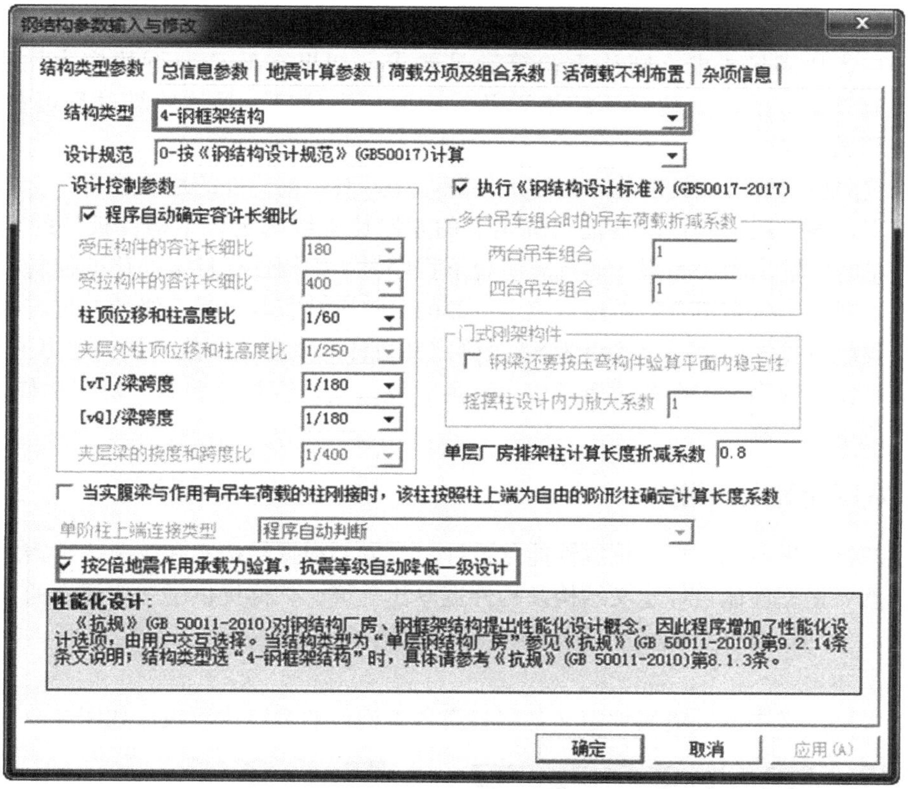

图 2.7-9　钢结构参数输入与修改

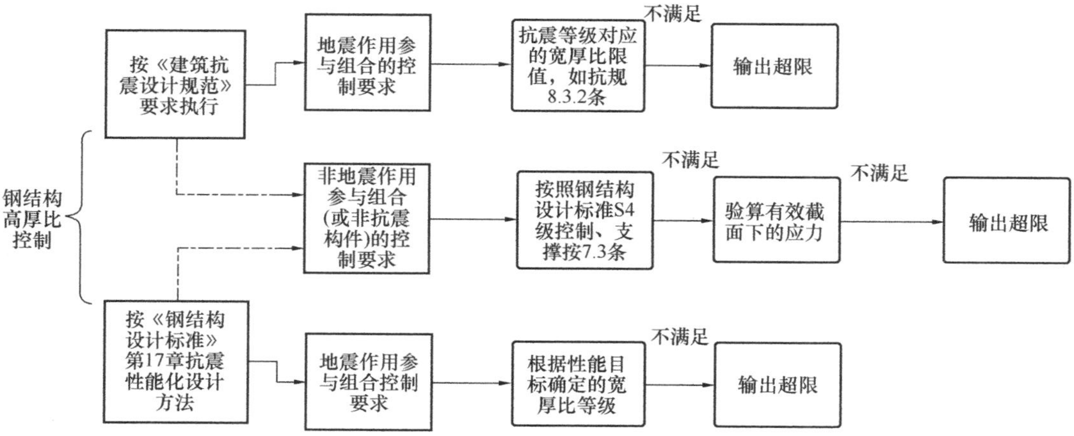

图 2.7-10　三维软件控制构件板件宽厚比流程

抗震等级对各个构件的板件宽厚比进行控制，满足时输出计算值和对应限值，不满足时则输出超限条目。同时对于构件验算的非抗震组合，程序对于梁柱按照新钢标 S4 级要求控制，对于轴心受压支撑构件程序按照钢标 7.3 节计算得到的限值控制。如果梁、柱构件验算不满足 S4 级的要求，支撑构件不满足 7.3 节要求，则梁柱按照新钢标 8.4.2 的要求，轴心受压支撑按照 7.3.3 条验算有效截面下的强度和稳定应力。若有效截面下的应力比满足要求，则认为验算满足要求，如果有效截面下的应力比不满足，同时输出有效截面的应力比验算结果以及对应的超限信息。具体验算过程可参考构件设计验算相关章节。

如果按照新钢标抗震性能化来控制板件宽厚比，对于钢构件的地震作用参与组合对应的限值要求，根据用户所选的性能目标定义的宽厚比等级确定各个构件板件的宽厚比限值，不满足时则输出相关超限。非抗震组合下程序对于钢构件板件宽厚比的控制，与上文抗规要求下对于非抗震组合的做法是完全一致的。对于抗震等级为五级的非抗震构件，例如次梁，程序直接按照宽厚比等级为 S4 级确定其板件的宽厚比限值，如果超出了 S4 级的宽厚比高厚比，程序会按有效截面复核，满足有效截面强度稳定验算，对于构件宽厚比、高厚比限值不再控制。

2.7.6 宽厚比等级的指定

按照新钢标进行钢结构的抗震性能化设计时，需要根据结构实际情况确定钢结构的性能目标，然后根据性能目标定义结构及构件宽厚比等级。软件提供了三个层次的宽厚比等级的定义，分别是通过参数定义指定整个结构中钢梁、钢柱、钢支撑的宽厚比等级，如图 2.7-11所示。

通过多塔定义中的层塔属性定义各层各塔各类构件的宽厚比等级，如图 2.7-12 所示。

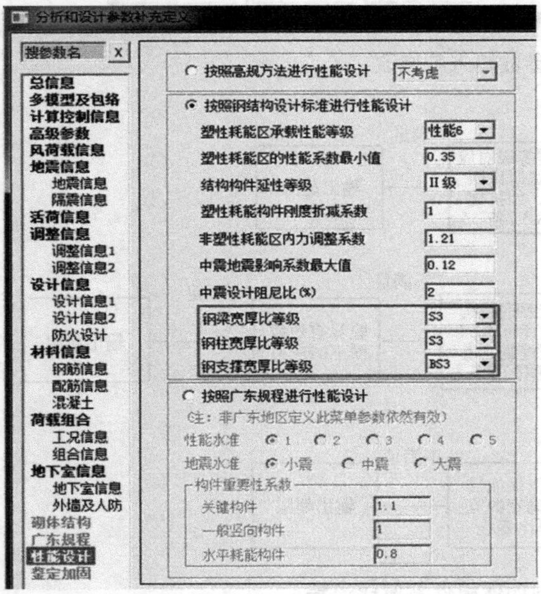

图 2.7-11 板件宽厚比参数定义

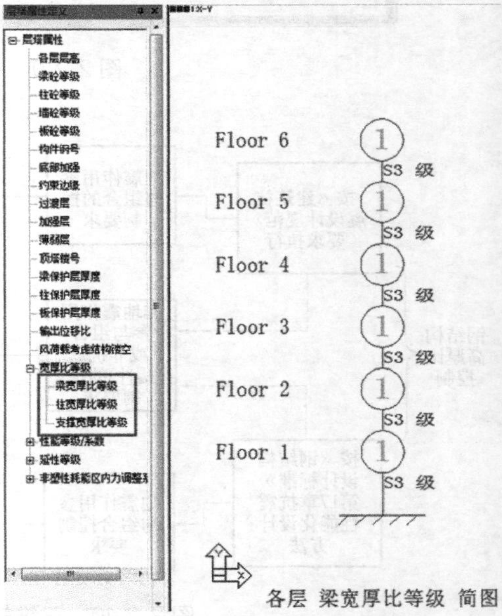

图 2.7-12 板件宽厚比层塔定义

通过特殊构件定义（特殊梁、特殊柱、特殊支撑）中的宽厚比等级定义各层中各个钢构件的宽厚比等级，如图 2.7-13 所示。

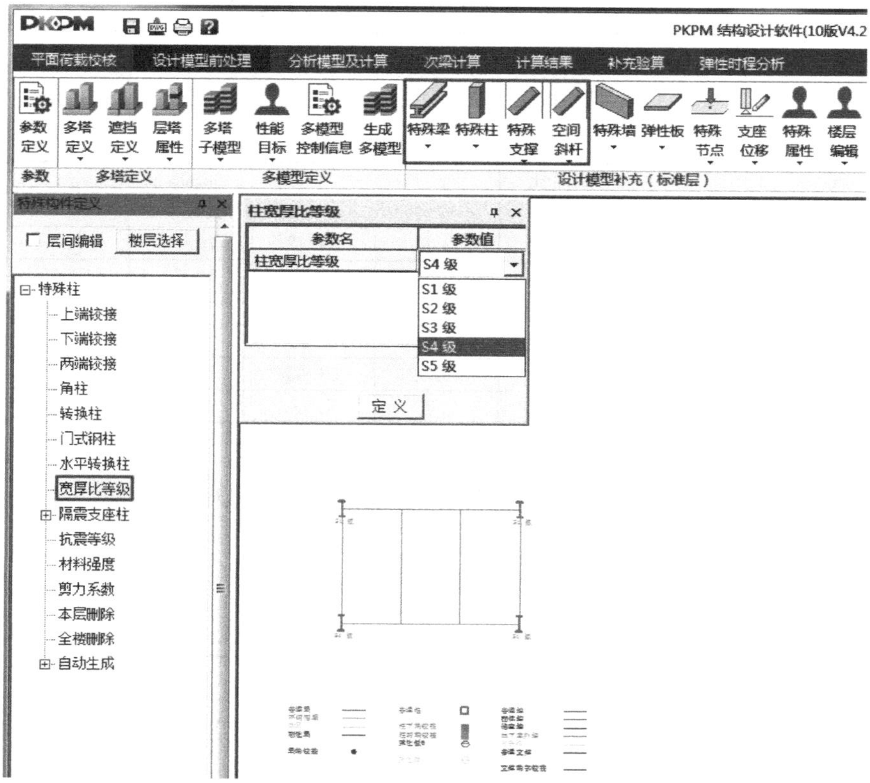

图 2.7-13　板件宽厚比特殊构件定义

2.7.7　各个规范下的钢构件板件宽厚比限值的比较

为了了解各个规范在不同条件下构件板件宽厚比限值的差异情况，下面以实际模型中常用的梁柱构件截面为例，对比它们存在的差异，以便我们能更深入地认识规范。

该模型地上总高度 26m，钢结构部分采用箱形柱，焊接工字形梁，钢材均为 Q345，如图 2.7-14所示。

分别采用新钢标不同宽厚比等级、抗规、高钢规下不同抗震等级、旧钢规控制其板件宽厚比，考察同一位置的梁、柱板件宽厚比限值情况。

焊接工字形梁在各个规范下板件宽厚比如表 2.7-1所示。

就参与对比的工字形梁构件而言，得出以下差异：

1）腹板高厚比限值：旧钢规限值要求，在新钢标 S2～S3 级之间；抗规和高钢规限值比新钢标 S3 级要严。

考察二层该位置梁、柱板件宽厚比限值在不同规范和不同等级下的差异

图 2.7-14　目标梁柱位置

焊接工字形梁在各个规范下板件宽厚比　　表 2.7-1

计算限值＼宽厚比等级＼规范	控制指标	S1（一级）	S2（二级）	S3（三级）	S4（四级）	S5（高钢规非抗震）
旧钢规	高厚比	66.03				
	宽厚比	12.38				
新钢标	高厚比	53.65	59.42	76.76	102.34	250
	宽厚比	7.43	9.08	10.73	12.38	20
抗规	高厚比	49.52	53.65	57.77	61.9	—
	宽厚比	7.43	7.43	8.25	9.08	—
高钢规	高厚比	49.52	53.65	57.77	61.9	61.9
	宽厚比	7.43	7.43	8.25	9.08	9.08

注：括号内的等级为抗规要求的抗震等级。

2）翼缘宽厚比限值：旧钢规限值要求与 S4 级相同，抗规和高钢规一～四级限值基本上要严于新钢标 S2 级要求。

箱形柱在各个规范下板件宽厚比如表 2.7-2 所示。

箱形柱在各个规范下板件宽厚比　　表 2.7-2

计算限值＼宽厚比等级＼规范	控制指标	S1（一级）	S2（二级）	S3（三级）	S4（四级）	S5（高钢规非抗震）
旧钢规	高厚比	35.48				
	宽厚比	33.01				
新钢标	高厚比	27.35	31.45	33.09	37.2	250
	宽厚比	24.76	28.89	33.01	37.14	250
抗规	高厚比	27.24	29.71	31.36	33.01	—
	宽厚比	27.24	29.71	31.36	33.01	—
高钢规	高厚比	27.24	29.71	31.36	33.01	33.01
	宽厚比	27.24	29.71	31.36	33.01	33.01

注：括号内的等级为抗规要求的抗震等级。

就参与对比的箱形柱构件而言，得出以下差异：

1）高厚比限值：旧钢规限值要求，对应新钢标 S3～S4级之间，抗规和高钢规一～四级限值与 S1～S3 级之间较为匹配。

2）宽厚比限值：旧钢规限值要求与 S3 相同，抗规和高钢规限值，一级接近 S1 级，总体不超过 S3 级的要求。

采用以下模型对比 H 形柱的宽厚比情况：

该模型地上总高度 50m，采用热轧 H 形截面柱，工字形梁，Q345 钢，如图 2.7-15 所示。

H 形柱在各个规范下板件宽厚比见表 2.7-3。

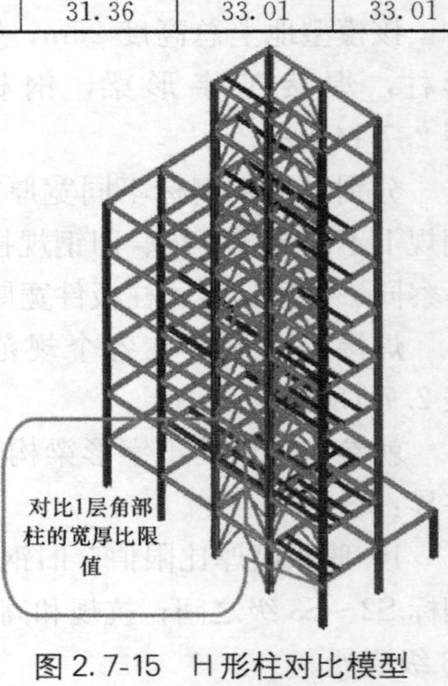

图 2.7-15　H 形柱对比模型

H 形柱在各个规范下板件宽厚比　　　　**表 2.7-3**

计算限值 宽厚比 / 规范	控制指标	S1（一级）	S2（二级）	S3（三级）	S4（四级）	S5（高钢规非抗震）
旧钢规	高厚比	37.23				
	宽厚比	12.38				
新钢标	高厚比	28.82	32.75	34.64	38.93	250
	宽厚比	7.43	9.08	10.73	12.38	250
抗规	高厚比	35.49	37.14	39.62	42.92	—
	宽厚比	8.25	9.08	9.9	10.73	—
高钢规	高厚比	35.49	37.14	39.62	42.92	42.92
	宽厚比	8.25	9.08	9.9	10.73	10.73

注：括号内的等级为抗规要求的抗震等级。

就参与对比的 H 形柱构件而言，得出以下差异：

1）高厚比限值：旧钢规限值要求，对应新钢标 S3～S4 级之间；新钢标 S1～S3 级区间要比抗规或高钢规一～四级限值更严。

2）宽厚比限值：旧钢规限值要求与 S4 级相同；抗规和高钢规限值四级与 S3 级限值相同，二级与 S2 级相同，其他等级限值互有上下。

2.7.8　小结

由上述梁、柱构件各个规范板件宽厚比限值的对比情况我们发现，新钢标和抗规中对于钢构件板件宽厚比控制的要求，并不是我们传统认知当中的一本规范一定包络另一本规范，同时抗震等级也不与宽厚比等级的限值相对应，在宽厚比上表现出了两本规范各自的独立性。因此我们在控制构件宽厚比时，尤其是抗震设计时，我们可以根据所选的依据规范按照各自的控制条件去进行构件宽厚比的独立控制。

第 3 章　钢结构一阶和二阶弹性分析

3.1　钢结构一阶弹性设计方法

结构稳定性设计应在结构分析或构件设计中考虑二阶效应。二阶效应是稳定性的根源，一阶分析采用计算长度法时，这些效应在设计阶段考虑。新钢标、高规及高钢规的表述如下：

新钢标 5.1.6 条规定：结构内力分析时可采用一阶弹性分析、二阶 P-Δ 弹性分析或直接分析，应根据下列公式计算的最大二阶效应系数 $\theta_{i,\max}^{\mathrm{II}}$ 选择适当的结构分析方法。当 $\theta_{i,\max}^{\mathrm{II}} \leqslant 0.1$ 时，可采用一阶弹性分析；当 $0.1 < \theta_{i,\max}^{\mathrm{II}} \leqslant 0.25$ 时，宜采用二阶 P-Δ 弹性分析或采用直接分析；当 $\theta_{i,\max}^{\mathrm{II}} > 0.25$ 时，应增大结构的侧移刚度或采用直接分析，二阶效应系数按照下列原则确定：

> **1**　规则框架结构的二阶效应系数可按下式计算：
>
> $$\theta_i^{\mathrm{II}} = \frac{\sum N_i \cdot \Delta u_i}{\sum H_{\mathrm{k}i} \cdot h_i} \tag{5.1.6-1}$$
>
> 式中：$\sum N_i$ ——所计算 i 楼层各柱轴心压力设计值之和（N）；
>
> $\sum H_{\mathrm{k}i}$ ——产生层间侧移 Δu 的计算楼层及以上各层的水平力标准值之和（N）；
>
> h_i ——所计算 i 楼层的层高（mm）；
>
> Δu_i —— $\sum H_{\mathrm{k}i}$ 作用下按一阶弹性分析求得的计算楼层的层间侧移（mm）。
>
> **2**　一般结构的二阶效应系数可按下式计算：
>
> $$\theta_i^{\mathrm{II}} = \frac{1}{\eta_{\mathrm{cr}}} \tag{5.1.6-2}$$
>
> 式中：η_{cr} ——整体结构最低阶弹性临界荷载与荷载设计值的比值。

当 $\theta_{i,\max}^{\mathrm{II}} \leqslant 0.1$ 时，说明框架结构的抗侧刚度较大，可忽略侧移对结构内力分析的影响，故可采用一阶分析法来计算框架内力，当然也就不再考虑假想水平力 H_{n}。

高钢规 6.1.7 条：

> 高层民用建筑钢结构的整体稳定性应符合下列规定：
>
> **1**　框架结构应满足下式要求：
>
> $$D_i \geqslant 5\sum_{j=i}^{n} G_j / h_i \quad (i = 1, 2, \cdots, n) \tag{6.1.7-1}$$
>
> **2**　框架-支撑结构、框架-延性墙板结构、筒体结构和巨型框架结构应满足下式要求：
>
> $$EJ_{\mathrm{d}} \geqslant 0.7H^2 \sum_{i=1}^{n} G_i \tag{6.1.7-2}$$

式中：D_i——第 i 楼层的抗侧刚度（kN/mm），可取该层剪力与层间位移的比值；
h_i——第 i 楼层层高（mm）；
G_i、G_j——分别为第 i、j 楼层重力荷载设计值（kN），取 1.2 倍的永久荷载标准值与 1.4 倍的楼面可变荷载标准值的组合值；
H——房屋高度（mm）；
EJ_d——结构一个主轴方向的弹性等效侧向刚度（kN・mm²），可按倒三角形分布荷载作用下结构顶点位移相等的原则，将结构的侧向刚度折算为竖向悬臂受弯构件的等效侧向刚度。

高规 5.4.1 条要求：

当高层建筑结构满足下列规定时，弹性计算分析时可不考虑重力二阶效应的不利影响。

1　剪力墙结构、框架-剪力墙结构、板柱剪力墙结构、筒体结构：

$$EJ_d \geqslant 2.7H^2 \sum_{i=1}^{n} G_i \qquad (5.4.1\text{-}1)$$

2　框架结构：

$$D_i \geqslant 20\sum_{j=i}^{n} G_j/h_i \quad (i = 1,2,\cdots,n) \qquad (5.4.1\text{-}2)$$

式中：EJ_d——结构一个主轴方向的弹性等效侧向刚度，可按倒三角形分布荷载作用下结构顶点位移相等的原则，将结构的侧向刚度折算为竖向悬臂受弯构件的等效侧向刚度；
H——房屋高度；
G_i、G_j——分别为第 i、j 楼层重力荷载设计值，取 1.2 倍的永久荷载标准值与 1.4 倍的楼面可变荷载标准值的组合值；
h_i——第 i 楼层层高；
D_i——第 i 楼层的弹性等效侧向刚度，可取该层剪力与层间位移的比值；
n——结构计算总层数。

高规 5.4.2 条要求：

当高层建筑结构不满足本规程第 5.4.1 条的规定时，结构弹性计算时应考虑重力二阶效应对水平力作用下结构内力和位移的不利影响。

高规 5.4.3 条要求：

高层建筑结构的重力二阶效应可采用有限元方法进行计算；也可以采用对未考虑重力二阶效应的计算结果乘以增大系数的方法近似考虑。

高规 5.4.4 条要求：

高层建筑结构的整体稳定性应符合以下规定：

1 剪力墙结构、框架-剪力墙结构、筒体结构应符合下式要求：

$$EJ_{\mathrm{d}} \geqslant 1.4H^2 \sum_{i=1}^{n} G_i \tag{5.4.4-1}$$

2 框架结构应符合下式要求：

$$D_i \geqslant 10 \sum_{j=i}^{n} G_j/h_i \quad (i = 1,2,\cdots,n) \tag{5.4.4-2}$$

根据高规 5.4.1 条文解释，对弯剪型结构，满足高规刚重比的要求，可使结构按照弹性分析的 P-Δ 效应对结构内力、位移的增量控制量在 5%左右，考虑实际弹性刚度折减 50%时，结构内力增量控制在 10%以内；如果 P-Δ 效应控制在 20%以内，结构的稳定具有适宜的安全储备，将 P-Δ 效应 20%作为刚重比控制的限值。

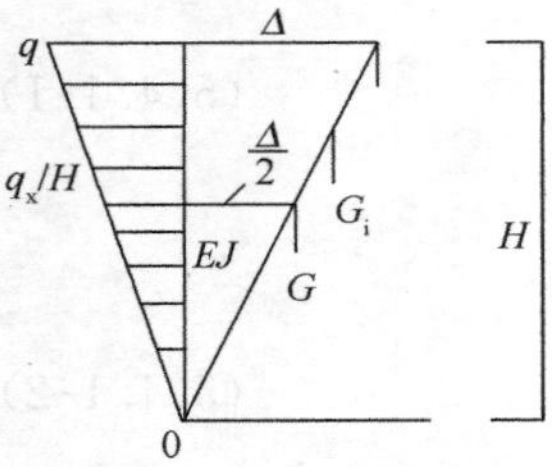

图 3.1-1　倒三角荷载作用下的悬臂柱计算简图

按照高规对刚重比的要求，高层建筑结构可以简化为如图 3.1-1所示的悬臂柱模型，对于上述悬臂柱模型，在倒三角荷载 q 作用下，其基底弯矩为：$M=\frac{2}{3}QH=\frac{2}{3}\alpha GH$，假如在倒三角荷载 q 作用下引起的顶部的侧移为 Δ。

由图 3.1-1 所示的计算简图来分析，P-Δ 效应引起的附加弯矩为：$\delta M=G\frac{\Delta}{2}$，按照倒三角荷载作用下，可以计算得到该悬臂柱模型的顶点位移为：$\Delta=\frac{11qH^4}{120EJ_{\mathrm{d}}}$，可以得到 $\delta M=G\frac{\Delta}{240EJ_{\mathrm{d}}}\cdot\frac{2\alpha G}{H}H^4$。按规范 P-Δ 效应引起的附件弯矩不超过 20%，则有 $\frac{\delta M}{M}=\frac{11}{80EJ_{\mathrm{d}}}\cdot GH^2\leqslant 0.2$，变换得到 $EJ_{\mathrm{d}}\geqslant\frac{55}{80}GH^2=0.6875GH^2$，按高规条文说明，对混凝土构件弯曲刚度折减 50%，$EJ_{\mathrm{d}}\geqslant 1.375GH^2\approx 1.4GH^2$，该公式即为高规的刚重比限值。对于钢结构由于不考虑构件弯矩刚度折减 50%，$EJ_{\mathrm{d}}\geqslant\frac{55}{80}GH^2=0.6875GH^2$，该公式与高钢规中的表达式一致。

通过上述的分析可以看到，高层结构和钢结构对于结构的刚重比控制的目的主要是控制重力二阶效应即 P-Δ 效应不超过 20%，使结构的稳定具有适宜的安全储备。在水平力作用下，高层民用建筑钢结构的稳定应该满足规范要求，不应该放松。如果不满足本条的规定，应该调整并增大结构的侧向刚度。

结构计算完毕，可以通过查看图 3.1-2 所示软件输出的刚重比判断，结构在一阶分析时是否考虑 P-Δ 效应及结构是否满足稳定验算要求。也可直接按照高钢规方式计算并输出的二阶效应系数判断该钢结构计算是否考虑 P-Δ 效应，SATWE 程序输出结构各层的二阶效应系数所示结果及提示如图 3.1-3 所示。如果判断在一阶分析时需要考虑 P-Δ 效应，程序提供了如图 3.1-4 所示的 SATWE 一阶弹性设计方法考虑 P-Δ 效应的参数供选择，SATWE 程序可以按照直接几何刚度法考虑 P-Δ 效应。

整体稳定刚重比验算

刚度单位： kN/m

层高单位： m

上部重量单位： kN

表1 整层屈曲模式的刚重比验算[高钢规6.1.7，一般用于剪切型结构]

层号	X向刚度	Y向刚度	层高	上部重量	X刚重比	Y刚重比
5	16186.72	9791.71	6.00	2615.42	37.13	22.46
4	1.50e+5	1.72e+5	3.00	4808.65	93.82	107.55
3	2.17e+5	1.79e+5	5.50	7806.06	153.07	126.05
2	2.58e+5	4.04e+5	5.00	10240.83	125.94	197.09
1	4.04e+5	1.64e+5	4.50	10556.95	172.23	70.05

该结构最小刚重比Di*Hi/Gi不小于5，能够通过高钢规(6.1.7)的整体稳定验算

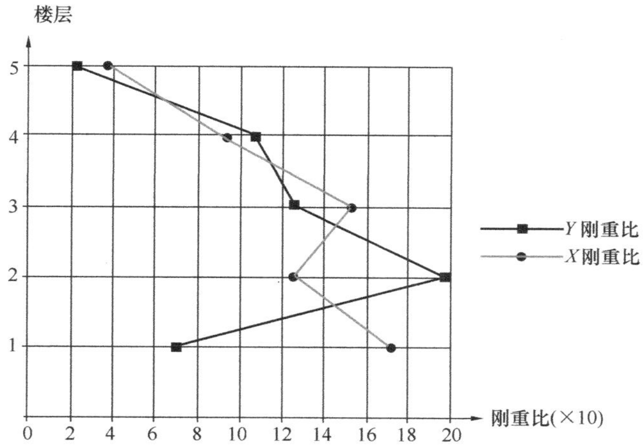

图1多方向刚重比简图

图 3.1-2　SATWE 软件计算完毕之后输出的结构刚重比

二阶效应系数及内力放大

《钢结构标准》GB50017-2017 5.1.6条规定：框架柱的稳定计算应符合以下规定：结构内力分析可采用一阶线弹性分析或二阶线弹性分析。当二阶效应系数小于0.1时，可采用一阶弹性分析；大于0.1且小于0.25时，宜采用二阶线弹性分析或直接分析；大于0.25时，应增大结构的侧移刚度。

结构最大二阶效应系数(0.04，5层1塔）不大于0.1，结构内力分析可采用一阶弹性分析或二阶弹性分析，结构最大二阶效应系数(0.04，5层1塔）不大于0.25，能通过《钢结构标准》GB50017-2017(5.1.6)的稳定计算。

θx，θy：按《钢结构标准》GB50017-2017 5.1.6计算的二阶效应系数

刚度单位　：kN/m

层高单位　：m

上部重量单位 ：kN

表1 二阶效应系数

层号	X向刚度	Y向刚度	层高	上部重量	θx	θy
5	16186.72	9791.71	6.00	2615.42	0.03	0.04
4	1.50e+5	1.72e+5	3.00	4808.65	0.01	0.01
3	2.17e+5	1.79e+5	5.50	7806.06	0.01	0.01
2	2.58e+5	4.04e+5	5.00	10240.83	0.01	0.01
1	4.04e+5	1.64e+5	4.50	10556.95	0.01	0.01

图 3.1-3　SATWE 程序输出结构各层的二阶效应系数

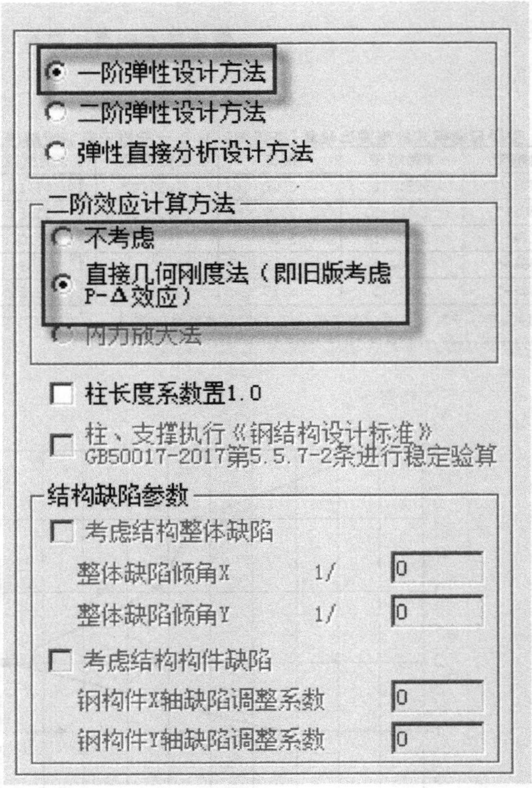

图 3.1-4　SATWE 一阶弹性设计方法考虑 $P\text{-}\Delta$ 效应的选择

钢结构的内力和位移计算采用一阶弹性分析时，应按新钢标的第 6、7、8 章节的有关规定进行构件设计，按照新钢标的第 11、12 章节的有关规定进行连接和节点设计。对于形式和受力比较复杂的结构，当采用一阶弹性分析方法进行结构分析与设计时，应按结构弹性稳定理论确定构件的计算长度系数，并按照新钢标第 6、7、8 章的有关规定进行构件设计。一阶分析以构件为研究对象，考虑构件的缺陷（初弯曲 δ_0，残余应力）进行稳定计算，而结构的缺陷（初位移 Δ_0）和变形后的位移 Δ 的影响用计算长度系数 μ 来考虑。

3.2　二阶弹性设计方法

结构稳定性设计应在结构分析和构件设计中考虑二阶效应。二阶效应是稳定性的根源，二阶弹性 $P\text{-}\Delta$ 分析法在结构分析中仅考虑了 $P\text{-}\Delta$ 效应，应在设计阶段附加考虑 $p\text{-}\delta$ 效应。当采用二阶弹性分析时，为配合计算的精度，不论是精确计算或者近似计算，亦不论有无支撑结构，均应考虑结构和构件的各种缺陷（如柱子的初倾斜、初偏心和残余应力等）对内力的影响。其影响可按图 3.2-1 所示的框架及支撑结构整体初始几何缺陷代表值的最大值 Δ_0 取为 $H/250$（H 为结构高度）方式考虑，也可以按图 3.2-1 对框架及支撑结构整体初始几何缺陷代表值通过在每层柱顶施加假想水平力 H_{ni}（概念荷

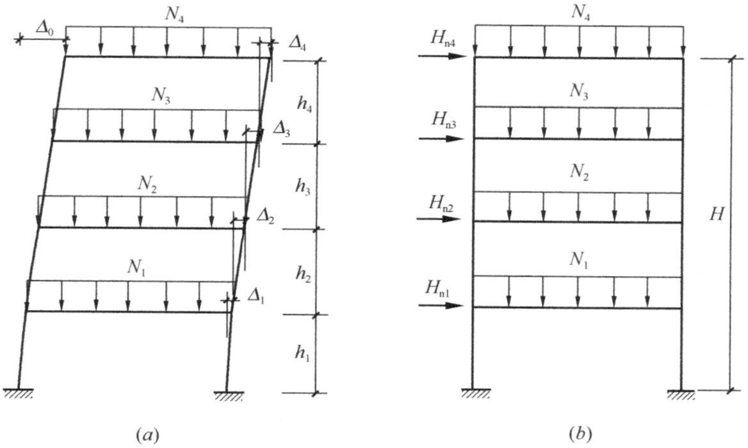

图 3.2-1　钢结构整体初始缺陷的假想水平力施加

(a) 框架整体初始几何缺陷代表值；(b) 框架结构等效水平力

载）等效考虑。

按照新钢标 5.4.1 条，对采用仅考虑 P-Δ 效应的二阶弹性分析时，应按本标准第 5.2.1 条考虑结构的整体初始缺陷，计算结构在各种荷载作用或者设计值下的内力和标注值下的位移，并且按照新钢标第 6、7、8 章节的有关规定进行各结构构件的设计，同时应按新钢标的有关规定进行连接和节点设计。计算构件轴心受压稳定承载力时，构件的计算长度系数 μ 可取为 1.0 或者其他认可的值。

结构的初始缺陷包含结构整体的初始几何缺陷和构件的初始几何缺陷、残余应力及初偏心。结构的初始几何缺陷包括节点位置的安装偏差、构件的初弯曲、杆件对节点的偏心等。一般结构的整体初始几何缺陷的最大值可根据施工验收规范所规定的最大允许安装偏差取值，按最低阶屈曲模态分布。但由于不同的结构形式对缺陷的敏感程度不同，所以各规范可根据各自结构体系的特点规定其整体缺陷值，如现行行业标准《空间网格结构技术规程》JGJ 7—2010 规定：网壳缺陷最大计算值可按网壳跨度的 1/300 取值。新钢标中对于框架及框架支撑结构整体的初始几何缺陷代表值的最大值 Δ_0 按照图 3.2-1 所示可以取为 $H/250$，H 为结构高度。框架及支撑结构整体初始几何缺陷代表值也可以按照图 3.2-1 所示的方式通过在每层柱顶施加假想水平力 H_{ni}等效考虑。

研究表明，框架层数越多，构件缺陷的影响越小，且每层柱数的影响亦不大。采用假想水平力的方法来替代初始侧移时，假想水平力的取值大小即是使得结构侧向变形为初始侧移值时对应的水平力，与钢材强度没有直接关系。采用假想水平力法时，应施加在结构最不利的方向，即假想水平力不能起到抵消外荷载（作用）的效果。

二阶弹性分析设计方法考虑了结构在荷载作用下产生的变形（P-Δ）、结构初始几何缺陷（P-Δ_0）。在计算分析过程中，可以直接建立带有初始几何缺陷的结构矩阵，也可以把初始几何缺陷的影响用等效水平荷载来代替，施加等效水平荷载时应考虑荷载效应的最不利组合。但是采用仅考虑 P-Δ 效应的二阶弹性分析与设计方法只考虑了结构层面上的二阶效应的影响，并未涉及构件的 p-δ 和 p-δ_0效应对内力的影响，因此这部分的影响应通过稳定系数来考虑，此时的构件计算长度系数应取为 1.0。在软件中增加了如图 3.2-2 所

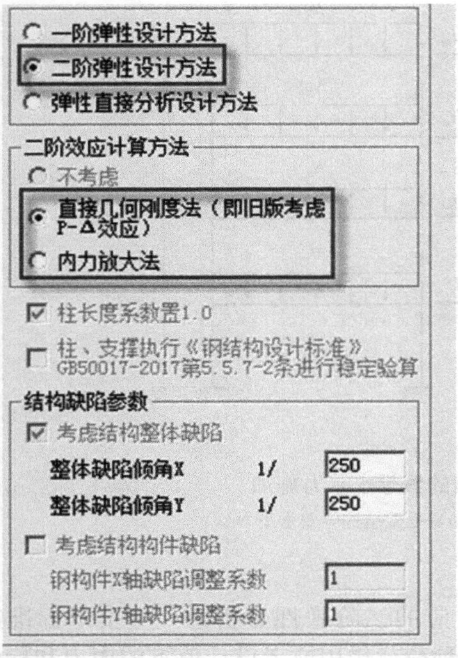

图 3.2-2　二阶弹性设计方法的选择

示的对应二阶弹性设计方法的选择。

当选择“二阶弹性设计方法”选项时，二阶效应计算方法可以选择“直接几何刚度法”或“内力放大法”，默认选择“直接几何刚度法”。此时默认考虑结构整体缺陷（可以指定结构两个方向的整体缺陷的倾角），框架柱的计算长度系数默认置为 1.0。当然计算长度系数也可以到分析模型的“设计属性补充”菜单下修改为有依据的值。

选择“二阶弹性设计方法”默认一定要考虑结构整体初始缺陷，程序自动增加整体缺陷荷载工况 1 和整体缺陷工况 2。整体缺陷荷载属性归入永久荷载中，各种组合情况下的分项系数均取 1.0，重力荷载代表值和质量源系数取 0，如图 3.2-3 所示。

选择“二阶弹性设计方法”，后续荷载组合表中体现出整体缺陷工况，但整体缺陷工况和其他工况的组合原则不同，如图 3.2-4 所示。

上图中“±”的含义是整体缺陷工况参与组合后总是使得组合后内力的绝对值增加。如果二阶效应计算方法选择“内力放大系数法”，SATWE 程序则按照高规 5.4.3 条的要求及高钢规 7.3.2 条第 2 款进行计算，并采用叠加原理进行内力组合。按照高钢规公式 7.3.2-3 进行放大系数计算的重力荷载组合时，对于重力荷载组合需要考虑活荷载准永久系数，分别如图 3.2-5 及图 3.2-6 所示，软件默认的活荷载准永久值系数为 0.5，允许设计师根据活荷载情况做修改。程序中按照如图 3.2-7 所示进行内力放大系数的计算，再对构件水平荷载下的弯矩与剪力乘以放大系数，同时对位移也乘以相应的放大系数。

工况信息

表1 永久荷载信息

工况名称	分项系数(不利主控)	分项系数(不利非主控)	分项系数(有利)	重力荷载代表值系数
恒荷载	1.35	1.20	1.00	1.00
整体缺陷荷载	1.00	1.00	1.00	0.00

表2 可变荷载信息

工况名称	分项系数	抗震组合值系数	组合值系数	重力荷载代表值系数
活荷载	1.40	--	0.70	0.50
风荷载	1.40	0.20	0.60	0.00
特殊风	0.00	0.00	0.00	0.00

表3 地震作用信息

工况名称	分项系数(主控)	分项系数(非主控)
竖向地震	1.30	0.50

图 3.2-3　整体缺陷工况下的分项系数指定

风荷载信息
地震信息
　地震信息
　隔震信息
活荷信息
调整信息
　调整信息1
　调整信息2
设计信息
　设计信息1
　设计信息2
配筋信息
　钢筋信息
　配筋信息
荷载组合
　工况信息
　组合信息
地下室信息
　地下室信息
　外墙及人防
砌体结构
广东规程
性能设计
鉴定加固

```
16. 1.00*DL + 1.40*WY ± 1.00*DF1 ± 1.00*DF2
17. 1.00*DL - 1.40*WY ± 1.00*DF1 ± 1.00*DF2
18. 1.20*DL + 1.40*LL + 0.84*WX ± 1.00*DF1 ± 1.00*DF2
19. 1.20*DL + 1.40*LL2 + 0.84*WX ± 1.00*DF1 ± 1.00*DF2
20. 1.20*DL + 1.40*LL3 + 0.84*WX ± 1.00*DF1 ± 1.00*DF2
21. 1.20*DL + 1.40*LL - 0.84*WX ± 1.00*DF1 ± 1.00*DF2
22. 1.20*DL + 1.40*LL2 - 0.84*WX ± 1.00*DF1 ± 1.00*DF2
23. 1.20*DL + 1.40*LL3 - 0.84*WX ± 1.00*DF1 ± 1.00*DF2
24. 1.20*DL + 1.40*LL + 0.84*WY ± 1.00*DF1 ± 1.00*DF2
25. 1.20*DL + 1.40*LL2 + 0.84*WY ± 1.00*DF1 ± 1.00*DF2
26. 1.20*DL + 1.40*LL3 + 0.84*WY ± 1.00*DF1 ± 1.00*DF2
27. 1.20*DL + 1.40*LL - 0.84*WY ± 1.00*DF1 ± 1.00*DF2
28. 1.20*DL + 1.40*LL2 - 0.84*WY ± 1.00*DF1 ± 1.00*DF2
29. 1.20*DL + 1.40*LL3 - 0.84*WY ± 1.00*DF1 ± 1.00*DF2
30. 1.20*DL + 0.98*LL + 1.40*WX ± 1.00*DF1 ± 1.00*DF2
31. 1.20*DL + 0.98*LL2 + 1.40*WX ± 1.00*DF1 ± 1.00*DF2
32. 1.20*DL + 0.98*LL3 + 1.40*WX ± 1.00*DF1 ± 1.00*DF2
33. 1.20*DL + 0.98*LL - 1.40*WX ± 1.00*DF1 ± 1.00*DF2
34. 1.20*DL + 0.98*LL2 - 1.40*WX ± 1.00*DF1 ± 1.00*DF2
35. 1.20*DL + 0.98*LL3 - 1.40*WX ± 1.00*DF1 ± 1.00*DF2
36. 1.20*DL + 0.98*LL + 1.40*WY ± 1.00*DF1 ± 1.00*DF2
37. 1.20*DL + 0.98*LL2 + 1.40*WY ± 1.00*DF1 ± 1.00*DF2
38. 1.20*DL + 0.98*LL3 + 1.40*WY ± 1.00*DF1 ± 1.00*DF2
39. 1.20*DL + 0.98*LL - 1.40*WY ± 1.00*DF1 ± 1.00*DF2
40. 1.20*DL + 0.98*LL2 - 1.40*WY ± 1.00*DF1 ± 1.00*DF2
```

图 3.2-4　整体缺陷工况与其他单工况组合

叠加原理进行内力组合。放大系数的计算应采用下列荷载组合下的重力：

$$1.2G+1.4[\psi L+0.5(1-\psi)L]=1.2G+1.4\times0.5(1+\psi)L \tag{7.3.2-3}$$

式中：G——为永久荷载；

L——为活荷载；

ψ——为活荷载的准永久值系数。

图 3.2-5　计算放大系数的重力荷载组合

编号	工况名称	工况属性	参与计算	分项系数(不利主控)	分项系数(不利非主控)	分项系数(有利)	重力荷载代表值系数
1	恒荷载	--	是	1.35	1.20	1.00	1.00
2	整体缺陷荷载	--	是	1.00	1.00	1.00	0.00

编号	工况名称	工况属性	参与计算	分项系数	抗震组合值系数	组合值系数	重力荷载代表值系数	准永久值系数
1	活荷载	--	是	1.40	--	0.70	0.50	0.50
2	风荷载	--	是	1.40	0.20	0.60	0.00	0.00

编号	工况名称	工况属性	参与计算	分项系数(主控)	分项系数(非主控)
1	水平地震	--	是	1.30	0.50

图 3.2-6　活荷载准永久值系数的指定

$$\alpha_{2i}=\frac{1}{1-\frac{\sum N\cdot\Delta u}{\sum H\cdot h}}$$

图 3.2-7 二阶效应内力放大法的放大系数

3.3 算例分析

同一工程，分别采用一阶弹性设计方法（即采用传统的考虑计算长度系数方法）和二阶弹性分析法进行计算（二阶弹性设计柱计算长度系数取 1.0），并进行对比。

工程模型如图 3.3-1 所示，为 4 层钢框架结构，其中顶层为坡屋面，柱子采用箱形截面和国标热轧 HM 截面，主梁和次梁均选用工字钢。

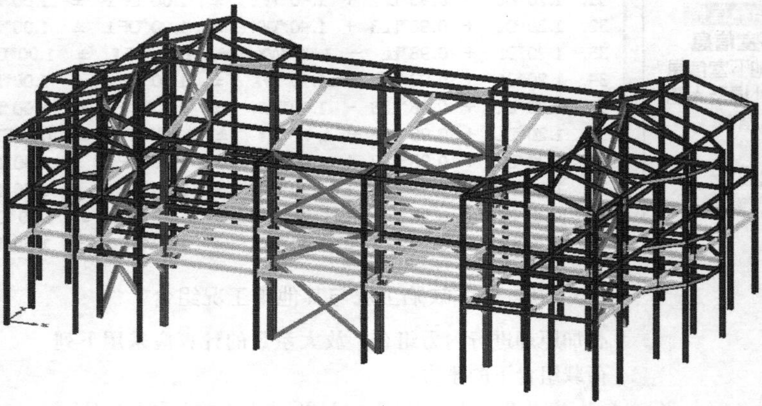

图 3.3-1 工程三维模型图

对该模型采用一阶弹性设计法不考虑 P-Δ 效应与采用二阶弹性设计方法并且采用直接几何刚度法考虑二阶效应，同时考虑结构整体的初始缺陷，两个方向的整体缺陷倾角均为 1/250。分别记录一阶弹性设计方法计算的模型为模型 1，二阶弹性设计方法计算的模型为模型 2，对两模型的计算结果进行对比。

结构参数对比如下所示：

结构质量分布两种情况计算结果完全一致，如表 3.3-1 所示。

两模型质量分布对比结果 **表 3.3-1**

层号	层质量		质量比	
	（模型 1）	（模型 2）	（模型 1）	（模型 2）
3	247.5	247.5	0.98	0.98
2	251.7	251.7	0.26	0.26
1	978.4	978.4	1.00	1.00

两个模型的剪切刚度计算结果一致，由于二阶弹性分析考虑了 P-Δ 效应，内力发生变化，因此层剪力与层间位移计算的刚度比两模型有微小差异，如表 3.3-2 所示。

其中 Ratx1、Raty1 表示 X、Y 方向本层塔侧移刚度与上一层相应塔侧移刚度的 70％比值或上三层平均侧移刚度 80％的比值中之较小者。Ratx2、Raty2 表示，X、Y 方向本层塔侧移刚度与本层层高的乘积与上一层相应塔侧移刚度与上层层高的乘积的比值。

楼层刚度及刚度比　　表 3.3-2

层号	Ratx1		Raty1		Ratx2		Raty2	
	(模型 1)	(模型 2)	(模型 1)	(模型 2)	(模型 1)	(模型 2)	(模型 1)	(模型 2)
3	1.00	1.00	1.00	1.00	1.00	1.00	1.00	1.00
2	6.41	6.40	5.93	5.97	2.85	2.84	2.63	2.65
1	4.55	4.55	3.43	3.43	6.08	6.09	4.58	4.58

由于采用几何刚度法考虑结构二阶效应，导致结构刚度变小，结构变柔，周期变长，因此，也导致结构在风荷载与地震作用下的位移发生变化，可以通过表 3.3-3～表 3.3-5 所示结果查看对比情况。

结构周期和振型方向　　表 3.3-3

振型号	周期		方向角	
	(模型 1)	(模型 2)	(模型 1)	(模型 2)
1	1.6301	1.6302	179.97	179.97
2	1.0180	1.0267	90.37	90.36
3	0.7600	0.7621	0.49	0.49
4	0.6725	0.6744	89.64	89.65
5	0.6358	0.6371	101.49	100.91
6	0.5707	0.5724	179.58	179.65
7	0.5658	0.5672	15.35	12.12
8	0.5562	0.5572	178.87	178.76
9	0.5072	0.5078	67.97	67.63
10	0.4689	0.4694	91.93	91.90
11	0.4262	0.4270	79.46	79.49
12	0.4205	0.4213	99.59	99.48
13	0.4061	0.4068	90.48	90.48
14	0.3966	0.3967	5.22	5.24
15	0.3715	0.3718	104.39	102.92

X、Y 向风荷载工况的位移　　表 3.3-4

层号	X 方向最大层间位移角	
	(模型 1)	(模型 2)
3	1/765	1/760
2	1/1060	1/1053
1	1/1066	1/1060
层号	Y 方向最大层间位移角	
	(模型 1)	(模型 2)
3	1/538	1/534
2	1/426	1/420
1	1/416	1/409

X、Y 向地震作用下的位移 **表 3.3-5**

层号	X 方向最大层间位移角	
	(模型 1)	(模型 2)
3	1/349	1/347
2	1/684	1/679
1	1/816	1/811
层号	Y 方向最大层间位移角	
	(模型 1)	(模型 2)
3	1/421	1/422
2	1/720	1/715
1	1/721	1/710

对两个模型的柱构件进行对比，选取其中一根柱构件查看按照一阶弹性设计方法与按照二阶弹性设计方法计算的结果进行详细结果比对。

图 3.3-2 为按照一阶弹性设计方法输出柱的详细计算结果。可以看到该柱由于采用一阶弹性设计方法，柱在 Y 方向的长细比为 86.30 超出了抗规三级抗震等级 82.53 的限值（该钢柱的材料为 Q345，三级抗震等级柱的长细比限值为 $100\times\sqrt{235/345}=82.53$）。强度应力比 0.3，平面内外稳定应力比分别为：0.21，0.36。

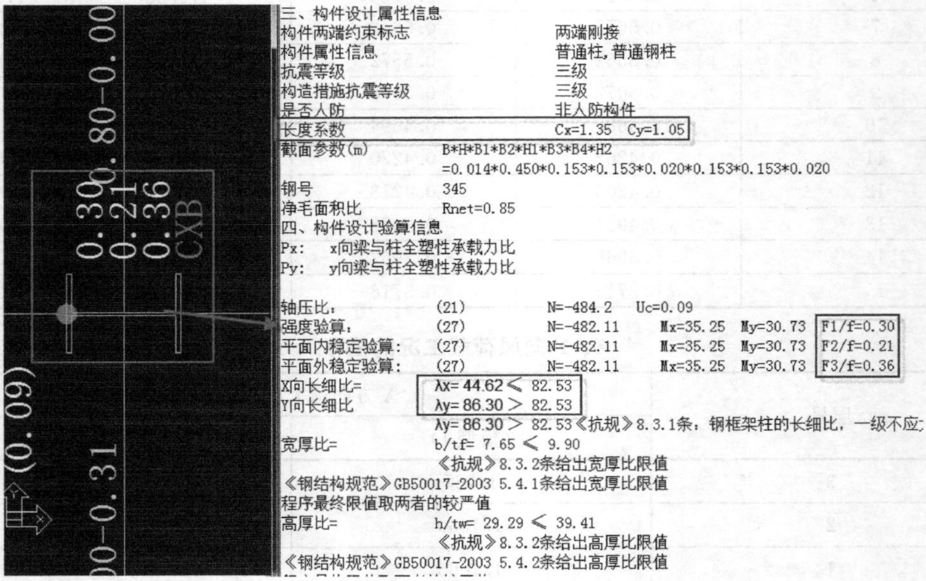

图 3.3-2 一阶弹性设计法计算的某柱的详细结果

图 3.3-3 为按照二阶弹性设计方法，并且按照直接几何刚度法考虑二阶效应，输出的上述柱的详细计算结果。可以看到该柱由于采用二阶弹性设计方法，柱在两个方向的计算长度系数均取 1.0，Y 方向的长细比为 82.04，满足了抗规三级抗震等级的限值要求。该柱的强度应力比 0.3，平面内外两个方向的稳定应力比分别为：0.21，0.35。由于二阶效

应不是很明显，考虑按照二阶弹性设计方法对于强度、稳定应力比结果影响很小，但是对于计算的长细比影响较大，按照一阶弹性设计方法不能满足要求的柱构件，按照二阶弹性设计方法可以满足规范长细比限值要求。

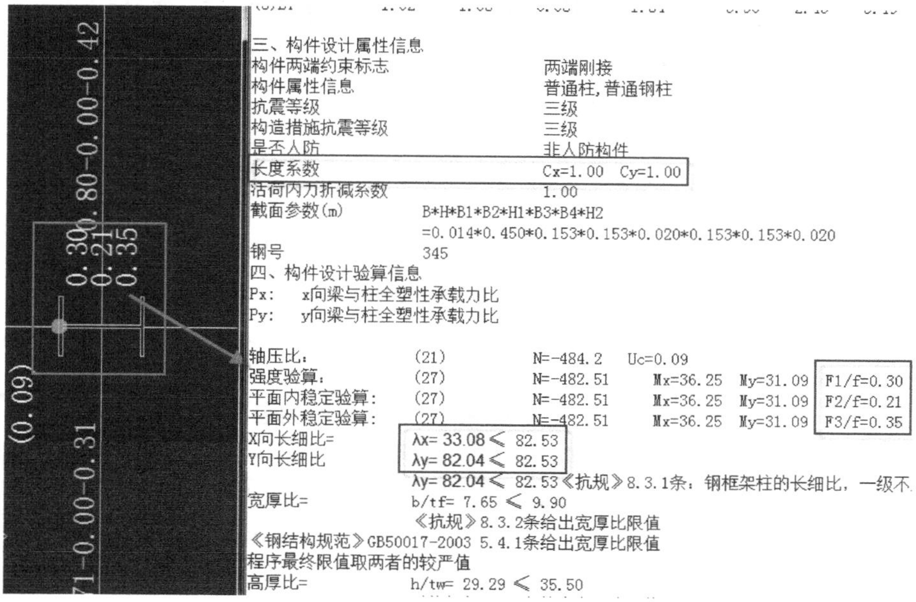

图 3.3-3　二阶弹性设计法计算的该柱的详细结果

3.4　结论

按照常规的设计方法，对钢结构采用一阶弹性设计法，但一阶弹性设计方法要按照线刚度比进行计算长度系数的计算，并按照抗规与新钢标进行长细比的控制。通常情况下柱的长细比由抗震规范按照抗震等级从严控制，这就导致很多结构中的柱强度、稳定应力比很小，而长细比超限。尤其对于 H 截面，一般弱轴方向的长细比很容易超出规范要求，主要原因在于按照梁柱线刚度比计算的柱计算长度系数过大。这就需要在应力比很小的情况下为了满足构造要求进行截面调整，造成用钢量大幅上升。采用二阶弹性设计方法，在考虑结构整体缺陷时，考虑结构沿着两个方向的整体倾角，得到结构的内力，构件设计阶段，不再考虑梁柱线刚度比的计算长度系数，直接采用计算长度系数为 1.0，这导致了长细比大幅下降，但是强度与稳定应力比增加幅度不大，很容易满足规范要求。在一阶弹性设计方法无法满足长细比规范要求时，可以采用二阶弹性设计方法，更容易满足规范对柱长细比的构造要求，同时不会造成强度与稳定应力的大幅上升。

第 4 章　钢结构弹性直接分析设计方法

4.1　引言

根据新钢标 GB 50017—2017 第 5 章规定，直接分析可以分为考虑材料进入塑性的弹塑性直接分析和不考虑材料进入塑性的弹性直接分析。

弹性直接分析除不考虑材料非线性的因素外，需要考虑几何非线性（P-Δ 效应和 P-δ 效应）、结构整体缺陷、构件缺陷（包括残余应力）等因素。下面以一根承受竖向荷载 P 和水平荷载 F 的悬臂柱为例，对比直接分析与一阶弹性分析和二阶弹性分析。

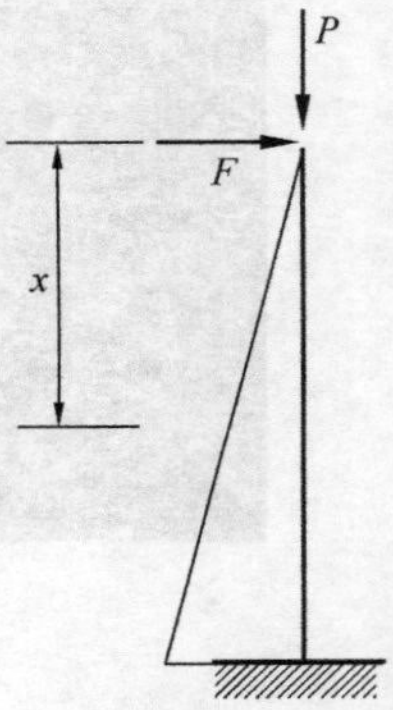

图 4.1-1　一阶弹性分析

如图 4.1-1 所示采用一阶弹性分析时，采用线弹性小变形假定，不考虑结构和构件的缺陷，则截面 x 处的弯矩 M（x）$=F\times x$。

如图 4.1-2 所示采用弹性直接分析时，考虑 P-Δ 效应和结构整体缺陷 Δ_0，则截面 x 处的弯矩 M（x）$=F\times x+MP$（x）$+Q\times x$。其中，Q 为假想水平力，用以考虑结构整体缺陷的影响，MP（x）是考虑 P-Δ 效应后的截面内力变化。

如图 4.1-3 所示采用弹性直接分析时，考虑 P-Δ 效应、P-δ 效应、结构整体缺陷、构件局部缺陷 e（包含初始应力影响），则截面 x 处的弯矩 M（x）$=F\times x+Q\times x+MP$（x）$+MN$（x）$+Me$（x），其中 Q 为假想水平力，用以考虑结构整体缺陷的影响，MP（x）是考虑 P-Δ 效应后的截面内力变化，MN（x）是考虑 P-δ 效应后的截面内力变化，Me（x）是考虑构件局部缺陷（包含初始应力影响）后的构件内力变化。

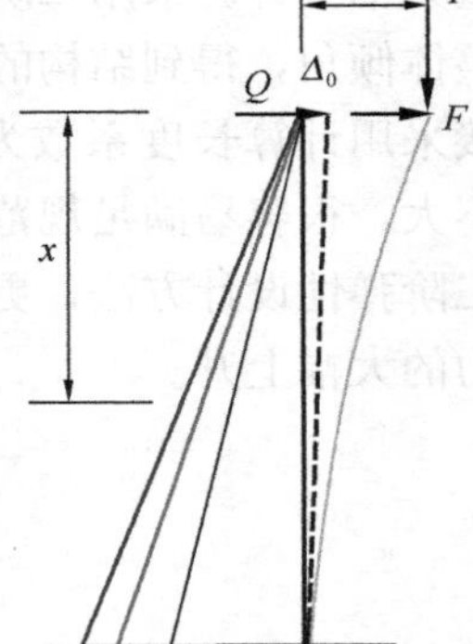

图 4.1-2　二阶弹性分析

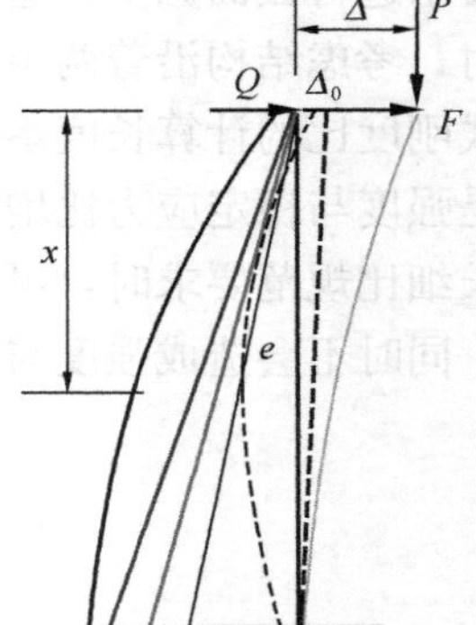

图 4.1-3　弹性直接分析

采用一阶弹性分析时，虽然没有在分析阶段考虑 P-Δ 效应、P-δ 效应、结构整体缺陷、构件局部缺陷等因素，但在构件设计阶段予以考虑。例如，压弯构件的验算，通过计算长度系数、稳定系数、等效弯矩系数等考虑这些因素的影响，详见新钢标 GB 50017—2017 第 8 章。

根据 GB 50017—2017 第 5 章规定，采用弹性直接分析的结构，构件设计阶段只需要对构件进行强度验算和必要的构造措施控制，不再需要进行基于计算长度的稳定应力验算（指柱、支撑，不包括梁的弯扭稳定应力验算）。

理论上，几何非线性分析需要先对荷载进行组合，再进行迭代计算。SATWE、PMSAP 中考虑 P-Δ 效应采用的是无需迭代的直接几何刚度法，这种方法的好处是很容易与结构动力反应分析结合，对一般建筑结构来讲可以不进行迭代计算。在荷载效应组合后的构件内力上考虑 P-δ 效应和局部缺陷。整体缺陷采用 GB 50017—2017 第 5 章规定的等效侧向荷载法，局部缺陷采用 GB 50017—2017 第 5 章规定的最大值。

4.2　弹性直接分析设计方法相关参数设置

在设计信息中，增加新的“弹性直接分析设计方法”选项见图 4.2-1。

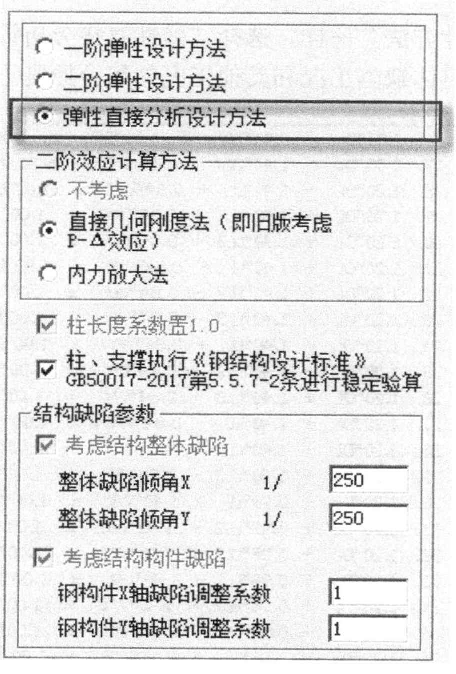

图 4.2-1　弹性直接分析设计方法参数

当选择新的“弹性直接分析设计方法”选项时，二阶效应计算方法可以选择“直接几何刚度法”或“内力放大法”，默认选择“直接几何刚度法”。

选择“弹性直接分析设计方法”时默认考虑结构缺陷，包括整体缺陷和局部缺陷，此时框架柱的计算长度系数可以置为 1.0。也可以到分析模型的设计属性补充菜单下修改为有依据的值。

同选择“二阶弹性设计方法”一样，选择“弹性直接分析设计法”后，默认一定要考虑结构整体初始缺陷，程序自动增加整体缺陷荷载工况 1 和整体缺陷工况 2。整体缺陷荷载属性归入永久荷载，各种组合情况下的分项系数均取 1.0，重力荷载代表值和质量源系数取 0。详见图 4.2-2。

工况信息

表1 永久荷载信息

工况名称	分项系数(不利主控)	分项系数(不利非主控)	分项系数(有利)	重力荷载代表值系数
恒荷载	1.35	1.20	1.00	1.00
整体缺陷荷载	1.00	1.00	1.00	0.00

表2 可变荷载信息

工况名称	分项系数	抗震组合值系数	组合值系数	重力荷载代表值系数
活荷载	1.40	--	0.70	0.50
风荷载	1.40	0.20	0.60	0.00
特殊风	0.00	0.00	0.00	0.00

表3 地震作用信息

工况名称	分项系数(主控)	分项系数(非主控)
竖向地震	1.30	0.50

图 4.2-2 工况信息中的“整体缺陷”

同选择“二阶弹性设计方法”一样，选择“弹性直接分析设计法”后，荷载组合表中体现出整体缺陷工况，但整体缺陷工况和其他工况的组合原则不同。详见图 4.2-3。

风荷载信息
地震信息
　地震信息
　隔震信息
活荷信息
调整信息
　调整信息1
　调整信息2
设计信息
　设计信息1
　设计信息2
配筋信息
　钢筋信息
　配筋信息
荷载组合
　工况信息
　组合信息
地下室信息
　地下室信息
　外墙及人防
砌体结构
广东规程
性能设计
鉴定加固

```
16. 1.00*DL + 1.40*WY ± 1.00*DF1 ± 1.00*DF2
17. 1.00*DL - 1.40*WY ± 1.00*DF1 ± 1.00*DF2
18. 1.20*DL + 1.40*LL + 0.84*WX ± 1.00*DF1 ± 1.00*DF2
19. 1.20*DL + 1.40*LL2 + 0.84*WX ± 1.00*DF1 ± 1.00*DF2
20. 1.20*DL + 1.40*LL3 + 0.84*WX ± 1.00*DF1 ± 1.00*DF2
21. 1.20*DL + 1.40*LL - 0.84*WX ± 1.00*DF1 ± 1.00*DF2
22. 1.20*DL + 1.40*LL2 - 0.84*WX ± 1.00*DF1 ± 1.00*DF2
23. 1.20*DL + 1.40*LL3 - 0.84*WX ± 1.00*DF1 ± 1.00*DF2
24. 1.20*DL + 1.40*LL + 0.84*WY ± 1.00*DF1 ± 1.00*DF2
25. 1.20*DL + 1.40*LL2 + 0.84*WY ± 1.00*DF1 ± 1.00*DF2
26. 1.20*DL + 1.40*LL3 + 0.84*WY ± 1.00*DF1 ± 1.00*DF2
27. 1.20*DL + 1.40*LL - 0.84*WY ± 1.00*DF1 ± 1.00*DF2
28. 1.20*DL + 1.40*LL2 - 0.84*WY ± 1.00*DF1 ± 1.00*DF2
29. 1.20*DL + 1.40*LL3 - 0.84*WY ± 1.00*DF1 ± 1.00*DF2
30. 1.20*DL + 0.98*LL + 1.40*WX ± 1.00*DF1 ± 1.00*DF2
31. 1.20*DL + 0.98*LL2 + 1.40*WX ± 1.00*DF1 ± 1.00*DF2
32. 1.20*DL + 0.98*LL3 + 1.40*WX ± 1.00*DF1 ± 1.00*DF2
33. 1.20*DL + 0.98*LL - 1.40*WX ± 1.00*DF1 ± 1.00*DF2
34. 1.20*DL + 0.98*LL2 - 1.40*WX ± 1.00*DF1 ± 1.00*DF2
35. 1.20*DL + 0.98*LL3 - 1.40*WX ± 1.00*DF1 ± 1.00*DF2
36. 1.20*DL + 0.98*LL + 1.40*WY ± 1.00*DF1 ± 1.00*DF2
37. 1.20*DL + 0.98*LL2 + 1.40*WY ± 1.00*DF1 ± 1.00*DF2
38. 1.20*DL + 0.98*LL3 + 1.40*WY ± 1.00*DF1 ± 1.00*DF2
39. 1.20*DL + 0.98*LL - 1.40*WY ± 1.00*DF1 ± 1.00*DF2
40. 1.20*DL + 0.98*LL2 - 1.40*WY ± 1.00*DF1 ± 1.00*DF2
```

图 4.2-3 整体缺陷工况参与组合

图 4.2-3 中，“±”的含义是整体缺陷工况参与组合后总是使得组合后内力的绝对值

增加。

构件局部系的缺陷值软件自动根据 GB 50017—2017 的表 5.2.2 确定。如果认为表中数值需要调整，可以修改缺陷调整系数。

表 5.2.2　构件综合缺陷代表值

对应于表 7.2.1-1 和表 7.2.1-2 中的柱子曲线	二阶分析采用的 $\frac{e_0}{l}$ 值
a 类	1/400
b 类	1/350
c 类	1/300
d 类	1/250

4.3　构件设计

选择“弹性直接分析设计法”时，在组合后的截面内力上考虑 P-δ 效应和构件缺陷的影响对组合内力进行修正。使用修正后的组合内力，在验算阶段不再需要进行柱、支撑的考虑计算长度系数的稳定应力验算，而仅进行强度验算。

梁除了按 GB 50017—2017 的式（5.5.7-1）进行强度验算外，当无足够侧向支撑时仍然需要进行整体稳定应力验算［式（5.5.7-2)］，因为梁的失稳验算属于弯扭失稳验算。

选择直接分析法时，梁、柱、支撑的构造要求的验证同一阶弹性方法。

值得注意的是，GB 50017—2017 直接分析设计法的强度验算公式中均采用构件的毛截面，第 6、7、8 章构件的强度验算公式中一般采用净截面面积和模量（支撑构件毛截面屈服采用毛截面面积）。

4.4　算例分析

采用同一工程，分别采用一阶弹性设计方法（即采用传统的考虑计算长度系数方法）和直接分析法进行计算，并进行对比。

工程模型 A 如图 4.4-1 所示，为二层钢框架结构，柱子采用等边的焊接箱形截面，主梁和次梁均选用工字钢。

采用 PMSAP 进行对比计算。模型 0 采用直接弹性分析法进行分析，考虑结构 P-Δ 效应和 P-δ 效应，按照几何刚度法考虑结构的整体缺陷和构件初始缺陷；模型 1 采用一阶弹性设计方法进行分析，不考虑结构 P-Δ 效应，进行计算。模型 0、模型 1 参数设置分别如图 4.4-2、图 4.4-3 所示。

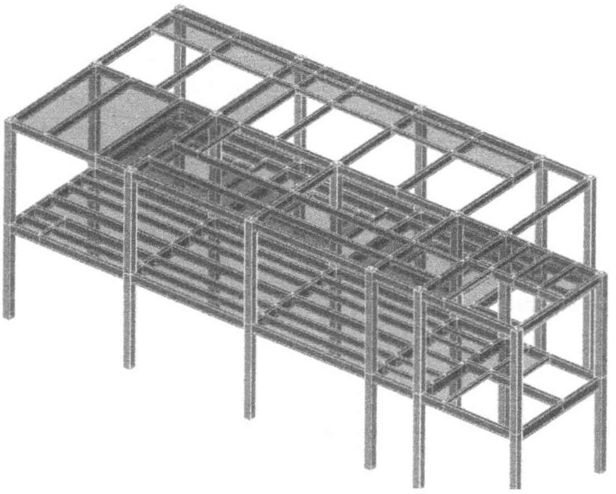

图 4.4-1　模型轴侧图

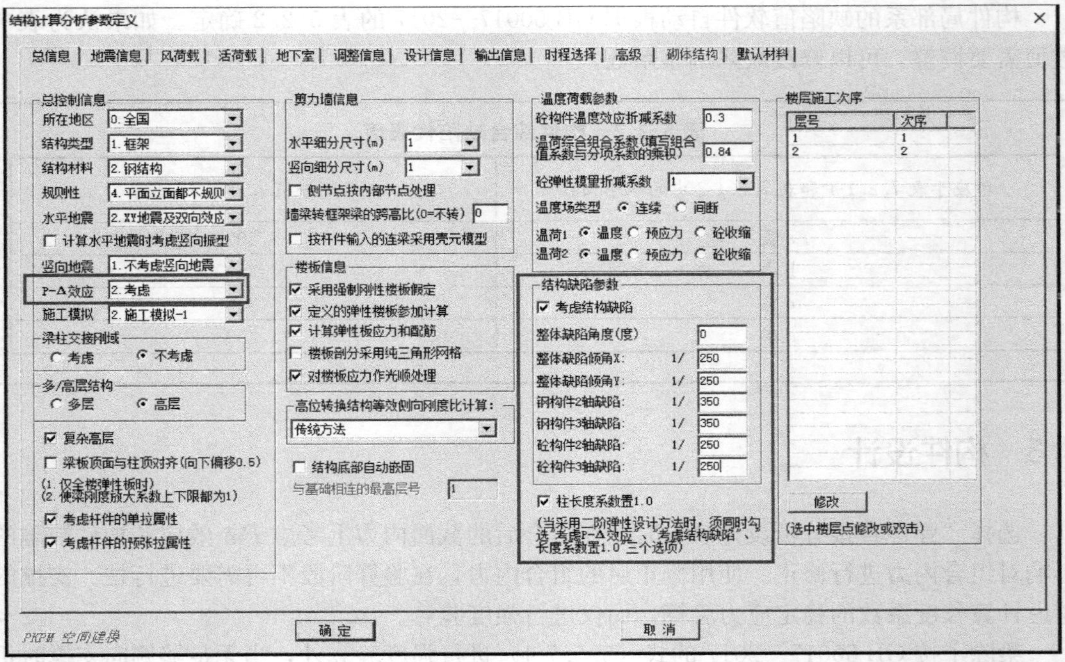

图 4.4-2　模型 1 参数设置

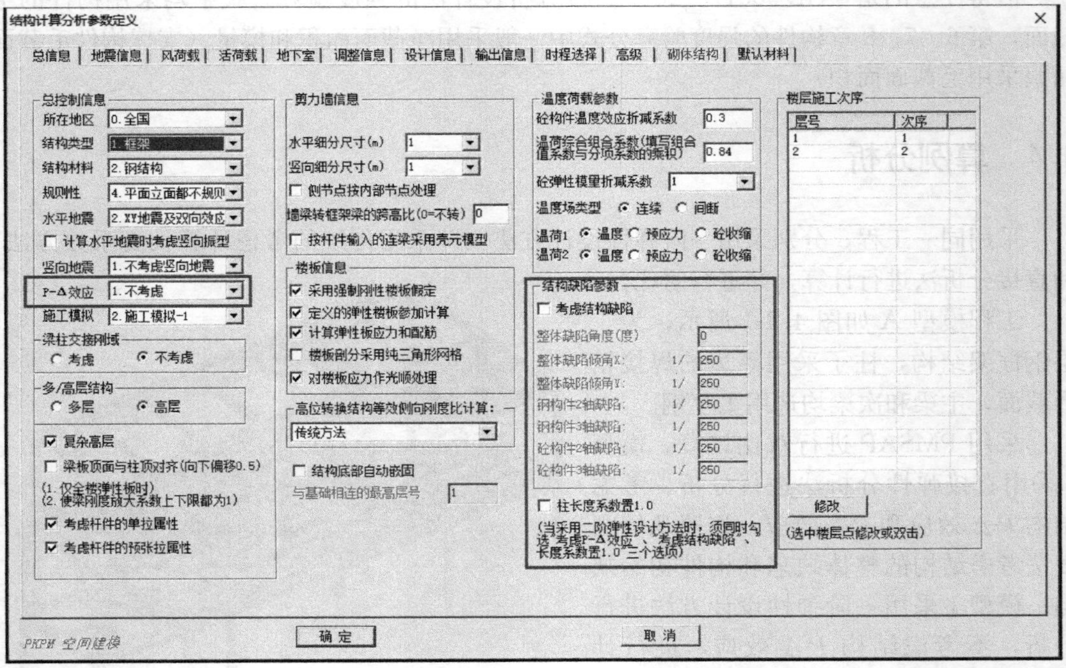

图 4.4-3　模型 0 参数设置

结构缺陷参数的中相关参数参照新钢标规定进行填写。根据新钢标 5.2.1 条的规定，*X* 向和 *Y* 向结构整体缺陷倾角为 1/250。模型中采用的焊接箱形截面，截面尺寸如图4.4-4 所示，板件宽厚比为 21.08，按照新钢标表 7.2.1-1，为 C 类截面，按照新钢标表 5.2.2 选择构件初始缺陷为 1/350。

截面参数 (m)　　B*H*U*T*D*F=0.600*0.600*0.026*0.026*0.026*0.026
钢号　　235
净毛面积比　　Rnet=0.85

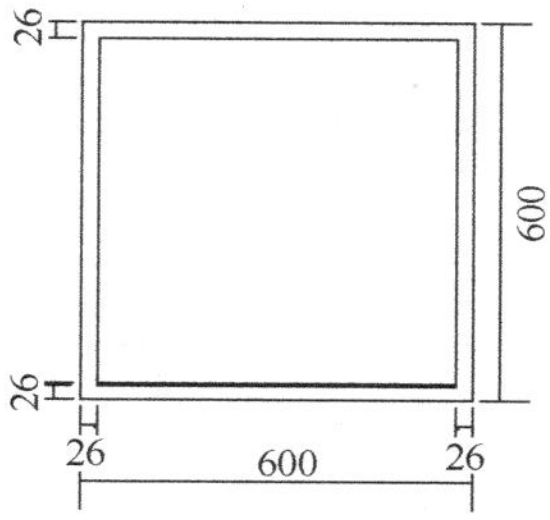

图 4.4-4　构件信息

通过程序中的工程对比功能，对两个模型进行对比。

结构质量分布、风荷载计算和楼层剪切刚度完全一致。见表 4.4-1。

质量分布　　　　**表 4.4-1**

层号	层质量		质量比	
	(模型 0)	(模型 1)	(模型 0)	(模型 1)
2	576.2	576.2	0.67	0.67
1	856.9	856.9	1.00	1.00

结构周期和位移会有不同，说明由于考虑了构件的初始缺陷，结构整体刚度有所减小，使得结构整体指标有所变化。见表 4.4-2～表 4.4-4。

结构周期及振型方向　　　　**表 4.4-2**

振型号	周期		方向角	
	(模型 0)	(模型 1)	(模型 0)	(模型 1)
1	0.7112	0.7070	126.64	126.69
2	0.6764	0.6727	38.38	38.36
3	0.6096	0.6067	99.07	99.02

风荷载工况的位移　　　　**表 4.4-3**

层号	*X* 向最大层间位移角		*Y* 向最大层间位移角	
	(模型 0)	(模型 1)	(模型 0)	(模型 1)
2	1/1816	1/1836	1/815	1/826
1	1/2203	1/2225	1/1064	1/1075

地震荷载工况的位移 **表 4.4-4**

层号	X 向最大层间位移角		Y 向最大层间位移角	
	（模型 0）	（模型 1）	（模型 0）	（模型 1）
2	1/936	1/952	1/896	1/909
1	1/1050	1/1066	1/1266	1/1280

对各个构件的强度应力比和稳定应力比统计如表 4.4-5 所示。

首层框架柱强度和稳定应力比 **表 4.4-5**

构件号	强度比		X 向稳定		Y 向稳定	
	直接分析	一阶弹性	直接分析	一阶弹性	直接分析	一阶弹性
1	0.45	0.51	0.45	0.44	0.47	0.31
2	0.49	0.52	0.49	0.46	0.51	0.28
3	0.32	0.36	0.32	0.31	0.33	0.2
4	0.51	0.57	0.51	0.48	0.53	0.31
5	0.55	0.59	0.56	0.52	0.57	0.35
6	0.39	0.43	0.39	0.38	0.4	0.23
7	0.43	0.48	0.43	0.42	0.45	0.27
8	0.5	0.54	0.51	0.47	0.52	0.3
9	0.38	0.43	0.38	0.38	0.39	0.22
10	0.35	0.4	0.35	0.34	0.36	0.27
11	0.41	0.46	0.42	0.39	0.43	0.24
12	0.32	0.36	0.32	0.31	0.33	0.19
13	0.36	0.4	0.36	0.35	0.37	0.28
14	0.42	0.46	0.42	0.39	0.43	0.25
15	0.25	0.28	0.25	0.24	0.26	0.17
16	0.33	0.38	0.35	0.33	0.35	0.28
17	0.35	0.39	0.36	0.34	0.36	0.26

构件的强度应力比和稳定应力比图形结果显示如图 4.4-5～图 4.4-7 所示。

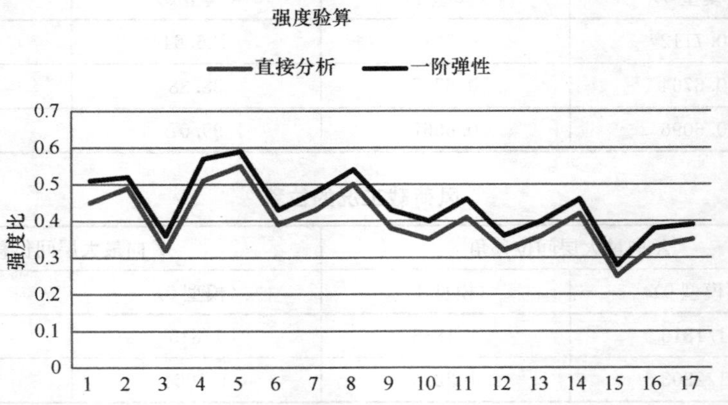

图 4.4-5 强度应力比

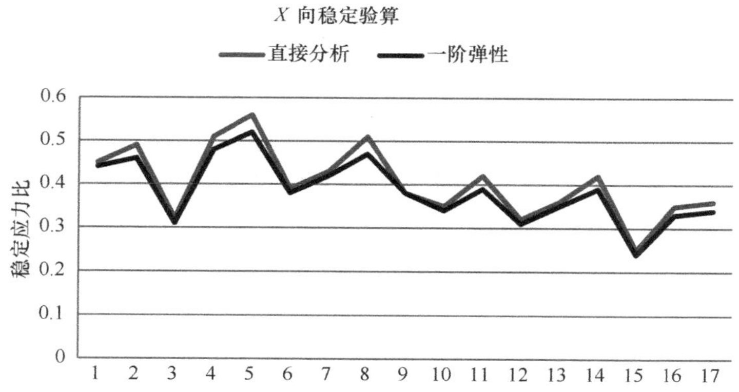

图 4.4-6　X 向稳定应力比

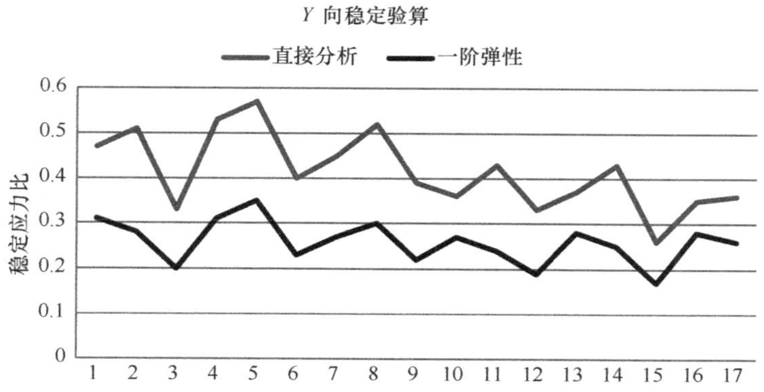

图 4.4-7　Y 向稳定应力比

工程模型 B 如图 4.4-8 所示，为四层钢框架结构，柱子采用焊接工字形截面，主梁和次梁均选用工字钢。

采用 PMSAP 进行对比计算。模型 0 采用直接弹性分析法进行分析，考虑结构 $P\text{-}\Delta$ 效应和 $P\text{-}\delta$ 效应，按照几何刚度法考虑结构的整体缺陷和构件初始缺陷；模型 1 采用一阶弹性设计方法进行分析，不考虑结构 $P\text{-}\Delta$ 效应，进行计算。模型 0、模型 1 参数设置分别见图 4.4-9、图 4.4-10。

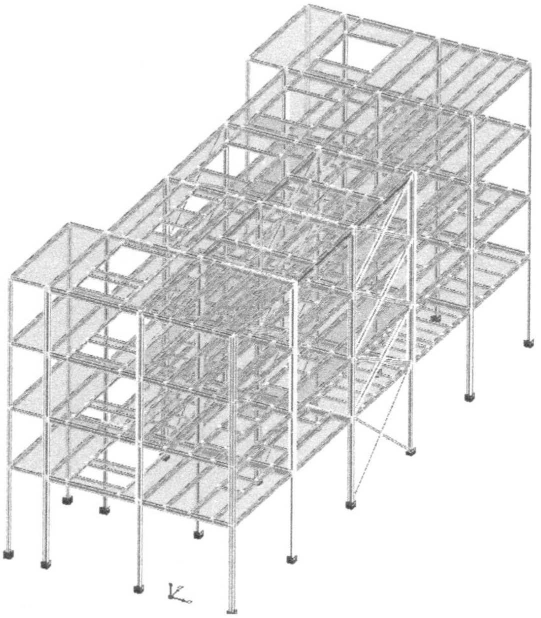

图 4.4-8　模型 B 轴侧简图

结构缺陷参数中的相关参数参照新钢标规定进行填写。根据新钢标 5.2.1 条的规定，X 向和 Y 向结构整体缺陷倾角为 1/250。模型中采用的焊接工字形截面，材料强度为 Q345。按照新钢标表 7.2.1-1，X 向为 a 类截面，Y 向为 b 类截面，

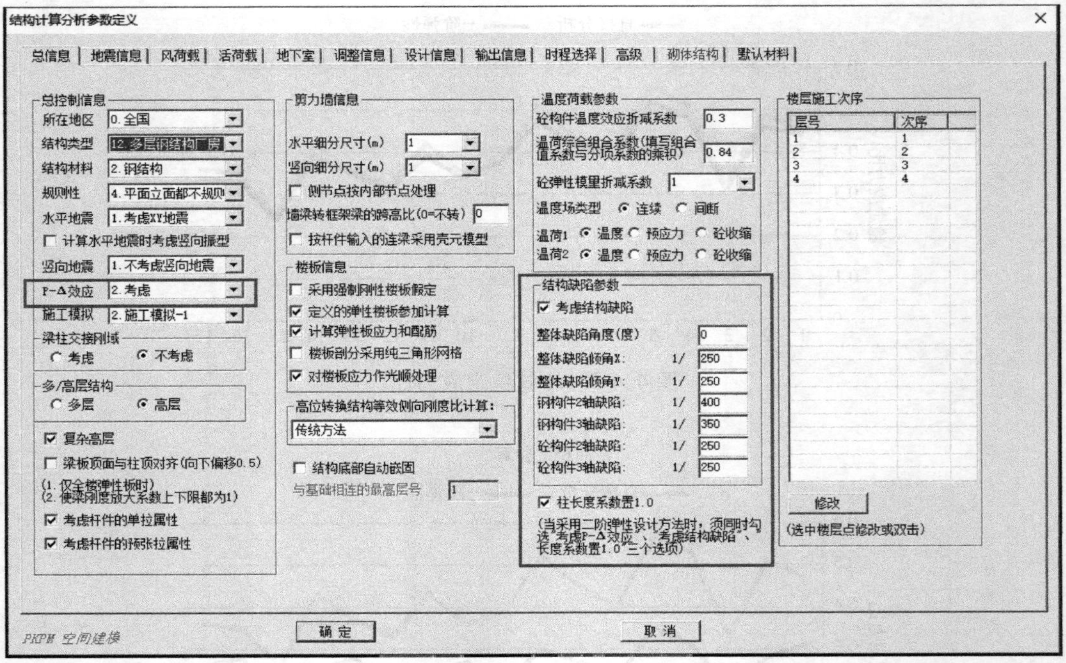

图 4.4-9　模型 0 参数设置

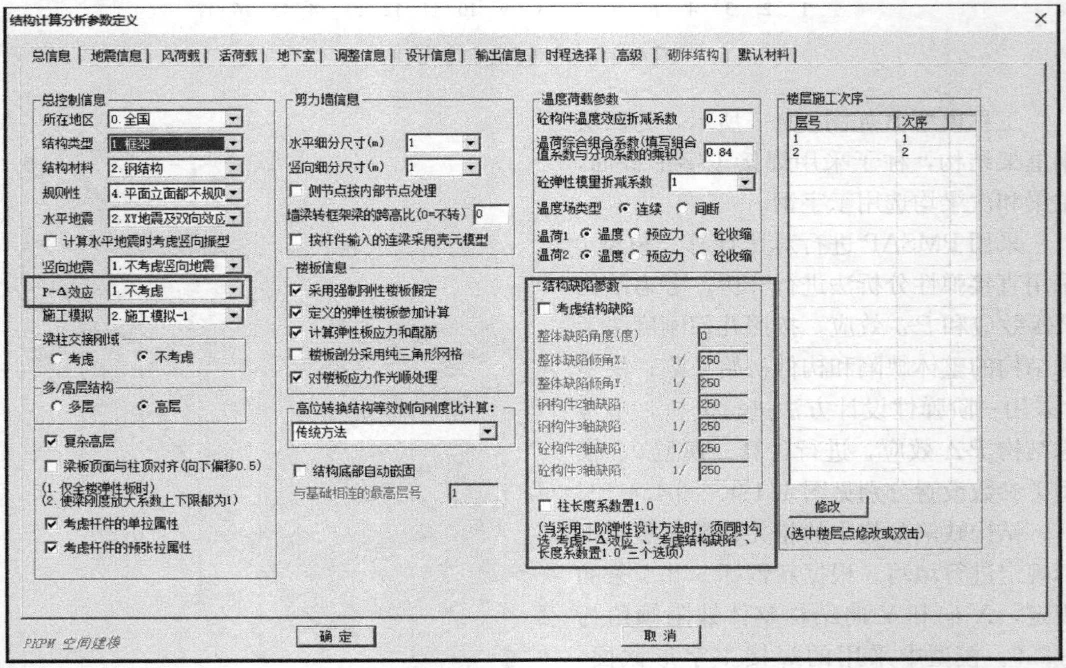

图 4.4-10　模型 1 参数设置

按照新钢标表 5.2.2 选择构件 2 轴初始缺陷为 1/400，钢构件 3 轴初始缺陷为 1/350。

通过程序中的工程对比功能对两个模型进行对比。

结构质量分布、风荷载计算和楼层剪切刚度完全一致。见表 4.4-6。

质量分布　　**表 4.4-6**

层号	层质量		质量比	
	（模型 0）	（模型 1）	（模型 0）	（模型 1）
4	500.3	500.3	0.90	0.90
3	553.2	553.2	1.27	1.27
2	434.2	434.2	0.92	0.92
1	473.1	473.1	1.00	1.00

结构周期和位移会有不同，说明由于考虑了构件的初始缺陷，结构整体刚度有所减小，使得结构整体指标有所变化。见表 4.4-7～表 4.4-9。

结构周期与振型方向　　**表 4.4-7**

振型号	周期		类型		方向角	
	（模型 0）	（模型 1）	（模型 0）	（模型 1）	（模型 0）	（模型 1）
1	1.8057	1.7716	*X*	*X*	0.13	0.13
2	1.4529	1.4269	*T*	*T*	0.06	0.06
3	1.1101	1.0982	*X*	*X*	−0.26	−0.26

风荷载工况下的位移　　**表 4.4-8**

层号	*X* 向最大层间位移角		*Y* 向最大层间位移角	
	（模型 0）	（模型 1）	（模型 0）	（模型 1）
4	1/747	1/798	1/6369	1/7049
3	1/465	1/490	1/4253	1/4576
2	1/365	1/379	1/3392	1/3588
1	1/367	1/378	1/2698	1/2819

地震荷载工况的位移　　**表 4.4-9**

层号	*X* 向最大层间位移角		*Y* 向最大层间位移角	
	（模型 0）	（模型 1）	（模型 0）	（模型 1）
4	1/962	1/1002	1/2541	1/2599
3	1/610	1/625	1/1881	1/1944
2	1/531	1/540	1/1787	1/1825
1	1/566	1/572	1/1818	1/1834

对各个构件的强度应力比和稳定应力比统计，如表 4.4-10 所示。

首层框架柱强度和稳定应力比 **表 4.4-10**

构件号	强度比		X 向稳定		Y 向稳定	
	直接分析	一阶弹性	直接分析	一阶弹性	直接分析	一阶弹性
1	0.34	0.35	0.37	0.26	0.34	0.48
2	0.38	0.41	0.4	0.35	0.43	0.36
3	0.47	0.46	0.49	0.4	0.52	0.44
4	0.34	0.39	0.39	0.23	0.34	0.43
5	0.34	0.38	0.38	0.27	0.34	0.53
6	0.49	0.5	0.5	0.46	0.54	0.46
7	0.94	0.77	0.98	0.73	1.01	0.79
8	0.89	0.76	0.93	0.71	0.95	0.83
9	0.47	0.46	0.49	0.43	0.52	0.42
10	0.93	0.77	0.98	0.71	1	0.78
11	0.85	0.76	0.9	0.7	0.91	0.84
12	0.48	0.47	0.49	0.44	0.53	0.43
13	0.82	0.68	0.86	0.64	0.89	0.7
14	0.67	0.61	0.7	0.58	0.73	0.63
15	0.33	0.37	0.37	0.26	0.34	0.52
16	0.49	0.49	0.5	0.46	0.54	0.46
17	0.88	0.72	0.93	0.68	0.94	0.77
18	0.72	0.66	0.75	0.62	0.77	0.69
19	0.32	0.33	0.35	0.25	0.33	0.47
20	0.36	0.38	0.37	0.33	0.4	0.35
21	0.45	0.43	0.47	0.38	0.5	0.43
22	0.38	0.4	0.4	0.35	0.42	0.37

构件的强度应力比和稳定应力比图形结果显示，如图 4.4-11～图 4.4-13 所示。

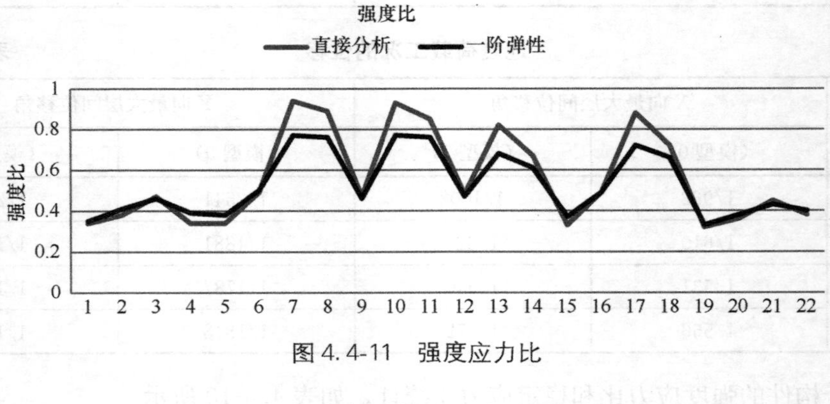

图 4.4-11　强度应力比

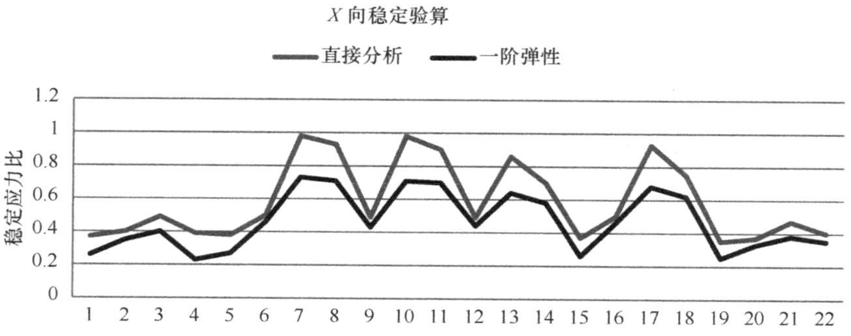

图 4.4-12　X 向稳定应力比

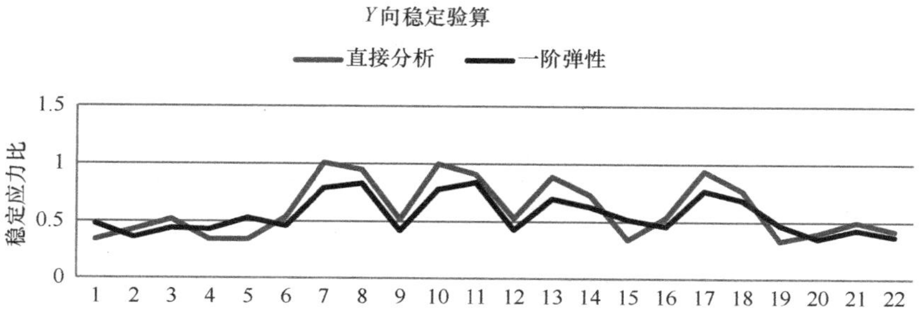

图 4.4-13　Y 向稳定应力比

4.5　小结

GB 50017—2017 增加了钢结构设计的弹性直接分析设计方法，V4.3 版的 PKPM 增加了这种分析设计方法。采用计算长度法和直接分析设计法进行对比，可以看出两种方法的钢构件验算结果一致。当构件的计算长度系数不容易确定时，采用直接分析设计法可以避免确定计算长度系数的困难。

第 5 章 钢构件验算

5.1 强度验算

5.1.1 受弯构件（梁）强度

不同截面的塑性发展系数 γ_x、γ_y，2017 版新钢标与 2003 版规范规定的数值相同。2017 版新钢标表 8.1.1 如下。

表 8.1.1 截面塑性发展系数 γ_x、γ_y

项次	截面形式	γ_x	γ_y
1	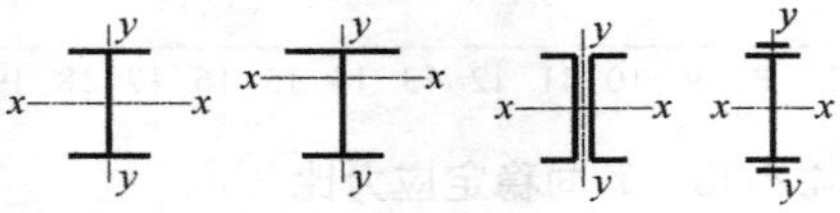	1.05	1.2
2	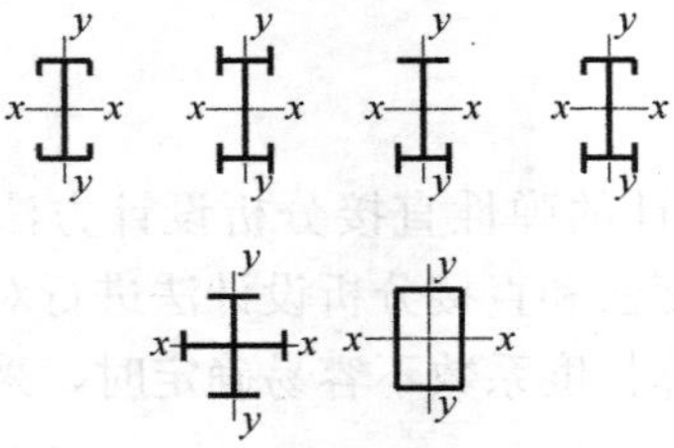		1.05
3	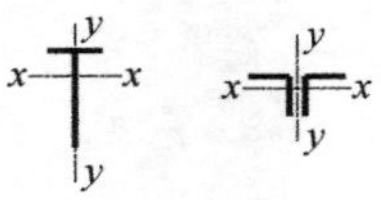	$\gamma_{x1}=1.05$ $\gamma_{x2}=1.2$	1.2
4	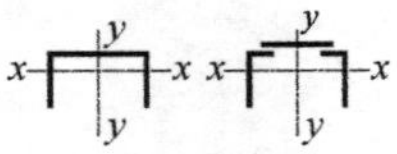		1.05
5	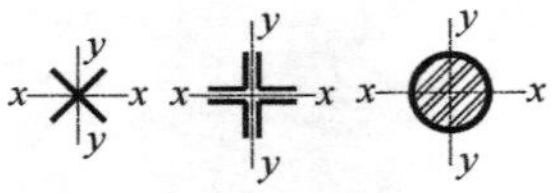	1.2	1.2

续表 8.1.1

项次	截面形式	γ_x	γ_y
6	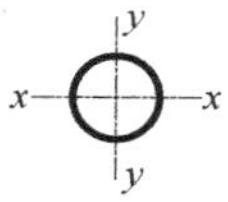	1.15	1.15
7	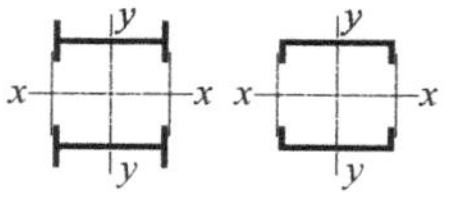	1.0	1.05
8	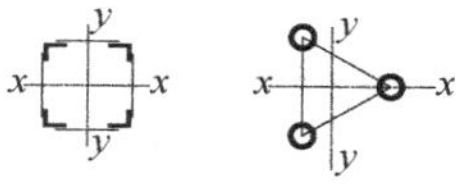		1.0

新钢标中塑性发展系数取值规定发生变化：新钢标中 γ_x、γ_y 取值与受压翼缘宽厚比关联，除工字形截面外，明确了箱形截面塑性发展系数取值与壁板（腹板）间翼缘宽厚比的关系。

《钢结构设计规范》GB 50017—2003 第 4.1.1 条：

> γ_x、γ_y——截面塑性发展系数；对工字形截面，$\gamma_x=1.05$，$\gamma_y=1.20$；对箱形截面，$\gamma_x=\gamma_y=1.05$；对其他截面，可按表 5.2.1 采用；
>
> f——钢材的抗弯强度设计值。
>
> 当梁受压翼缘的自由外伸宽度与其厚度之比大于 $13\sqrt{235/f_y}$ 而不超过 $15\sqrt{235/f_y}$ 时，应取 $\gamma_x=1.0$。f_y 为钢材牌号所指屈服点。
>
> 对需要计算疲劳的梁，宜取 $\gamma_x=\gamma_y=1.0$。

《钢结构设计标准》GB 50017—2017 第 6.1.2 条：

> **6.1.2**　截面塑性发展系数应按下列规定取值：
>
> **1**　对工字形和箱形截面，当截面板件宽厚比等级为 S4 或 S5 级时，截面塑性发展系数应取为 1.0，当截面板件宽厚比等级为 S1、S2 及 S3 时，截面塑性发展系数应按下列规定取值：
>
> **1）** 工字形截面（x 轴为强轴，y 轴为弱轴）：$\gamma_x = 1.05$，$\gamma_y = 1.20$；
>
> **2）** 箱形截面：$\gamma_x = \gamma_y = 1.05$。
>
> **2**　对其他截面可按本标准表 8.1.1 采用。
>
> **3**　对需要计算疲劳的梁，宜取 $\gamma_x = \gamma_y = 1.0$。

算例 1：工字梁，截面尺寸如图 5.1-1 所示，Q235，$f=215\text{N/mm}^2$，宽厚比为 12.83，小于 S3 级限值 13，组合弯矩设计值 $-407.62\text{kN}\cdot\text{m}$，净截面系数 0.85。程序输出结果见图 5.1-2。

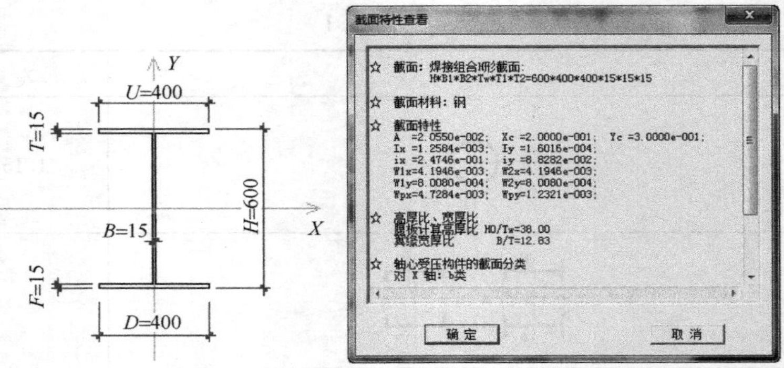

(a) (b)

图 5.1-1 工字梁截面及特性

(a) 工字梁截面尺寸；(b) 工字梁截面特性

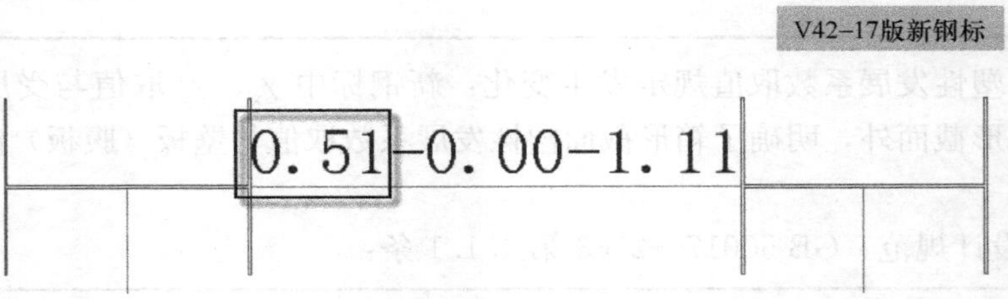

图 5.1-2 SATWE-17 版新钢标验算结果

校核：翼缘宽厚比小于 S3 级，故 $\gamma_x=1.05$；

$$F_1=\frac{M_x}{\gamma_x W_{nx}}=\frac{407.62}{1.05\times0.85\times0.0041946}=108882.15$$

$$F_1/f=108882.15/215000=0.506$$

与程序输出结果（图 5.1-2）一致。

算例 2：工字梁，截面尺寸如图 5.1-3 所示，Q235，$f=215\text{N/mm}^2$，宽厚比为 16.17，大于 S3 级限值 13，组合弯矩设计值−423.17kN·m，净截面系数 0.85。程序输出结果见图 5.1-4。

校核：翼缘宽厚比大于 S3 级，故 $\gamma_x=1.0$；

$$F_1=\frac{M_x}{\gamma_x W_{nx}}=\frac{423.17}{1.0\times0.85\times0.0034033}=146283.62$$

$$F_1/f=146283.62/215000=0.680$$

与程序输出结果（图 5.1-4）一致。

算例 3：箱形梁，截面尺寸如图 5.1-5 所示，Q235，$f=215\text{N/mm}^2$，壁板间翼缘宽厚比为 31.33，小于 S3 级限值 37，组合弯矩设计值−410.56kN·m，净截面系数 0.85。程序输出结果见图 5.1-6。

校核：翼缘宽厚比小于 S3 级，故 $\gamma_x=1.05$；

$$F_1=\frac{M_x}{\gamma_x W_{nx}}=\frac{410.56}{1.05\times0.85\times0.0040404}=113852.89$$

$$F_1/f = 113852.89/215000 = 0.530$$

与程序输出结果（图 5.1-6）一致。

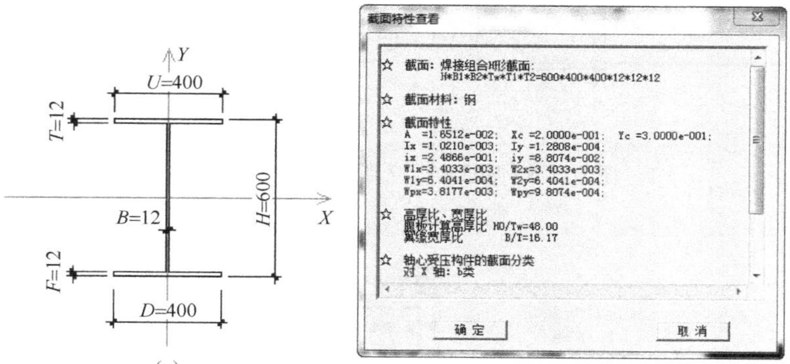

(a)　(b)

图 5.1-3　工字梁截面及特性

(a) 工字梁截面尺寸；(b) 工字梁截面特性

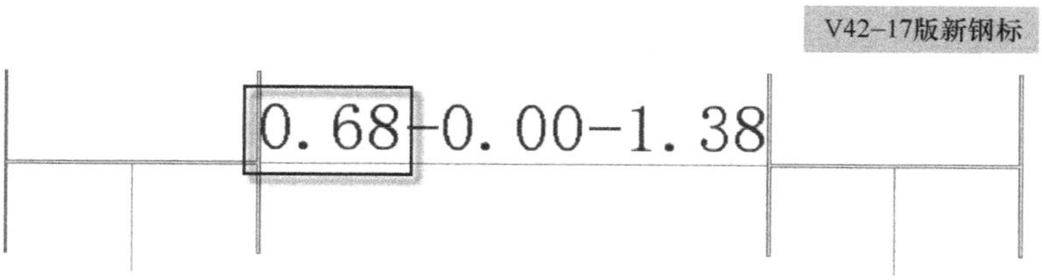

图 5.1-4　SATWE-17 版新钢标验算结果

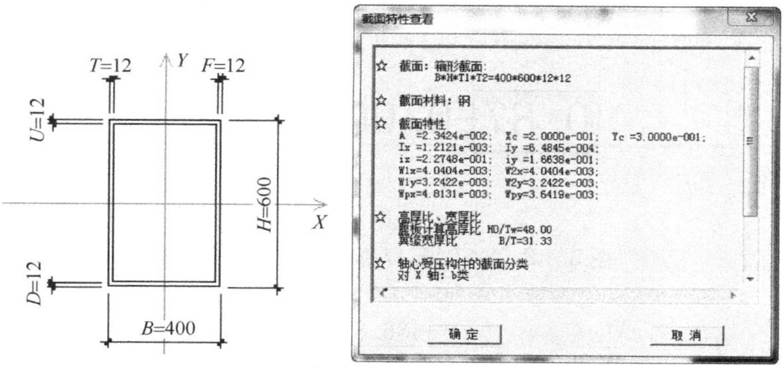

(a)　(b)

图 5.1-5　箱形梁截面及特性

(a) 箱形梁截面尺寸；(b) 箱形梁截面特性

算例 4：箱形梁，截面尺寸如图 5.1-7 所示，Q235，$f=215\text{N/mm}^2$，壁板间翼缘宽厚比为 48，大于 S3 级限值 37，组合弯矩设计值 −436.84kN·m，净截面系数 0.85。程序输出结果见图 5.1-8。

校核：翼缘宽厚比大于 S3 级，故 $\gamma_x=1.0$；

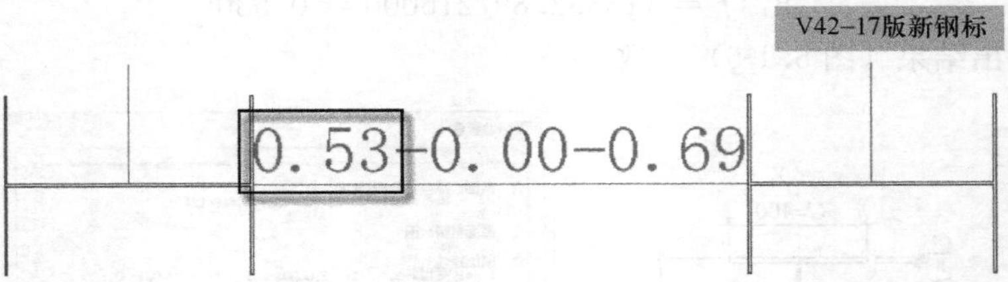

图 5.1-6　SATWE-17 版新钢标验算结果

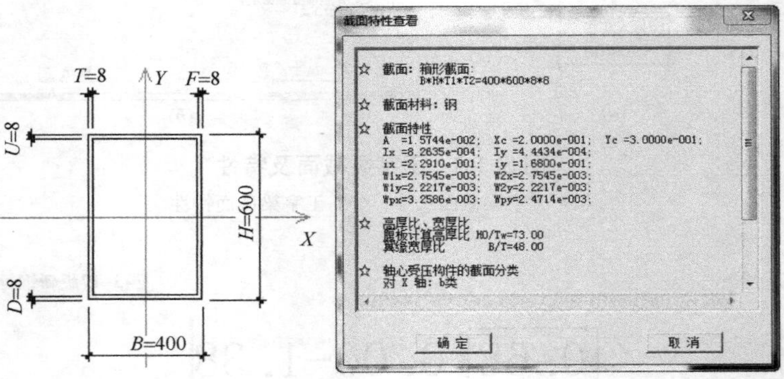

(*a*)　　　　(*b*)

图 5.1-7　箱形梁截面及特性

(*a*) 箱形梁截面尺寸；(*b*) 箱形梁截面特性

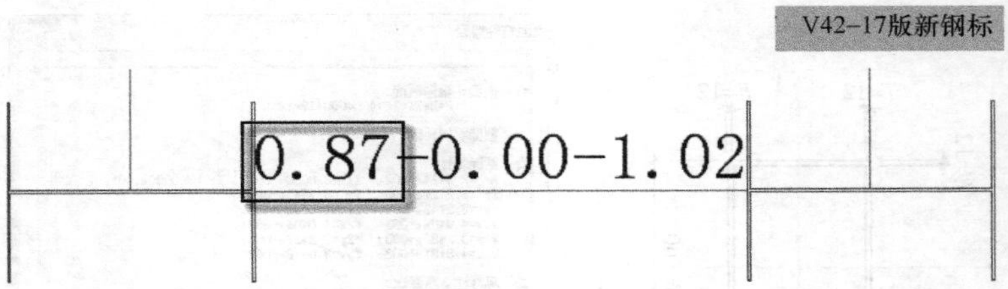

图 5.1-8　SATWE-17 版新钢标验算结果

$$F_1 = \frac{M_x}{\gamma_x W_{nx}} = \frac{436.84}{1.0 \times 0.85 \times 0.0027545} = 186578.11$$

$$F_1/f = 186578.11/215000 = 0.868$$

与程序输出结果（图 5.1-8）一致。

5.1.2　轴心受力构件（支撑）强度

轴心受压构件强度验算，新钢标改为毛截面验算。轴心受拉构件强度验算，新钢标新增净截面断裂验算。

《钢结构设计规范》GB 50017—2003 第 5.1.1 条：

5.1 轴心受力构件

5.1.1 轴心受拉构件和轴心受压构件的强度，除高强度螺栓摩擦型连接处外，应按下式计算：

$$\sigma=\frac{N}{A_n}\leqslant f \tag{5.1.1-1}$$

式中 N——轴心拉力或轴心压力；

A_n——净截面面积。

《钢结构设计标准》GB 50017—2017 第 7.1.1、7.1.2 条：

7.1.1 轴心受拉构件，当端部连接及中部拼接处组成截面的各板件都有连接件直接传力时，其截面强度计算应符合下列规定：

1 除采用高强度螺栓摩擦型连接者外，其截面强度应采用下列公式计算：

毛截面屈服：

$$\sigma=\frac{N}{A}\leqslant f \tag{7.1.1-1}$$

净截面断裂：

$$\sigma=\frac{N}{A_n}\leqslant 0.7f_u \tag{7.1.1-2}$$

7.1.2 轴心受压构件，当端部连接及中部拼接处组成截面的各板件都有连接件直接传力时，截面强度应按本标准式(7.1.1-1)计算。但含有虚孔的构件尚需在孔心所在截面按本标准式（7.1.1-2）计算。

SATWE-17 版新钢标程序为统一应力比表达方式，对轴心受拉构件净截面断裂控制［式（7.1.1-2）］做如下变换处理：

$$\frac{N}{A_n}\leqslant 0.7f_u$$

其中，$A_n=\xi\cdot A$，ξ 为钢构件截面净毛面积比。

那么，

$$\frac{N}{\xi A}\cdot\frac{1}{0.7f_u}\leqslant 1$$

$$\frac{N}{A}\cdot\frac{f}{0.7\xi f_u}\leqslant f$$

净截面断裂应力比：

$$F_1/f=\left(\frac{N}{A}\cdot\frac{f}{0.7\xi f_u}\right)/f\leqslant 1.0$$

当［$f/(0.7\xi f_u)$］＞1 时，轴心受拉构件为净截面断裂控制。

算例 1：H 形轴心受拉支撑，截面尺寸如图 5.1-9 所示，Q460，$f=410\text{N/mm}^2$，$f_u=550\text{N/mm}^2$，组合轴拉力设计值 2145.12kN，净截面系数 0.85。程序输出结果见图 5.1-10。

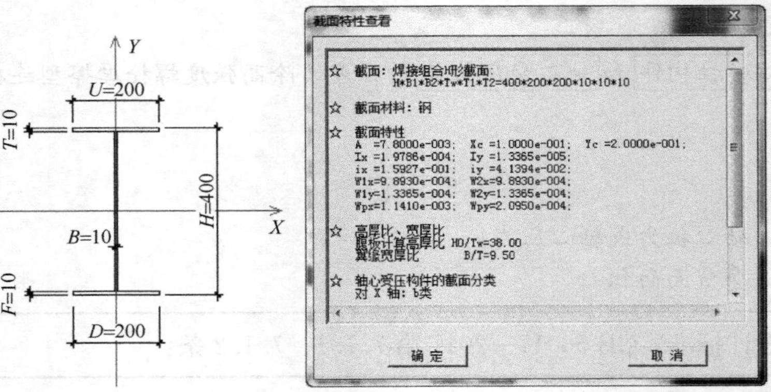

(*a*) (*b*)

图 5. 1-9 H 形支撑截面及特性

(*a*) H 形支撑截面尺寸；(*b*) H 形支撑截面特性

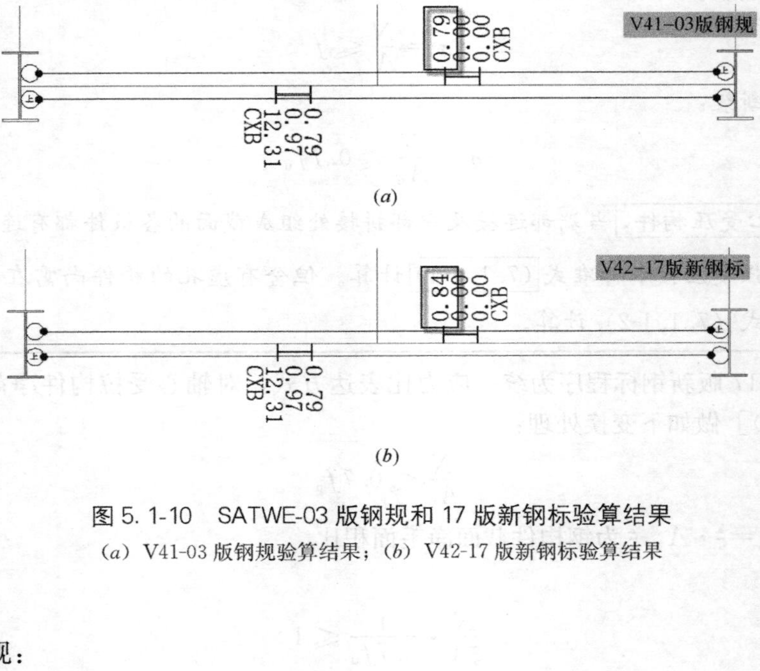

(*a*)

(*b*)

图 5. 1-10 SATWE-03 版钢规和 17 版新钢标验算结果

(*a*) V41-03 版钢规验算结果；(*b*) V42-17 版新钢标验算结果

校核：

03 版钢规：

$$F_1=\frac{N}{A_n}=\frac{2145.12}{0.85\times0.0078}=323547.51$$

$$F_1/f=323547.51/410000=0.789$$

与 03 版钢规程序输出结果（图 5. 1-10*a*）一致。

17 版新钢标：

毛截面屈服：

$$F_1=\frac{N}{A}=\frac{2145.12}{0.0078}=275015.38$$

$$F_1/f = 275015.38/410000 = 0.671$$

净截面断裂：

$$F_1 = \frac{N \times f}{A_n \times 0.7 f_u} = \frac{2145.12 \times 410}{0.85 \times 0.0078 \times 0.7 \times 550} = 344557.09$$

$$F_1/f = 344557.09/410000 = 0.840$$

取不利，应力比为 0.840，与 17 版新钢标程序输出结果（图 5.1-10*b*）一致。

5.1.3　拉弯、压弯构件（柱）强度

拉弯、压弯构件强度验算，17 版新钢标新增圆钢管截面验算方法，其他截面验算方式与 03 版规范一致。

《钢结构设计规范》GB 50017—2003 第 5.2.1 条：

> **5.2.1**　弯矩作用在主平面内的拉弯构件和压弯构件，其强度应按下列规定计算：
>
> $$\frac{N}{A_n} \pm \frac{M_x}{\gamma_x W_{nx}} \pm \frac{M_y}{\gamma_y W_{ny}} \leqslant f \qquad (5.2.1)$$
>
> 式中　γ_x、γ_y——与截面模量相应的截面塑性发展系数，应按表 5.2.1 采用。

《钢结构设计标准》GB 50017—2017 第 8.1.1 条：

> **8.1.1**　弯矩作用在两个主平面内的拉弯构件和压弯构件，其截面强度应符合下列规定：
>
> **1**　除圆管截面外，弯矩作用在两个主平面内的拉弯构件和压弯构件，其截面强度应按下式计算：
>
> $$\frac{N}{A_n} \pm \frac{M_x}{\gamma_x W_{nx}} \pm \frac{M_y}{\gamma_y W_{ny}} \leqslant f \qquad (8.1.1\text{-}1)$$
>
> **2**　弯矩作用在两个主平面内的圆形截面拉弯构件和压弯构件，其截面强度应按下式计算：
>
> $$\frac{N}{A_n} + \frac{\sqrt{M_x^2 + M_y^2}}{\gamma_m W_n} \leqslant f \qquad (8.1.1\text{-}2)$$

SATWE-17 版新钢标程序新增对圆钢管柱按照式（8.1.1-2）验算强度，其他截面仍按照式（8.1.1-1）验算强度。

算例 1：焊接 H 形截面柱，截面尺寸如图 5.1-11 所示，Q235，f=205N/mm^2，受压翼缘宽厚比为 12，小于 S3 级限值 13，组合内力设计值为：N=−675kN，M_x=270kN·m，M_y=540kN·m，净截面系数 0.85。程序输出结果见图 5.1-12。

校核：

03 版钢规与 17 版新钢标程序计算结果一致（图 5.1-12）。

受压翼缘宽厚比为 12，小于 S3 级限值 13，故 γ_x=1.05，γ_x=1.2；

$$F_1 = \frac{N}{A_n} + \frac{M_x}{\gamma_x W_{nx}} + \frac{M_y}{\gamma_y W_{ny}}$$

$$= \frac{675}{0.85 \times 0.0352} + \frac{270}{1.05 \times 0.85 \times 0.0094357} + \frac{540}{1.2 \times 0.85 \times 0.0016687}$$

$$= 371881.48$$

$$F_1 / f = 371881.48/205000 = 1.814$$

与程序输出结果一致。

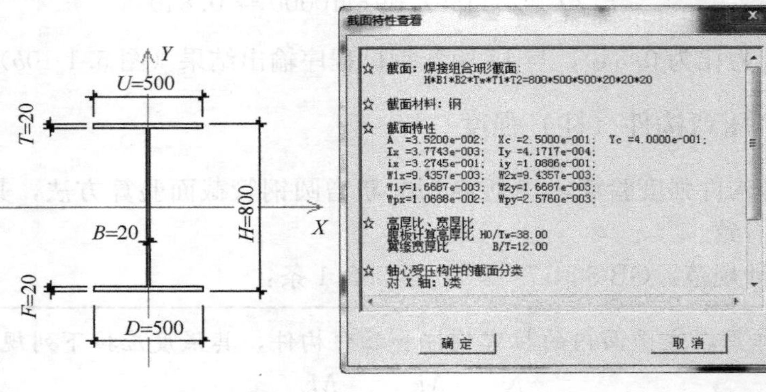

(a) (b)

图 5.1-11 H 形柱截面及特性

(a) H 形柱截面尺寸；(b) H 形柱截面特性

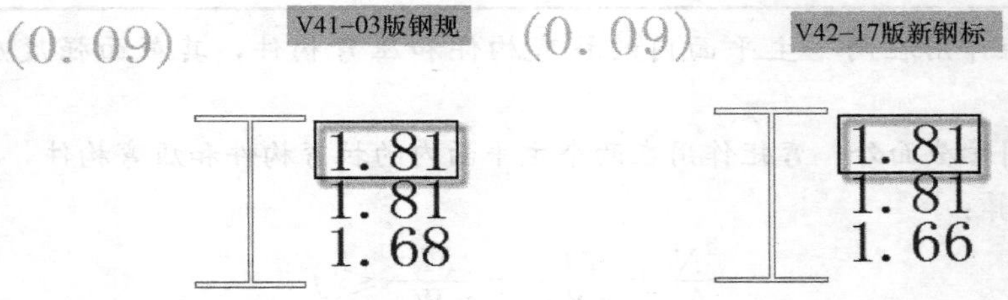

(a) (b)

图 5.1-12 SATWE-03 版钢规和 17 版新钢标验算结果

(a) V41-03 版钢规验算结果；(b) V42-17 版新钢标验算结果

算例 2：圆钢管截面柱，截面尺寸如图 5.1-13 所示，Q235，$f=205\text{N/mm}^2$，圆管径厚比为 40，小于 S3 级限值 90，组合内力设计值为：$N=-675\text{kN}$，$M_x=270\text{kN}\cdot\text{m}$，$M_y=540\text{kN}\cdot\text{m}$，净截面系数 0.85。程序输出结果见图 5.1-14。

校核：

按 17 版新钢标式（8.1.1-2）计算结果较 03 版钢规减小（图 5.1-14）。

03 版钢规：

$$F_1 = \frac{N}{A_n} + \frac{M_x}{\gamma_x W_{nx}} + \frac{M_y}{\gamma_y W_{ny}}$$

$$= \frac{675}{0.85 \times 0.049009} + \frac{270}{1.15 \times 0.85 \times 0.0093239} + \frac{540}{1.15 \times 0.85 \times 0.0093239}$$

$$= 105076.7$$

$$F_1 / f = 105076.7/205000 = 0.513$$

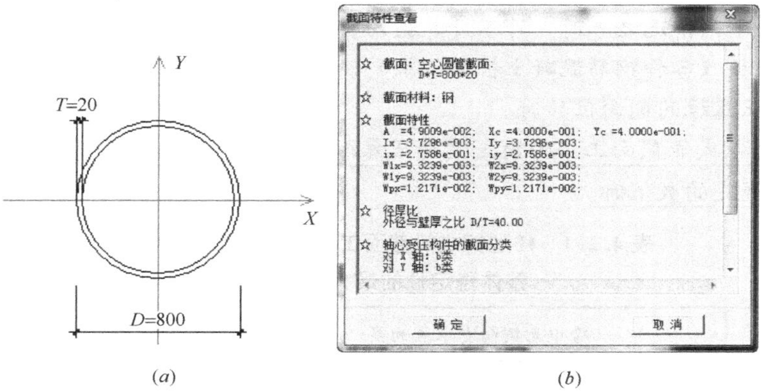

图 5.1-13　圆钢管柱截面及特性

(a) 圆钢管柱截面尺寸；(b) 圆钢管柱截面特性

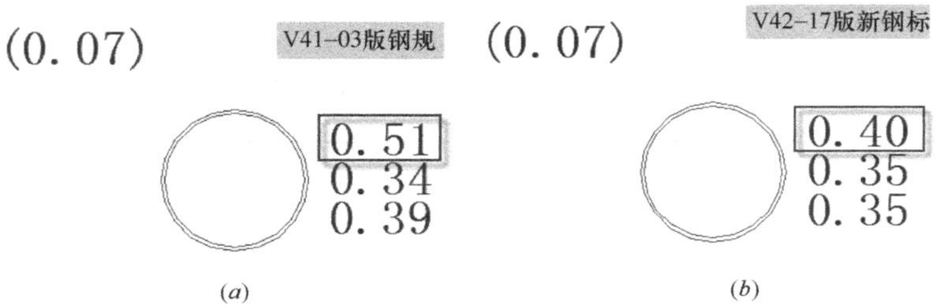

图 5.1-14　SATWE-03 版钢规和 17 版新钢标验算结果

(a) V41-03 版钢规验算结果；(b) V42-17 版新钢标验算结果

与 03 版规范程序输出结果一致；

17 版新钢标：

$$F_1=\frac{N}{A_n}+\frac{\sqrt{M_x^2+M_y^2}}{\gamma_m W_n}$$

$$=\frac{675}{0.85\times 0.049009}+\frac{\sqrt{270^2+540^2}}{1.15\times 0.85\times 0.0093239}$$

$$=82445.65$$

$$F_1/f=82445.65/205000=0.513$$

与 17 版新钢标程序输出结果一致。

5.2　稳定验算

5.2.1　受弯构件（梁）整体稳定

梁上有板时不验算其整体稳定，但梁上无板情况，17 版新钢标不再依据“受压翼缘的自由长度 l_1 与其宽度 b_1 之比”控制是否验算整体稳定。

《钢结构设计规范》GB 50017—2003 第 4.2.1、4.2.2 条：

4.2.1 符合下列情况之一时，可不计算梁的整体稳定性：

1 有铺板（各种钢筋混凝土板和钢板）密铺在梁的受压翼缘上并与其牢固相连、能阻止梁受压翼缘的侧向位移时。

2 H型钢或等截面工字形简支梁受压翼缘的自由长度 l_1 与其宽度 b_1 之比不超过表4.2.1所规定的数值时。

表4.2.1 H型钢或等截面工字形简支梁不需计算整体稳定性的最大 l_1/b_1 值

钢号	跨中无侧向支承点的梁		跨中受压翼缘有侧向支承点的梁，不论荷载作用于何处
	荷载作用在上翼缘	荷载作用在下翼缘	
Q235	13.0	20.0	16.0
Q345	10.5	16.5	13.0
Q390	10.0	15.5	12.5
Q420	9.5	15.0	12.0

注：其他钢号的梁不需计算整体稳定性的最大 l_1/b_1 值，应取Q235钢的数值乘以 $\sqrt{235/f_y}$。

对跨中无侧向支承点的梁，l_1 为其跨度；对跨中有侧向支承点的梁，l_1 为受压翼缘侧向支承点间的距离（梁的支座处视为有侧向支承）。

《钢结构设计标准》GB 50017—2017第6.2.1、6.2.2条：

6.2.1 当铺板密铺在梁的受压翼缘上并与其牢固相连，能阻止梁受压翼缘的侧向位移时，可不计算梁的整体稳定性。

6.2.2 除本标准第6.2.1条所指情况外，在最大刚度主平面内受弯的构件，其整体稳定性应按下式计算：

$$\frac{M_x}{\varphi_b W_x f} \leqslant 1.0 \tag{6.2.2}$$

SATWE-17版新钢标程序除对梁上有板的情况不做整体稳定验算外，对梁上无板的较短梁（即“受压翼缘的自由长度 l_1 与其宽度 b_1 之比”小于03规范表4.2.1），也会按式（6.2.2）验算整体稳定；

算例1：工字梁，截面尺寸如图5.2-1所示，$L=4\text{m}$，Q235，$f=215\text{N/mm}^2$，腹板高厚比77，小于S4级限值124，$l_1/b_1=4/0.3=13.33>13$，组合弯矩设计值$-245.84\text{kN}\cdot\text{m}$。程序输出结果见图5.2-2。

校核：

本算例中，梁上无板，Q235钢，$l_1/b_1=4/0.3=13.33>13$，17版新钢标和03版规范程序均验算其整体稳定，结果一致（图5.2-2）。

根据17版新钢标附录C.0.1条计算 φ_b：

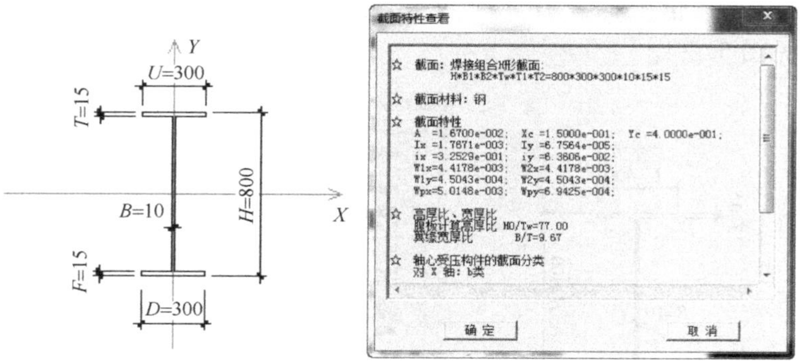

(a)　　　　(b)

图 5.2-1　工字梁截面及特性

(a) 工字梁截面尺寸；(b) 工字梁截面特性

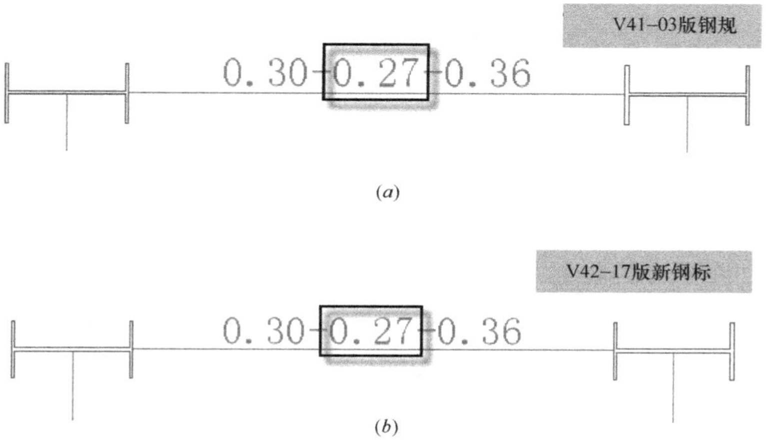

(a)

(b)

图 5.2-2　SATWE-03 版钢规和 17 版新钢标验算结果

(a) V41-03 版钢规验算结果；(b) V42-17 版新钢标验算结果

$$\varphi_b = \beta_b \frac{4320}{\lambda_y^2} \cdot \frac{Ah}{W_x}\left[\sqrt{1+\left(\frac{\lambda_y t_1}{4.4h}\right)^2} + \eta_b\right]\varepsilon_k^2$$

$$= 0.765 \times \frac{4320}{62.89^2} \times \frac{0.0167 \times 0.8}{0.0044178} \times \left[\sqrt{1+\left(\frac{62.89 \times 0.015}{4.4 \times 0.8}\right)^2} + 0\right] \times 1$$

$$= 2.616$$

$$\varphi_b' = 1.07 - \frac{0.282}{\varphi_b} = 1.07 - \frac{0.282}{2.616} = 0.962$$

根据 17 版新钢标式 (6.2.2) 验算梁整体稳定：

$$F_2 = \frac{M_x}{\varphi_b W_x} = \frac{245.84}{0.962 \times 0.0044178} = 57845.75$$

$$F_2/f = 57845.75/215000 = 0.269$$

与 17 版新钢标程序输出结果一致。

算例 2：工字梁，截面尺寸如图 5.2-3 所示，l=4m，Q235，f=215N/mm^2，腹板高

厚比 77，小于 S4 级限值 124，$l_1/b_1=4/0.4=10<13$，组合弯矩设计值－247.43kN·m。程序输出结果见图 5.2-4。

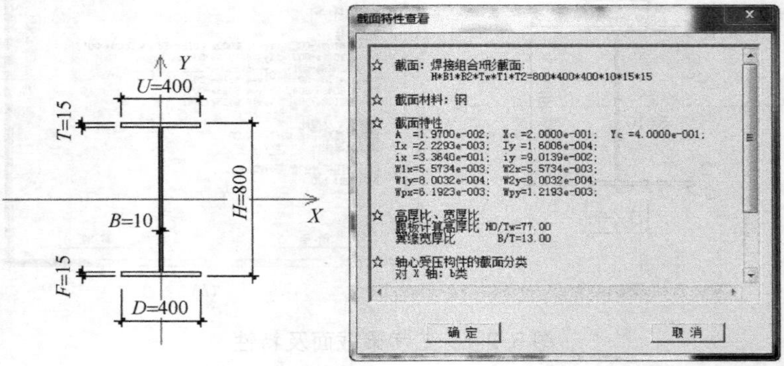

(a)　　(b)

图 5.2-3　工字梁截面及特性

(a) 工字梁截面尺寸；(b) 工字梁截面特性

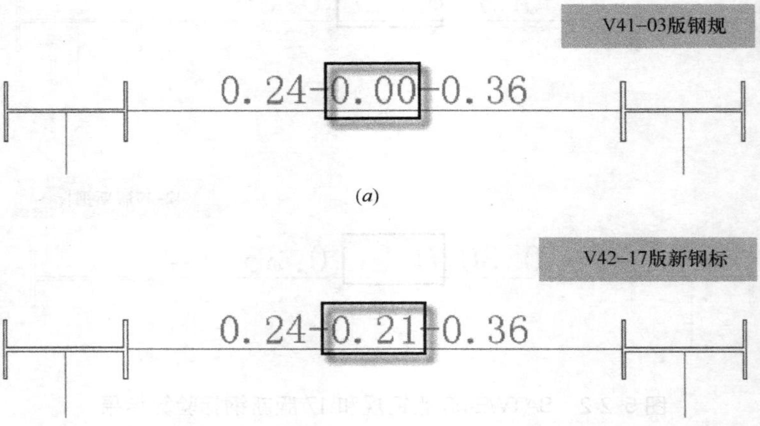

(b)

图 5.2-4　SATWE-03 版钢规和 17 版新钢标验算结果

(a) V41-03 版钢规验算结果；(b) V42-17 版新钢标验算结果

校核：

本算例中，梁上无板，Q235 钢，$l_1/b_1=4/0.4=10<13$，03 版规范程序不验算其整体稳定，17 版新钢标程序验算。

根据 17 版新钢标附录 C.0.1 条计算得 $\varphi_b=1.0$；

$$F_2=\frac{M_x}{\varphi_b W_x}=\frac{247.43}{1.0\times 0.0055734}=44394.80$$

$$F_2/f=44394.80/215000=0.206$$

与 17 版新钢标程序输出结果一致（图 5.2-4）。

5.2.2　框架梁下翼缘稳定

17 版新钢标新增框架梁下翼缘稳定验算。

《钢结构设计标准》GB 50017—2017 第 6.2.7 条：

> **6.2.7** 支座承担负弯矩且梁顶有混凝土楼板时，框架梁下翼缘的稳定性计算应符合下列规定：
>
> **1** 当 $\lambda_{n,b} \leqslant 0.45$ 时，可不计算框架梁下翼缘的稳定性。
>
> **2** 当不满足本条第 1 款时，框架梁下翼缘的稳定性应按下列公式计算：
>
> $$\frac{M_x}{\varphi_d W_{1x} f} \leqslant 1.0 \qquad (6.2.7\text{-}1)$$

SATWE-17 版新钢标程序增加框架梁端下翼缘稳定验算，但需同时满足下列三个条件：

1）梁上有板，且梁端有负弯矩；

2）非闭口截面（即非箱形、圆管）；

3）正则化长细比＞0.45。

SATWE-17 版新钢标程序按照式（6.2.7-3）～式（6.2.7-6）计算正则化长细比：

$$\frac{M_x}{\varphi_d W_{1x} f} \leqslant 1.0 \qquad (6.2.7\text{-}1)$$

$$\lambda_e = \pi \lambda_{n,b} \sqrt{\frac{E}{f_y}} \qquad (6.2.7\text{-}2)$$

$$\boxed{\lambda_{n,b} = \sqrt{\frac{f_y}{\sigma_{cr}}}} \qquad (6.2.7\text{-}3)$$

$$\sigma_{cr} = \frac{3.46 b_1 t_1^3 + h_w t_w^3 (7.27\gamma + 3.3)\varphi_1}{h_w^2 (12 b_1 t_1 + 1.78 h_w t_w)} E \qquad (6.2.7\text{-}4)$$

$$\gamma = \frac{b_1}{t_w} \sqrt{\frac{b_1 t_1}{h_w t_w}} \qquad (6.2.7\text{-}5)$$

$$\varphi_1 = \frac{1}{2}\left(\frac{5.436 \gamma h_w^2}{l^2} + \frac{l^2}{5.436 \gamma h_w^2}\right) \qquad (6.2.7\text{-}6)$$

SATWE-17 版新钢标程序对式（6.2.7-6）中的 l 按照规范取值，即“当框架主梁支承次梁且次梁高度不小于主梁高度一半时，取次梁到框架柱的净距；除此之外，取梁净距的一半（mm）。”如图 5.2-5 所示，主梁长度为 l，被次梁打断，次梁 1、2 截面高度大于主梁高度一半，次梁 3 截面高度小于主梁高度一半。

计算框架梁正则化长细比时 l 取值如下：

$l_{左} = \min\{l/2,\ l_{1,左}\}$；

$l_{右} = \min\{l/2,\ l_{1,右}\}$。

式中：$l_{1,左}$——左数第一个截面高度大于主梁高度一半的次梁到左端柱的距离；

$l_{1,右}$——右数第一个截面高度大于主梁高度一半的次梁到右端柱的距离。

算例 1：工字形主梁、次梁的截面尺寸如图 5.2-6 所示，次梁等分布置，主梁 l=8m，

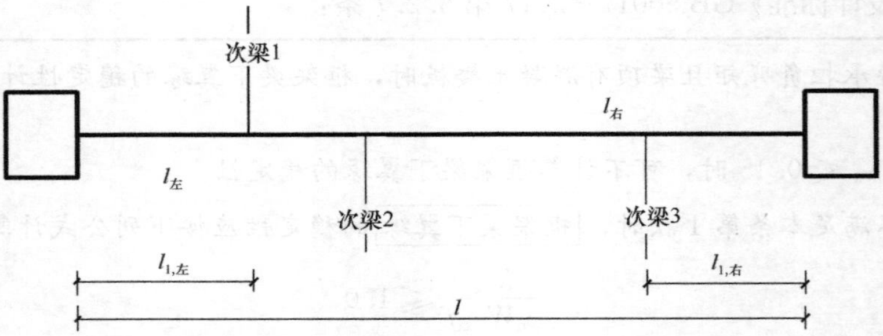

图 5.2-5　主、次梁示意图

Q235，f_y＝235N/mm^2。该框架梁构件信息中，正则化长细比结果为 0.20，小于 0.45，不需要作下翼缘稳定验算，图面也不显示梁端下翼缘稳定应力比，如图 5.2-7 所示。

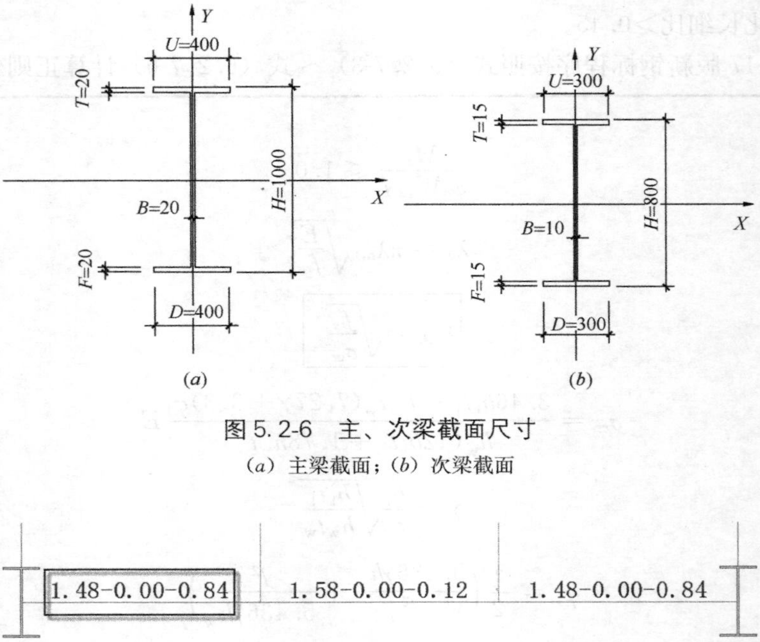

图 5.2-6　主、次梁截面尺寸
（*a*）主梁截面；（*b*）次梁截面

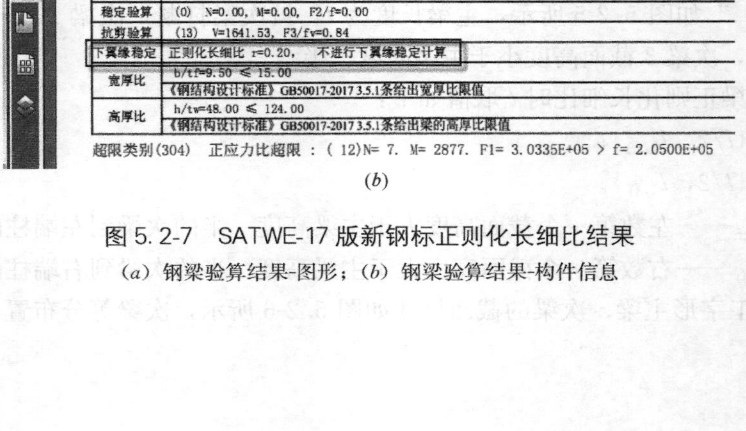

图 5.2-7　SATWE-17 版新钢标正则化长细比结果
（*a*）钢梁验算结果-图形；（*b*）钢梁验算结果-构件信息

校核：

本算例中，次梁截面高度（800mm）大于主梁高度（1000mm）一半，因此 $l=2667\text{mm}$。

$$\gamma=\frac{b_1}{t_w}\sqrt{\frac{b_1t_1}{h_wt_w}}=\frac{400}{20}\sqrt{\frac{400\times20}{960\times20}}=12.91$$

$$\begin{aligned}\varphi_1&=\frac{1}{2}\left(\frac{5.436\gamma h_w^2}{l^2}+\frac{l^2}{5.436\gamma h_w^2}\right)\\&=\frac{1}{2}\left(\frac{5.436\times12.91\times960^2}{2667^2}+\frac{2667^2}{5.436\times12.91\times960^2}\right)\\&=4.601\end{aligned}$$

$$\begin{aligned}\sigma_{cr}&=\frac{3.46b_1t_1^3+h_wt_w^3(7.27\gamma+3.3)\varphi_1}{h_w^2(12b_1t_1+1.78h_wt_w)}E\\&=\frac{3.46\times400\times20^3+960\times20^3\times(7.27\times12.91+3.3)\times4.527}{960^2\times(12\times400\times20+1.78\times960\times20)}\times206000\\&=5913.9\end{aligned}$$

$$\lambda_{n,p}=\sqrt{\frac{f_y}{\sigma_{cr}}}=\sqrt{\frac{235}{5913.9}}=0.199$$

与 17 版新钢标程序输出结果一致。

算例 2：工字形主梁、次梁截面尺寸如图 5.2-8 所示，次梁等分布置，主梁 $l=14.6\text{m}$，Q345，$f_y=345\text{N/mm}^2$，梁端负弯矩设计值 $M=-391.64\text{kN}\cdot\text{m}$。该框架梁构件信息中，正则化长细比大于 0.45，验算梁端下翼缘稳定，图面同时显示下翼缘稳定应力比，如图 5.2-9 所示。

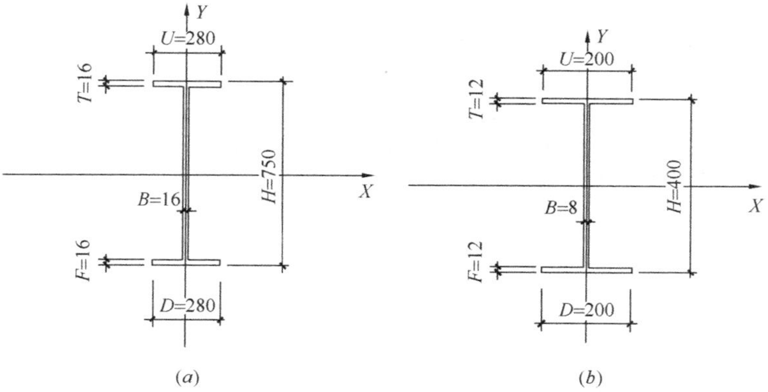

图 5.2-8　主、次梁截面尺寸

(a) 主梁截面；(b) 次梁截面

校核：

本算例中，次梁截面高度（400mm）大于主梁高度（750mm）一半且均分主梁，因

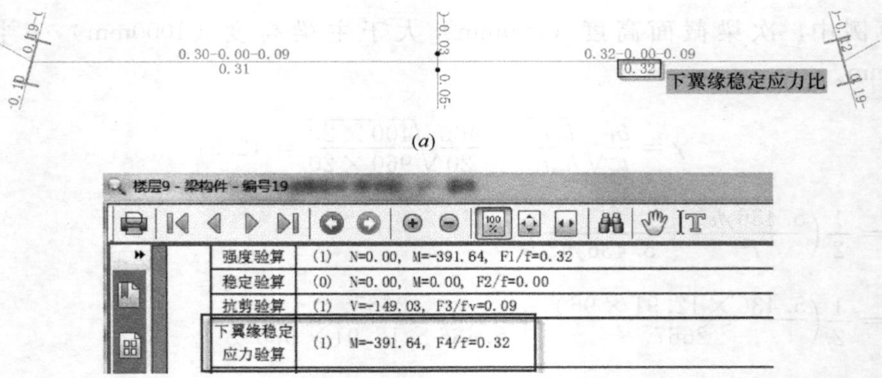

图 5.2-9　SATWE-17 版新钢标正则化长细比结果

(*a*) 钢梁验算结果-图形；(*b*) 钢梁验算结果-构件信息

此 l=7300mm，按 17 版新钢标式（6.2.7-3）～式（6.2.7-6）计算，得 $\lambda_{n,b}=0.474>0.45$，需验算框架梁端下翼缘稳定。

$$\lambda_e=\pi\lambda_{n,b}\sqrt{\frac{E}{f_y}}=3.14\times0.474\sqrt{\frac{206000}{345}}=36.37$$

查附录表 D.0.2，φ_d 取 0.882；

$$F_4=\frac{M_x}{\varphi_d W_{1x}}=\frac{391.64}{0.882\times0.0045348}=97917.5$$

$$F_4/f=97917.5/305000=0.321$$

与 17 版新钢标程序输出结果一致。

5.2.3　轴心受压构件（支撑）稳定

轴心受压构件稳定验算，17 版新钢标截面分类表与 03 规范存在差异，标准工字钢（$b/h>0.8$）和轧制等边角钢截面分类与钢号相关，详见 17 版新钢标表 7.2.1-1 注释 1。

《钢结构设计规范》GB 50017—2003 表 5.1.2-1：

表 5.1.2-1　轴心受压构件的截面分类（板厚 $t<40$mm）

截面形式	对 x 轴	对 y 轴
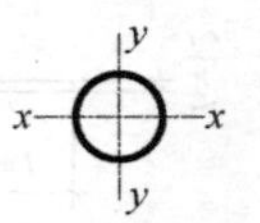 轧制	a 类	b 类
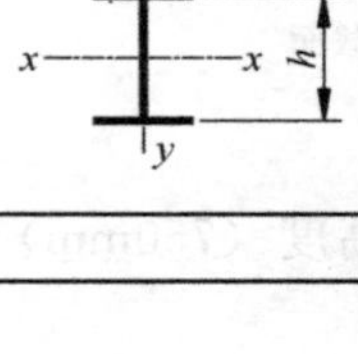 轧制，$b/h\leqslant0.8$	a 类	b 类

续表 5.1.2-1

截面形式	对 x 轴	对 y 轴
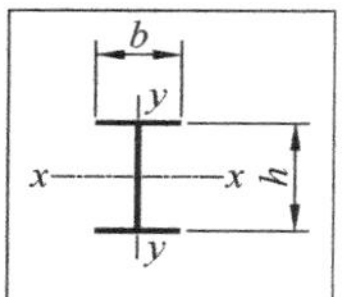 轧制，$b/h>0.8$　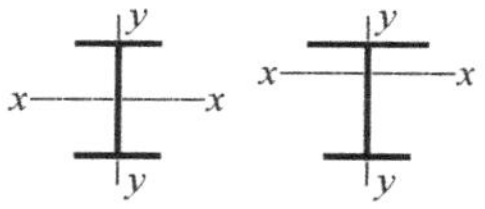 焊接，翼缘为焰切边　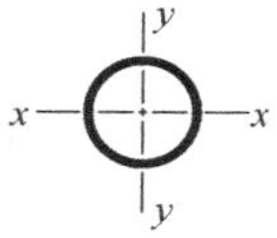 焊接	b 类	b 类
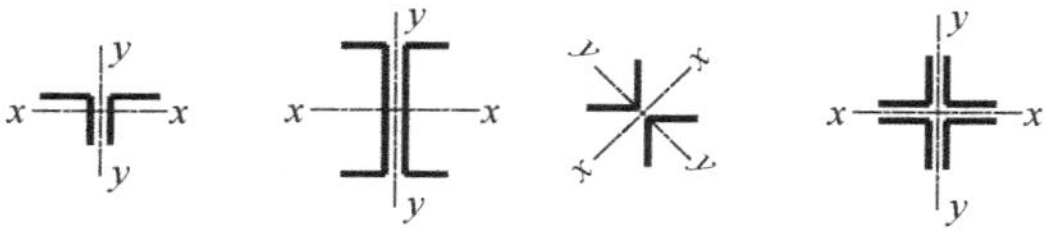 轧制　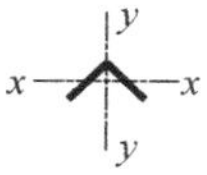 轧制等边角钢		
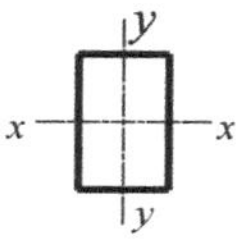 轧制，焊接（板件宽厚比>20）　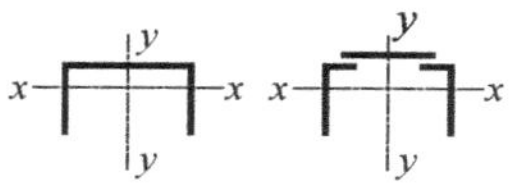 轧制或焊接		
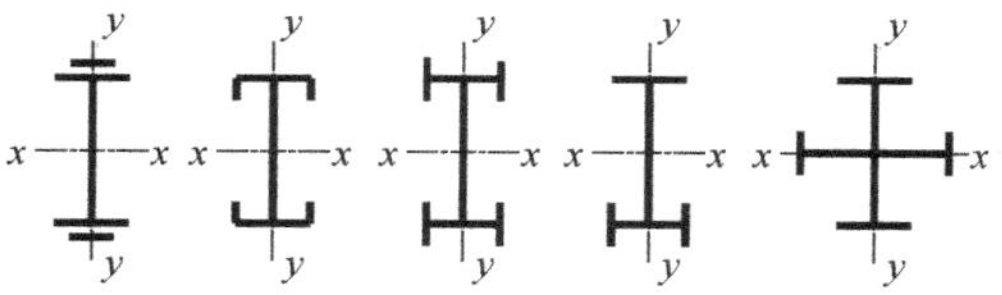 焊接　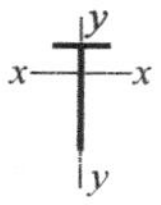 轧制截面和翼缘为焰切边的焊接截面		
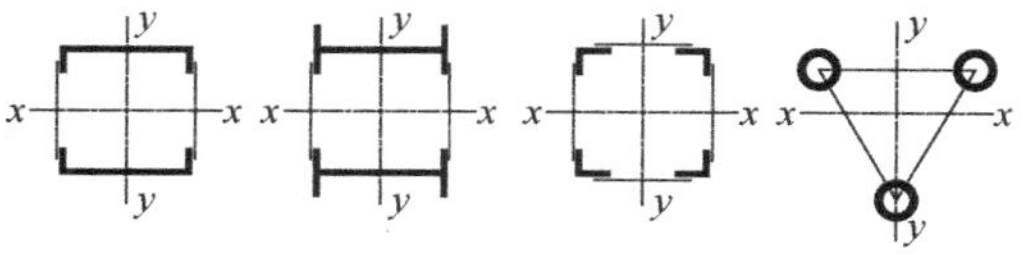 格构式　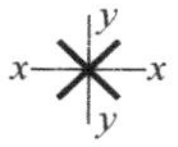 焊接，板件边缘焰切		
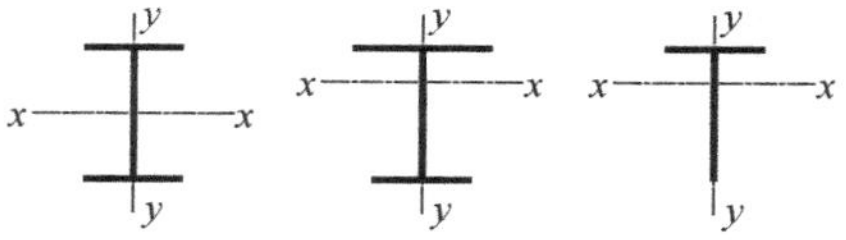 焊接，翼缘为轧制或剪切边	b 类	c 类
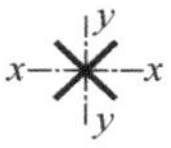 焊接，板件边缘轧制成剪切　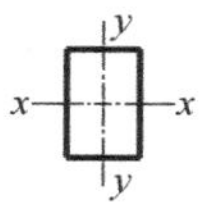 焊接，板件宽厚比≤20	c 类	c 类

《钢结构设计标准》GB 50017—2017 表 7.2.1-1：

表 7.2.1-1　轴心受压构件的截面分类（板厚 $t<40\text{mm}$）

<table>
<tr><th colspan="2">截面形式</th><th>对 x 轴</th><th>对 y 轴</th></tr>
<tr><td colspan="2">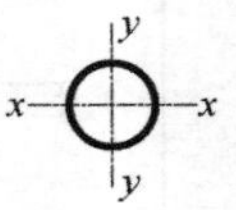 轧制</td><td>a 类</td><td>a 类</td></tr>
<tr><td rowspan="2">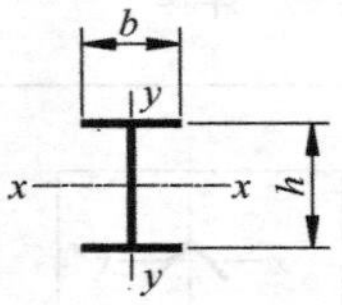 轧制</td><td>$b/h\leqslant0.8$</td><td>a 类</td><td>b 类</td></tr>
<tr><td>$b/h>0.8$</td><td>a* 类</td><td>b* 类</td></tr>
<tr><td colspan="2">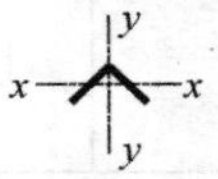
轧制等边角钢</td><td>a* 类</td><td>a* 类</td></tr>
<tr><td>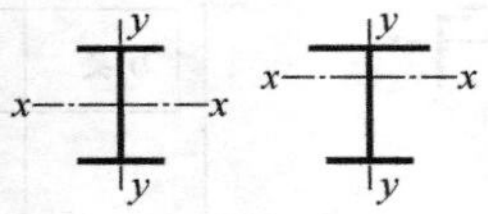
焊接，翼缘为焰切边</td><td>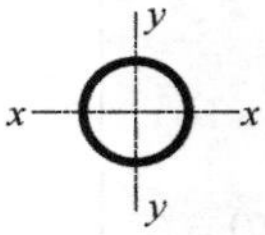
焊接</td><td rowspan="6">b 类</td><td rowspan="6">b 类</td></tr>
<tr><td colspan="2">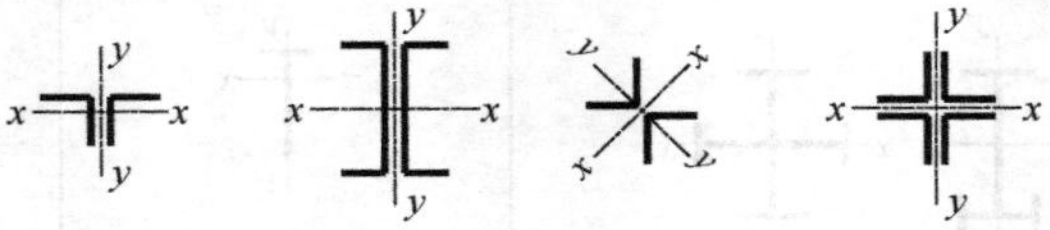
轧制</td></tr>
<tr><td>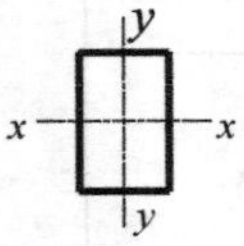
轧制、焊接（板件宽厚比>20）</td><td>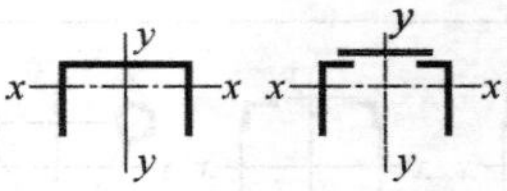
轧制或焊接</td></tr>
<tr><td>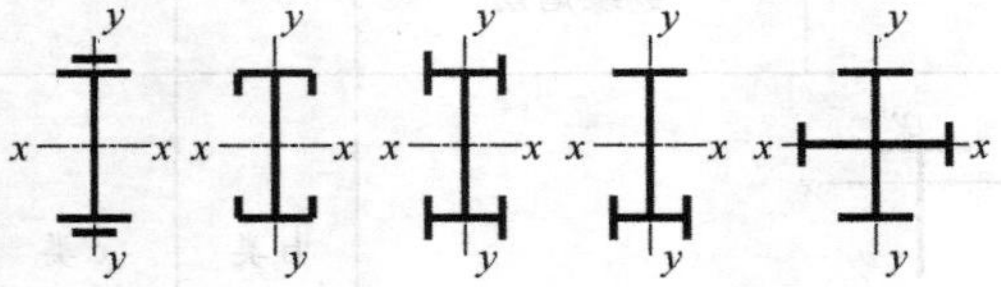
焊接</td><td>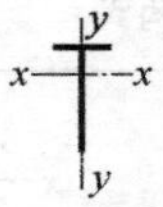
轧制截面和翼缘为
焰切边的焊接截面</td></tr>
<tr><td>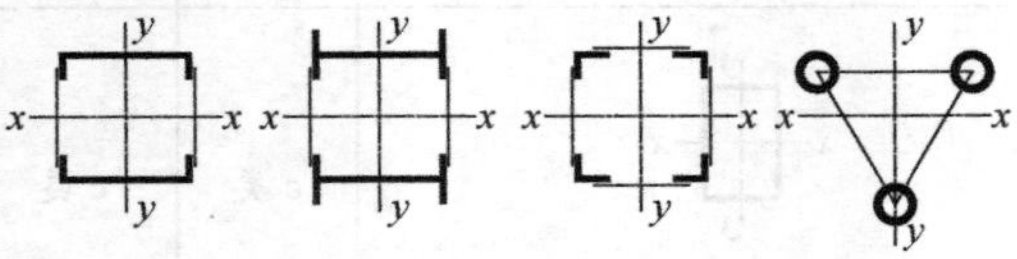
格构式</td><td>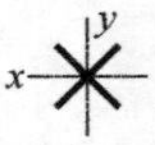
焊接、板件边缘焰切</td></tr>
</table>

续表 7.2.1-1

<table>
<tr><th colspan="2">截面形式</th><th>对 x 轴</th><th>对 y 轴</th></tr>
<tr><td colspan="2">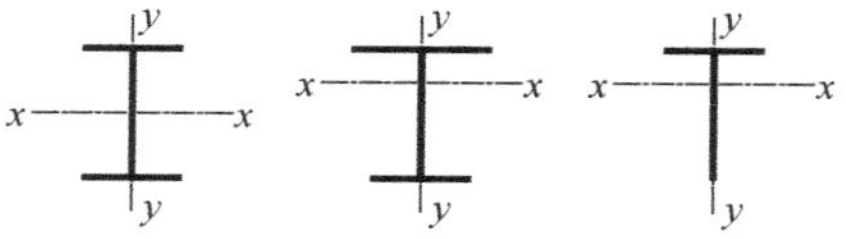
焊接，翼缘为轧制或剪切边</td><td>b 类</td><td>c 类</td></tr>
<tr><td>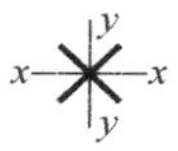
焊接，板件边缘轧制或剪切</td><td>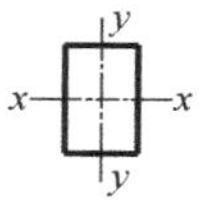
轧制、焊接（板件宽厚比≤20）</td><td>c 类</td><td>c 类</td></tr>
</table>

注：1　a* 类含义为 Q235 钢取 b 类，Q345、Q390、Q420 和 Q460 钢取 a 类；b* 类含义为 Q235 钢取 c 类，Q345、Q390、Q420 和 Q460 钢取 b 类。

2　无对称轴且剪心和形心不重合的截面，其截面分类可按有对称轴的类似截面确定，如不等边角钢采用等边角钢的类别；当无类似截面时，可取 c 类。

17 版新钢标程序根据标准工字钢、轧制等边角钢的钢号自动判断截面分类，如表 5.2-1 所示，03 版钢规和 17 新钢标中，两种截面不同钢号对应的截面分类，屈服强度达到和超过 345MPa 时，稳定系数可提高一类采用。

标准工字钢、轧制等边角钢不同钢号对应的截面分类　　　表 5.2-1

<table>
<tr><th colspan="2" rowspan="2"></th><th colspan="2">Q235</th><th colspan="2">Q345、Q390、Q420、Q460</th></tr>
<tr><th>03 版钢规</th><th>17 版新钢标</th><th>03 版钢规</th><th>17 版新钢标</th></tr>
<tr><td rowspan="2">标准工字钢
(b/h>0.8)</td><td>x</td><td>b</td><td>b</td><td>b</td><td>a</td></tr>
<tr><td>y</td><td>b</td><td>c</td><td>b</td><td>b</td></tr>
<tr><td rowspan="2">轧制等边角钢</td><td>x</td><td>b</td><td>b</td><td>b</td><td>a</td></tr>
<tr><td>y</td><td>b</td><td>b</td><td>b</td><td>a</td></tr>
</table>

算例 1：标准工字钢支撑，截面尺寸如图 5.2-10 所示，Q345，$l=5.66\text{m}$，$h=350\text{mm}$，$b=350\text{mm}$，$t_w=12\text{mm}$，$t_f=19\text{mm}$，$b/h=1>0.8$，$f=295\text{N/mm}^2$，轴压力设计值 $N=-1479.03\text{kN}$。程序输出结果见图 5.2-11。

校核：

本算例中，标准工字钢支撑，$b/h=1>0.8$，支撑长细比：$\lambda_x=37.18$，$\lambda_y=63.6$。

03 版钢规：

根据截面分类表 5.1.2-1，x 轴 b 类，y 轴 b 类，$\varphi_x=0.878$，$\varphi_y=0.707$；

$$F_2=\frac{N}{\varphi_x A}=\frac{1479.03}{0.878\times0.01719}=97995.60$$

$$F_2/f=97995.60/295000=0.332$$

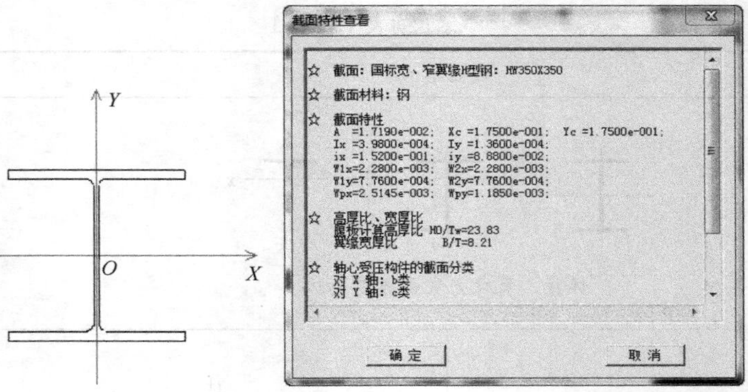

(*a*) (*b*)

图 5.2-10　标准工字钢支撑截面及特性

(*a*) 工字钢支撑截面；(*b*) 工字钢支撑截面特性

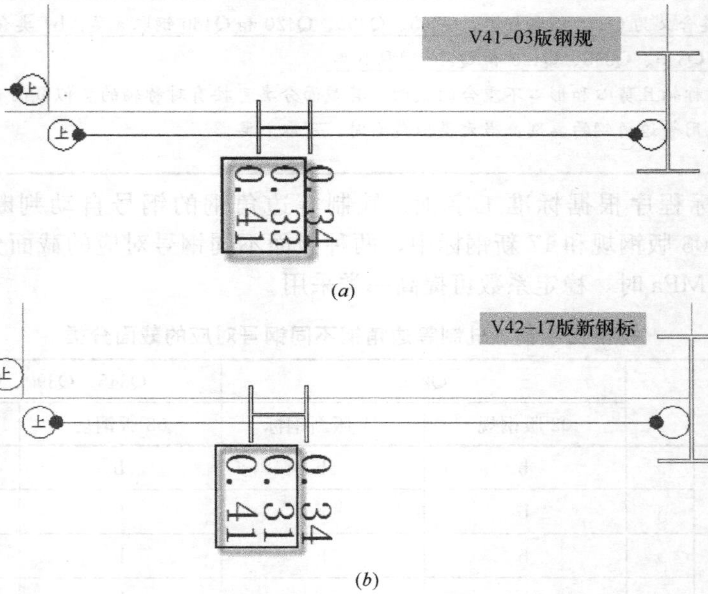

(*a*)

(*b*)

图 5.2-11　SATWE-03 版钢规和 17 版新钢标验算结果

(*a*) V41-03 版钢规验算结果；(*b*) V42-17 版新钢标验算结果

$$F_3=\frac{N}{\varphi_y A}=\frac{1479.03}{0.707\times0.01719}=121697.51$$

$$F_2/f=121697.51/295000=0.413$$

与 03 版规范程序输出结果一致（图 5.2-11*a*）；

17 版新钢标：

根据截面分类表 7.2.1-1，x 轴 a 类，y 轴 b 类，$\varphi_x=0.929$，$\varphi_y=0.707$；

$$F_2=\frac{N}{\varphi_x A}=\frac{1479.03}{0.929\times0.01719}=92615.87$$

$$F_2/f=92615.87/295000=0.314$$

$$F_3 = \frac{N}{\varphi_y A} = \frac{1479.03}{0.707 \times 0.01719} = 121697.51$$

$$F_3 / f = 121697.51/295000 = 0.413$$

与17版新钢标程序输出结果一致（图5.2-11*b*）。

5.3 压弯构件（柱）稳定

5.3.1 等效弯矩系数 β_{mx} 变化

除圆钢管截面外，17版新钢标中压弯构件的稳定验算公式与03版钢规一致，但等效弯矩系数 β_{mx} 的规定发生变化。

《钢结构设计规范》GB 50017—2003 第5.2.2条：

> β_{mx}——等效弯矩系数，应按下列规定采用：
>
> 1）框架柱和两端支承的构件：
>
> ① 无横向荷载作用时：$\beta_{mx} = 0.65 + 0.35\frac{M_2}{M_1}$，$M_1$ 和 M_2 为端弯矩，使构件产生同向曲率（无反弯点）时取同号；使构件产生反向曲率（有反弯点）时取异号，$|M_1| \geqslant |M_2|$；
>
> ② 有端弯矩和横向荷载同时作用时：使构件产生同向曲率时，$\beta_{mx}=1.0$；使构件产生反向曲率时，$\beta_{mx}=0.85$；
>
> ③ 无端弯矩但有横向荷载作用时：$\beta_{mx}=1.0$。
>
> 2）悬臂构件和分析内力未考虑二阶效应的无支撑纯框架和弱支撑框架柱，$\beta_{mx}=1.0$。

《钢结构设计标准》GB 50017—2017 第8.2.1条：

> 等效弯矩系数 β_{mx} 应按下列规定采用：
>
> **1** 无侧移框架柱和两端支承的构件：
>
> **1）** 无横向荷载作用时，β_{mx} 应按下式计算：
>
> $$\beta_{mx} = 0.6 + 0.4\frac{M_2}{M_1} \qquad (8.2.1\text{-}5)$$
>
> 式中：M_1，M_2——端弯矩（N·mm），构件无反弯点时取同号；构件有反弯点时取异号，$|M_1| \geqslant |M_2|$。

> **2** 有侧移框架柱和悬臂构件，等效弯矩系数 β_{mx} 应按下列规定采用：
>
> **1）** 除本款第2项规定之外的框架柱，β_{mx} 应按下式计算：
>
> $$\beta_{mx} = 1 - 0.36N/N_{cr} \qquad (8.2.1\text{-}10)$$

SATWE-03 版程序和 17 版新钢标程序根据规范取等效弯矩系数 β_{mx} 的差异如表 5.3-1 所示。

03 版钢规与 17 版新钢标等效弯矩系数 β_{mx} 差异　　　　表 5.3-1

	等效弯矩系数 β_{mx}	
	有侧移	无侧移
03 版钢规	1	$\beta_{mx}=0.65+0.35\dfrac{M_2}{M_1}$
17 版新钢标	$\beta_{mx}=1-0.36\dfrac{N}{N_{cr}}$	$\beta_{mx}=0.6+0.4\dfrac{M_2}{M_1}$

注：17 版新钢标，有侧移情况，当 $N \ll N_{cr}$ 时，$\beta_{mx}\approx 1$。

算例 1：焊接 H 形柱，截面尺寸如图 5.3-1 所示，$H=4\text{m}$，Q235，$f=205\text{N/mm}^2$，翼缘宽厚比为 12，腹板高厚比为 38，无侧移，计算长度系数 $\mu_x=\mu_y=0.73$，长细比 $\lambda_x=8.94$，$\lambda_y=26.9$，组合内力设计值为：$N=-675\text{kN}$，$M_x=675\text{kN}\cdot\text{m}$，$M_y=-270\text{kN}\cdot\text{m}$。程序输出结果见图 5.3-2。

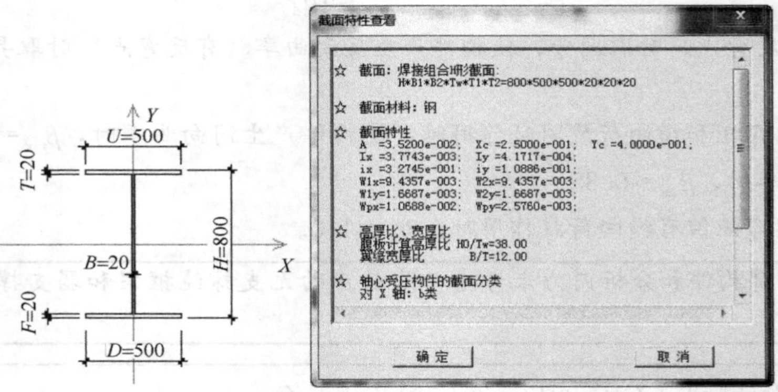

(*a*)　　　　(*b*)

图 5.3-1　焊接 H 形柱截面及特性

(*a*) H 形柱截面尺寸；(*b*) H 形柱截面特性

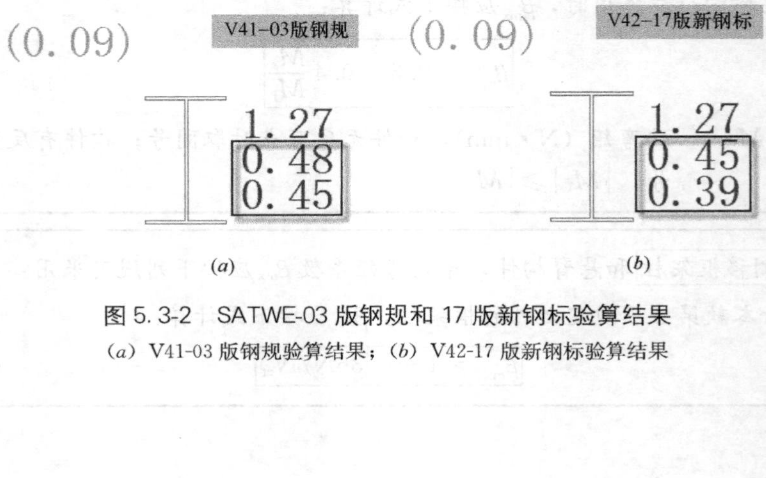

(*a*)　　　　(*b*)

图 5.3-2　SATWE-03 版钢规和 17 版新钢标验算结果

(*a*) V41-03 版钢规验算结果；(*b*) V42-17 版新钢标验算结果

校核：

本算例中，柱顶和柱底的弯矩使构件产生反向曲率（反弯点），且柱按照无侧移计算。依据 17 版新钢标式（8.2.1-5）计算的等效弯矩系数 β_{mx} 较 03 版规范偏小，具体过程如下。

03 版钢规：

焊接 H 形钢柱，x 轴 b 类，y 轴 c 类，长细比 $\lambda_x=8.94$，$\lambda_y=26.9$，因此 $\varphi_x=0.994$，$\varphi_y=0.921$；

非闭口构件，$\eta=1.0$；

受压翼缘宽厚比 12<13，$\gamma_x=1.05$，$\gamma_y=1.2$；

根据附录 B.1 计算得 $\varphi_{bx}=1.0$，$\varphi_{by}=1.0$；

$$N'_{Ex}=\frac{\pi^2 EA}{1.1\lambda_x^2}=\frac{3.14^2\times 206\times 10^6\times 0.0352}{1.1\times 8.94^2}=813207.65$$

$$N'_{Ey}=\frac{\pi^2 EA}{1.1\lambda_y^2}=\frac{3.14^2\times 206\times 10^6\times 0.0352}{1.1\times 26.9^2}=89819.77$$

无侧移，

$$\beta_{mx}=0.65+0.35\frac{M_{2x}}{M_{1x}}=0.65+0.35\times\left(-\frac{405}{675}\right)=0.44$$

$$\beta_{tx}=0.65+0.35\frac{M_{2x}}{M_{1x}}=0.65+0.35\times\left(-\frac{405}{675}\right)=0.44$$

$$\beta_{my}=0.65+0.35\frac{M_{y2}}{M_{y1}}=0.65+0.35\times\left(-\frac{270}{270}\right)=0.3$$

$$\beta_{ty}=0.65+0.35\frac{M_{y2}}{M_{y1}}=0.65+0.35\times\left(-\frac{270}{270}\right)=0.3$$

$$\begin{aligned}F_2&=\frac{N}{\varphi_x A}+\frac{\beta_{mx}M_x}{\gamma_x W_x(1-0.8N/N'_{Ex})}+\eta\frac{\beta_{ty}M_y}{\varphi_{by}W_y}\\&=\frac{675}{0.994\times 0.0352}+\frac{0.44\times 675}{1.05\times 0.0094357\times(1-0.8\times 675/813207.65)}\\&\quad+1.0\times\frac{0.3\times 270}{1.0\times 0.0016687}\\&=97810.01\end{aligned}$$

$$F_2/f=97810.01/205000=0.477$$

$$\begin{aligned}F_3&=\frac{N}{\varphi_y A}+\eta\frac{\beta_{tx}M_x}{\varphi_{bx}W_x}+\frac{\beta_{my}M_y}{\gamma_y W_y(1-0.8N/N'_{Ey})}\\&=\frac{675}{0.921\times 0.0352}+1.0\times\frac{0.44\times 675}{1.0\times 0.0094357}\\&\quad+\frac{0.3\times 270}{1.2\times 0.0016687\times(1-0.8\times 675/89819.77)}\\&=92992.01\end{aligned}$$

$$F_3/f=92992.01/205000=0.454$$

与 03 版规范程序输出结果（图 5.3-2a）一致。

17 版新钢标：

焊接 H 形钢柱，x 轴 b 类，y 轴 c 类，长细比 $\lambda_x=8.94$，$\lambda_y=26.9$，因此 $\varphi_x=0.994$，$\varphi_y=0.921$。

非闭口构件，$\eta=1.0$；

受压翼缘宽厚比 12<13，$\gamma_x=1.05$，$\gamma_y=1.2$；

根据附录 C.0.1 计算得 $\varphi_{bx}=1.0$，$\varphi_{by}=1.0$；

$$N'_{Ex}=\frac{\pi^2 EA}{1.1\lambda_x^2}=\frac{3.14^2\times 206\times 10^6\times 0.0352}{1.1\times 8.94^2}=813207.65$$

$$N'_{Ey}=\frac{\pi^2 EA}{1.1\lambda_y^2}=\frac{3.14^2\times 206\times 10^6\times 0.0352}{1.1\times 26.9^2}=89819.77$$

无侧移，

$$\beta_{mx}=0.6+0.4\frac{M_{2x}}{M_{1x}}=0.6+0.4\times\left(-\frac{405}{675}\right)=0.36$$

$$\beta_{tx}=0.65+0.35\frac{M_{x2}}{M_{x1}}=0.65+0.35\times\left(-\frac{405}{675}\right)=0.44$$

$$\beta_{my}=0.6+0.4\frac{M_{2y}}{M_{1y}}=0.6+0.4\times\left(-\frac{270}{270}\right)=0.2$$

$$\beta_{ty}=0.65+0.35\frac{M_{y2}}{M_{y1}}=0.65+0.35\times\left(-\frac{270}{270}\right)=0.3$$

$$\begin{aligned}F_2&=\frac{N}{\varphi_x A}+\frac{\beta_{mx}M_x}{\gamma_x W_x(1-0.8N/N'_{Ex})}+\eta\frac{\beta_{ty}M_y}{\varphi_{by}W_y}\\&=\frac{675}{0.994\times 0.0352}+\frac{0.36\times 675}{1.05\times 0.0094357\times(1-0.8\times 675/813207.65)}\\&\quad+1.0\times\frac{0.3\times 270}{1.0\times 0.0016687}\\&=92359.58\end{aligned}$$

$$F_2/f=92359.58/205000=0.451$$

$$\begin{aligned}F_3&=\frac{N}{\varphi_y A}+\eta\frac{\beta_{tx}M_x}{\varphi_{bx}W_x}+\frac{\beta_{my}M_y}{\gamma_y W_y(1-0.8N/N'_{Ey})}\\&=\frac{675}{0.921\times 0.0352}+1.0\times\frac{0.44\times 675}{1.0\times 0.0094357}\\&\quad+\frac{0.2\times 270}{1.2\times 0.0016687\times(1-0.8\times 675/89819.77)}\\&=79427.07\end{aligned}$$

$$F_3/f=79427.07/205000=0.387$$

与 17 版新钢标程序输出结果（图 5.3-2b）一致。

算例 2：焊接 H 形柱，截面尺寸如图 5.3-3 所示，$H=4$m，Q235，$f=205\text{N/mm}^2$，翼缘宽厚比 12，腹板高厚比 38，无侧移，计算长度系数 $\mu_x=\mu_y=0.73$，长细比 $\lambda_x=8.94$，$\lambda_y=26.9$，组合内力设计值为：$N=-675$kN，$M_x=567\text{kN}\cdot\text{m}$，$M_y=405\text{kN}\cdot\text{m}$。程序输出结果见图 5.3-4。

校核：

本算例中，柱顶和柱底的弯矩未使构件产生反向曲率（反弯点），且柱按照无侧移计

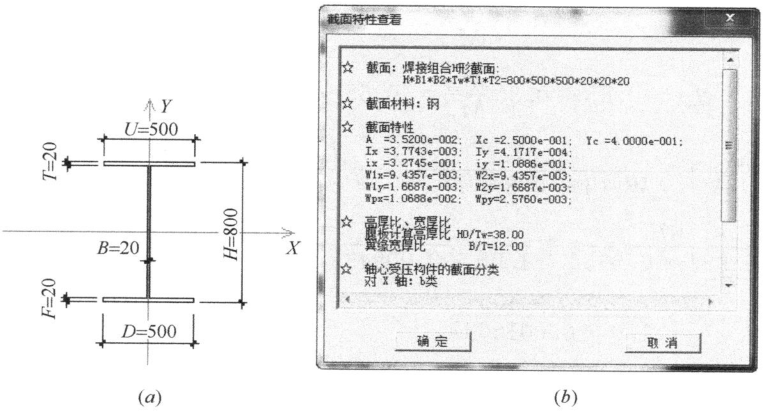

图 5.3-3　焊接 H 形柱截面及特性

(*a*) H 形柱截面尺寸；(*b*) H 形柱截面特性

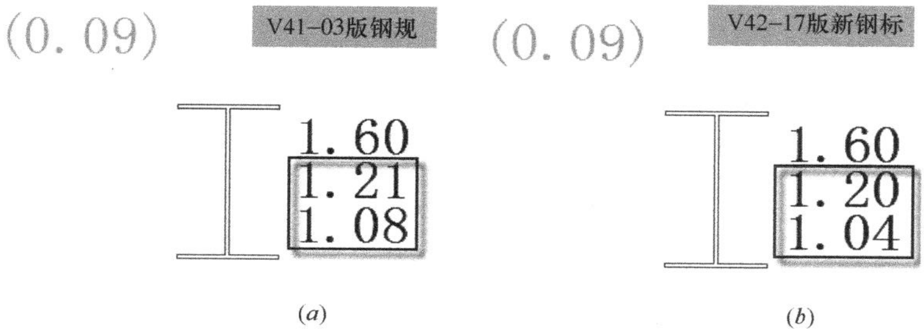

图 5.3-4　SATWE-03 版钢规和 17 版新钢标验算结果

(*a*) V41-03 版钢规验算结果；(*b*) V42-17 版新钢标验算结果

算。依据 17 版新钢标式（8.2.1-5）计算的等效弯矩系数 β_{mx} 较 03 版规范偏小，具体过程如下。

03 版钢规：

焊接 H 形钢柱，x 轴 b 类，y 轴 c 类，长细比 $\lambda_x=8.94$，$\lambda_y=26.9$，因此 $\varphi_x=0.994$，$\varphi_y=0.921$；

非闭口构件，$\eta=1.0$；

受压翼缘宽厚比 $12<13$，$\gamma_x=1.05$，$\gamma_y=1.2$；

根据附录 B.1 计算得 $\varphi_{bx}=1.0$，$\varphi_{by}=1.0$；

$$N'_{Ex}=\frac{\pi^2EA}{1.1\lambda_x^2}=\frac{3.14^2\times206\times10^6\times0.0352}{1.1\times8.94^2}=813207.65$$

$$N'_{Ey}=\frac{\pi^2EA}{1.1\lambda_y^2}=\frac{3.14^2\times206\times10^6\times0.0352}{1.1\times26.9^2}=89819.77$$

无侧移，

$$\beta_{mx}=0.65+0.35\frac{M_{2x}}{M_{1x}}=0.65+0.35\times\frac{135}{567}=0.733$$

$$\beta_{tx}=0.65+0.35\frac{M_{2x}}{M_{1x}}=0.65+0.35\times\frac{135}{567}=0.733$$

$$\beta_{my}=0.65+0.35\frac{M_{2y}}{M_{1y}}=0.65+0.35\times\frac{135}{405}=0.767$$

$$\beta_{ty}=0.65+0.35\frac{M_{y2}}{M_{y1}}=0.65+0.35\times\frac{135}{405}=0.767$$

$$F_2=\frac{N}{\varphi_x A}+\frac{\beta_{mx}M_x}{\gamma_x W_x(1-0.8N/N'_{Ex})}+\eta\frac{\beta_{ty}M_y}{\varphi_{by}W_y}$$

$$=\frac{675}{0.994\times0.0352}+\frac{0.733\times567}{1.05\times0.0094357\times(1-0.8\times675/813207.65)}$$

$$+1.0\times\frac{0.767\times405}{1.0\times0.0016687}$$

$$=247394.98$$

$$F_2/f=247394.98/205000=1.207$$

$$F_3=\frac{N}{\varphi_y A}+\eta\frac{\beta_{tx}M_x}{\varphi_{bx}W_x}+\frac{\beta_{my}M_y}{\gamma_y W_y(1-0.8N/N'_{Ey})}$$

$$=\frac{675}{0.921\times0.0352}+1.0\times\frac{0.733\times567}{1.0\times0.0094357}$$

$$+\frac{0.767\times405}{1.2\times0.0016687\times(1-0.8\times675/89819.77)}$$

$$=220932.28$$

$$F_3/f=220932.28/205000=1.078$$

与 03 版规范程序输出结果（图 5.3-4*a*）一致。

17 版新钢标：

焊接 H 形钢柱，x 轴 b 类，y 轴 c 类，长细比 $\lambda_x=8.94$，$\lambda_y=26.9$，因此 $\varphi_x=0.994$，$\varphi_y=0.921$。

非闭口构件，$\eta=1.0$；

受压翼缘宽厚比 12<13，$\gamma_x=1.05$，$\gamma_y=1.2$；

根据附录 C.0.1 计算得 $\varphi_{bx}=1.0$，$\varphi_{by}=1.0$；

$$N'_{Ex}=\frac{\pi^2EA}{1.1\lambda_x^2}=\frac{3.14^2\times206\times10^6\times0.0352}{1.1\times8.94^2}=813207.65$$

$$N'_{Ey}=\frac{\pi^2EA}{1.1\lambda_y^2}=\frac{3.14^2\times206\times10^6\times0.0352}{1.1\times26.9^2}=89819.77$$

无侧移，

$$\beta_{mx}=0.6+0.4\frac{M_{2x}}{M_{1x}}=0.6+0.4\times\frac{135}{567}=0.695$$

$$\beta_{tx}=0.65+0.35\frac{M_{x2}}{M_{x1}}=0.65+0.35\times\frac{135}{567}=0.733$$

$$\beta_{my}=0.6+0.4\frac{M_{2y}}{M_{1y}}=0.6+0.4\times\frac{135}{405}=0.733$$

$$\beta_{ty}=0.65+0.35\frac{M_{y2}}{M_{y1}}=0.65+0.35\times\frac{135}{405}=0.767$$

$$F_2=\frac{N}{\varphi_x A}+\frac{\beta_{mx}M_x}{\gamma_x W_x(1-0.8N/N'_{Ex})}+\eta\frac{\beta_{ty}M_y}{\varphi_{by}W_y}$$

$$= \frac{675}{0.994 \times 0.0352} + \frac{0.695 \times 567}{1.05 \times 0.0094357 \times (1 - 0.8 \times 675/813207.65)}$$

$$+ 1.0 \times \frac{0.767 \times 405}{1.0 \times 0.0016687}$$

$$= 245220.254$$

$$F_2/f = 245220.254/205000 = 1.196$$

$$F_3 = \frac{N}{\varphi_y A} + \eta \frac{\beta_{tx} M_x}{\varphi_{bx} W_x} + \frac{\beta_{my} M_y}{\gamma_y W_y (1 - 0.8N/N'_{Ey})}$$

$$= \frac{675}{0.921 \times 0.0352} + 1.0 \times \frac{0.733 \times 567}{1.0 \times 0.0094357}$$

$$+ \frac{0.733 \times 405}{1.2 \times 0.0016687 \times (1 - 0.8 \times 675/89819.77)}$$

$$= 214014.16$$

$$F_3/f = 214014.16/205000 = 1.044$$

与 17 版新钢标程序输出结果（图 5.3-4*b*）一致。

算例 3：焊接工字型柱，截面尺寸如图 5.3-5 所示，H=4m，Q235，f=205N/mm^2，翼缘宽厚比 12，腹板高厚比 38，有侧移，计算长度系数 $\mu_x = \mu_y = 2.03$，长细比 λ_x=24.84，λ_y=74.71，组合内力设计值为：$N = -675$kN，$M_x = 675$kN·m，$M_y = -270$kN·m。程序输出结果见图 5.3-6。

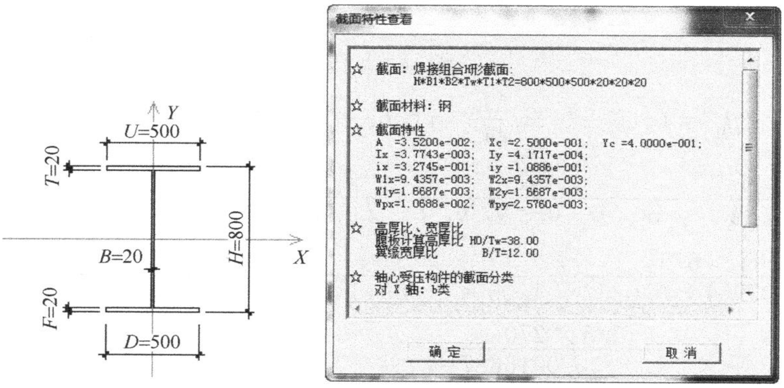

(*a*)　　　　(*b*)

图 5.3-5　焊接 H 形柱截面及特性

(*a*) H 形柱截面尺寸；(*b*) H 形柱截面特性

校核：

本算例中，柱顶和柱底的弯矩使构件产生反向曲率（反弯点），且柱按照有侧移计算。03 版规范中，有侧移框架 β_{mx}、β_{my} 取 1.0，而依据 17 版新钢标式（8.2.1-10）计算的等效弯矩系数 β_{mx} 较 03 版规范会偏小，具体过程如下。

03 版钢规：

焊接 H 形钢柱，x 轴 b 类，y 轴 c 类，长细比 $\lambda_x = 24.84$，$\lambda_y = 74.71$，因此 φ_x=0.954，φ_y=0.612；

非闭口构件，η=1.0；

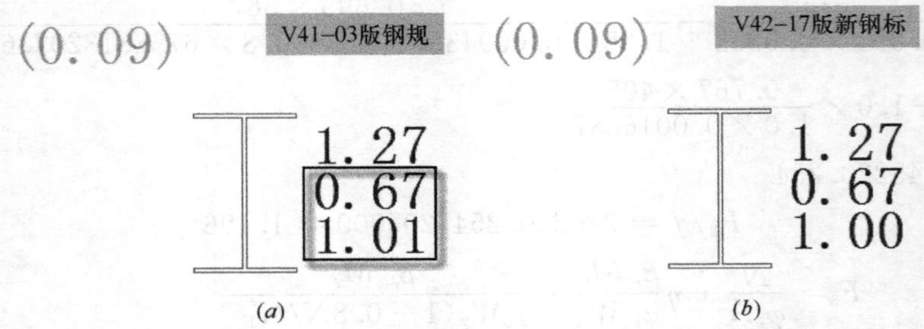

图 5.3-6 SATWE-03 版钢规和 17 版新钢标验算结果

（a）V41-03 版钢规验算结果；（b）V42-17 版新钢标验算结果

受压翼缘宽厚比 12<13，$\gamma_x=1.05$，$\gamma_y=1.2$；

根据附录 B.1 计算得 $\varphi_{bx}=0.926$，$\varphi_{by}=1.0$；

$$N'_{Ex}=\frac{\pi^2 EA}{1.1\lambda_x^2}=\frac{3.14^2\times 206\times 10^6\times 0.0352}{1.1\times 24.84^2}=105335.15$$

$$N'_{Ey}=\frac{\pi^2 EA}{1.1\lambda_y^2}=\frac{3.14^2\times 206\times 10^6\times 0.0352}{1.1\times 74.71^2}=11644.45$$

有侧移，

$$\beta_{mx}=1.0$$

$$\beta_{tx}=0.65+0.35\frac{M_{2x}}{M_{1x}}=0.65+0.35\times\left(-\frac{405}{675}\right)=0.44$$

$$\beta_{my}=1.0$$

$$\beta_{ty}=0.65+0.35\frac{M_{y2}}{M_{y1}}=0.65+0.35\times\left(-\frac{270}{270}\right)=0.3$$

$$\begin{aligned}F_2&=\frac{N}{\varphi_x A}+\frac{\beta_{mx}M_x}{\gamma_x W_x(1-0.8N/N'_{Ex})}+\eta\frac{\beta_{ty}M_y}{\varphi_{by}W_y}\\&=\frac{675}{0.954\times 0.0352}+\frac{1.0\times 675}{1.05\times 0.0094357\times(1-0.8\times 675/105335.15)}\\&\quad+1.0\times\frac{0.3\times 270}{1.0\times 0.0016687}\\&=137114.22\end{aligned}$$

$$F_2/f=137114.22/205000=0.669$$

$$\begin{aligned}F_3&=\frac{N}{\varphi_y A}+\eta\frac{\beta_{tx}M_x}{\varphi_{bx}W_x}+\frac{\beta_{my}M_y}{\gamma_y W_y(1-0.8N/N'_{Ey})}\\&=\frac{675}{0.612\times 0.0352}+1.0\times\frac{0.44\times 675}{0.926\times 0.0094357}\\&\quad+\frac{1.0\times 270}{1.2\times 0.0016687\times(1-0.8\times 675/11644.45)}\\&=206721.43\end{aligned}$$

$$F_3/f=206721.43/205000=1.008$$

与 03 版规范程序输出结果（图 5.3-6a）一致。

17 版新钢标：

焊接 H 形钢柱，x 轴 b 类，y 轴 c 类，长细比 $\lambda_x=24.84$，$\lambda_y=74.71$，因此 $\varphi_x=0.954$，$\varphi_y=0.612$。

非闭口构件，$\eta=1.0$；

受压翼缘宽厚比 12＜13，$\gamma_x=1.05$，$\gamma_y=1.2$；

根据附录 C. 0. 1 计算得 $\varphi_{bx}=926$，$\varphi_{by}=1.0$；

$$N'_{Ex}=\frac{\pi^2 EA}{1.1\lambda_x^2}=\frac{3.14^2\times 206\times 10^6\times 0.0352}{1.1\times 24.84^2}=105335.15$$

$$N'_{Ey}=\frac{\pi^2 EA}{1.1\lambda_y^2}=\frac{3.14^2\times 206\times 10^6\times 0.0352}{1.1\times 74.71^2}=11644.45$$

有侧移，

$$N_{cr,x}=\frac{\pi^2 EI_x}{(\mu_x l)^2}=\frac{3.14^2\times 206\times 10^6\times 0.0037743}{(2.03\times 4)^2}=116265.5$$

$$\beta_{mx}=1-0.36\frac{N}{N_{cr,x}}=1-0.36\times\left(\frac{675}{116265.5}\right)=0.998$$

$$\beta_{tx}=0.65+0.35\frac{M_{x2}}{M_{x1}}=0.65+0.35\times\left(-\frac{405}{675}\right)=0.44$$

$$N_{cr,y}=\frac{\pi^2 EI_y}{(\mu_y l)^2}=\frac{3.14^2\times 206\times 10^6\times 0.00041717}{(2.03\times 4)^2}=12850.72$$

$$\beta_{my}=1-0.36\frac{N}{N_{cr,y}}=1-0.36\times\left(\frac{675}{12850.72}\right)=0.981$$

$$\beta_{ty}=0.65+0.35\frac{M_{y2}}{M_{y1}}=0.65+0.35\times\left(-\frac{270}{270}\right)=0.3$$

$$\begin{aligned}F_2&=\frac{N}{\varphi_x A}+\frac{\beta_{mx}M_x}{\gamma_x W_x(1-0.8N/N'_{Ex})}+\eta\frac{\beta_{ty}M_y}{\varphi_{by}W_y}\\&=\frac{675}{0.954\times 0.0352}+\frac{0.998\times 675}{1.05\times 0.0094357\times(1-0.8\times 675/105335.15)}\\&\quad+1.0\times\frac{0.3\times 270}{1.0\times 0.0016687}\\&=136977.28\end{aligned}$$

$$F_2/f=136977.28/205000=0.668$$

$$\begin{aligned}F_3&=\frac{N}{\varphi_y A}+\eta\frac{\beta_{tx}M_x}{\varphi_{bx}W_x}+\frac{\beta_{my}M_y}{\gamma_y W_y(1-0.8N/N'_{Ey})}\\&=\frac{675}{0.612\times 0.0352}+1.0\times\frac{0.44\times 675}{0.926\times 0.0094357}\\&\quad+\frac{0.981\times 270}{1.2\times 0.0016687\times(1-0.8\times 675/11644.45)}\\&=204034.90\end{aligned}$$

$$F_3/f=204034.90/205000=0.995$$

与 17 版新钢标程序输出结果（图 5. 3-6b）一致。

5.3.2 圆钢管柱稳定

压弯构件稳定验算，V42-17 版新钢标程序新增圆钢管截面验算方法，见新钢标式（8.2.4-1）～式（8.2.4-6）。

《钢结构设计标准》GB 50017—2017 第 8.2.4 条：

8.2.4 当柱段中没有很大横向力或集中弯矩时，双向压弯圆管的整体稳定按下列公式计算：

$$\frac{N}{\varphi A f}+\frac{\beta M}{\gamma_{\mathrm{m}} W\left(1-0.8\frac{N}{N'_{\mathrm{Ex}}}\right) f}\leqslant 1.0 \tag{8.2.4-1}$$

$$M=\max\left(\sqrt{M_{\mathrm{xA}}^{2}+M_{\mathrm{yA}}^{2}},\sqrt{M_{\mathrm{xB}}^{2}+M_{\mathrm{yB}}^{2}}\right) \tag{8.2.4-2}$$

$$\beta=\beta_{\mathrm{x}}\beta_{\mathrm{y}} \tag{8.2.4-3}$$

$$\beta_{\mathrm{x}}=1-0.35\sqrt{N/N_{\mathrm{E}}}+0.35\sqrt{N/N_{\mathrm{E}}}(M_{2\mathrm{x}}/M_{1\mathrm{x}}) \tag{8.2.4-4}$$

$$\beta_{\mathrm{y}}=1-0.35\sqrt{N/N_{\mathrm{E}}}+0.35\sqrt{N/N_{\mathrm{E}}}(M_{2\mathrm{y}}/M_{1\mathrm{y}}) \tag{8.2.4-5}$$

$$N_{\mathrm{E}}=\frac{\pi^{2}EA}{\lambda^{2}} \tag{8.2.4-6}$$

算例 1：圆钢管截面柱，截面尺寸如图 5.3-7 所示，$H=4\mathrm{m}$，Q235，$f=205\mathrm{N/mm^2}$，圆管径厚比为 40，小于 S3 级限值 90，有侧移，计算长度系数 $\mu_{\mathrm{x}}=\mu_{\mathrm{y}}=2.03$，长细比 $\lambda_{\mathrm{x}}=\lambda_{\mathrm{y}}=29.48$，组合内力设计值为：$N=-607.5\mathrm{kN}$，$M_{\mathrm{x}}=580.5\mathrm{kN\cdot m}$，$M_{\mathrm{y}}=$

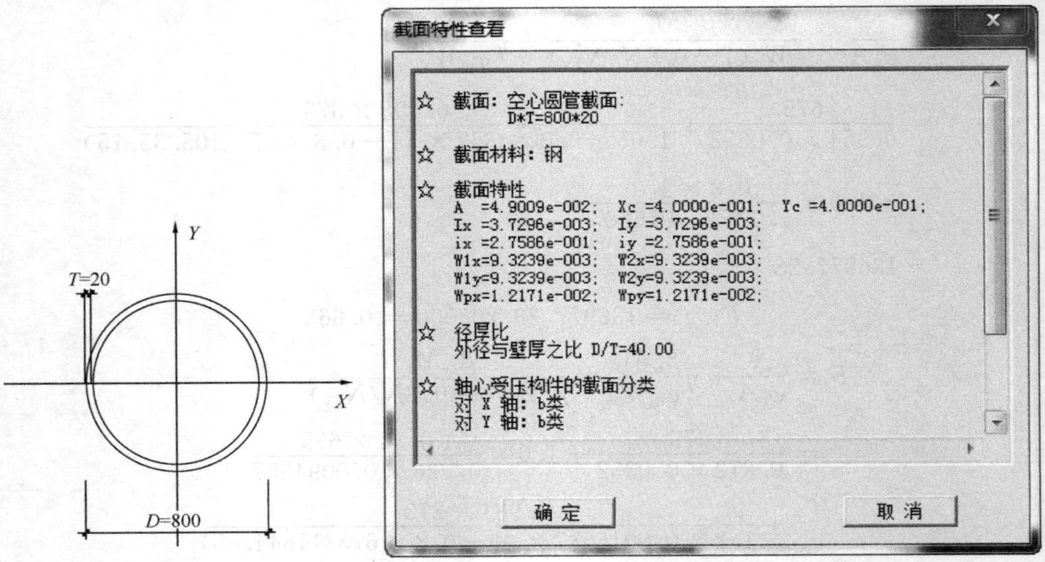

(a)　　(b)

图 5.3-7　圆钢管柱截面及特性

(a) 圆钢管柱截面尺寸；(b) 圆钢管柱截面特性

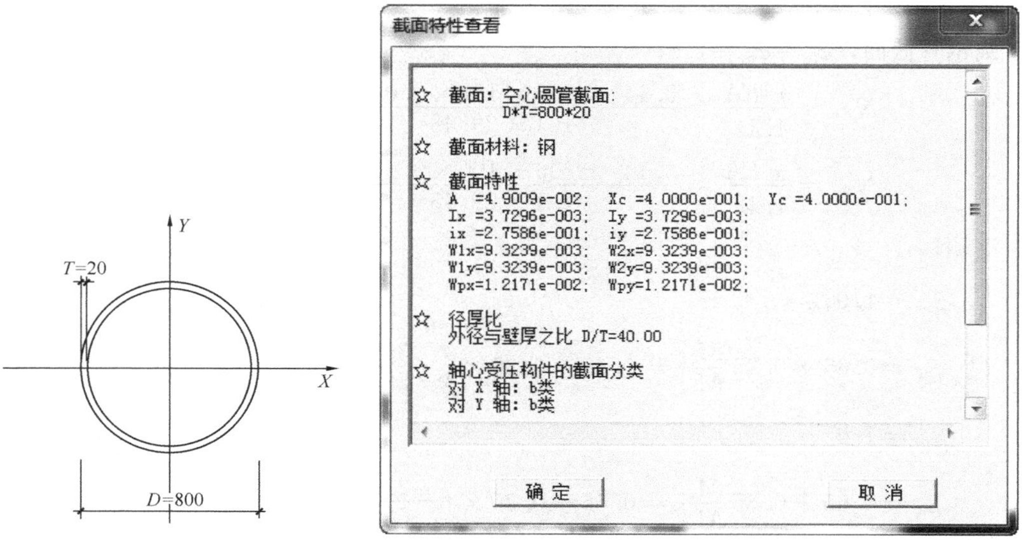

(a) (b)

图 5.3-9 圆钢管柱截面及特性

(a) 圆钢管柱截面尺寸；(b) 圆钢管柱截面特性

圆管径厚比为 40，小于 S3 级限值 90，有侧移，计算长度系数 $\mu_x=\mu_y=2.03$，长细比 $\lambda_x=\lambda_y=29.48$，组合内力设计值为：$N=-675\text{kN}$，$M_x=580.5\text{kN}\cdot\text{m}$，$M_y=-526.5\text{kN}\cdot\text{m}$。程序输出结果见图 5.3-10。

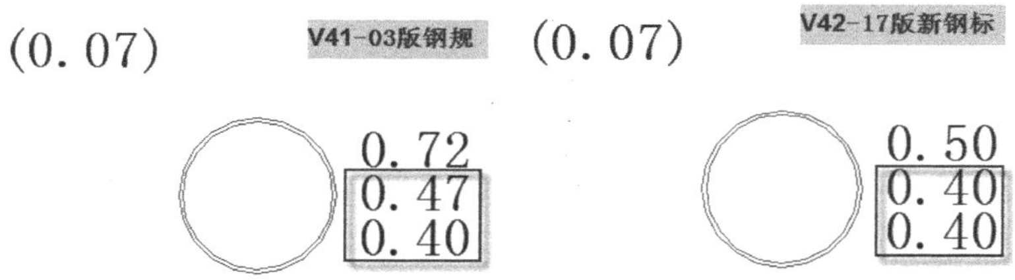

(a) (b)

图 5.3-10 SATWE-03 版钢规和 17 版新钢标验算结果

(a) V41-03 版钢规验算结果；(b) V42-17 版新钢标验算结果

校核：

本算例中，柱顶和柱底的弯矩使构件产生反向曲率（反弯点），且柱按照有侧移计算。除柱端弯矩设计值处理方式不同外，03 版规范中圆钢管分别计算两个方向的等效弯矩系数，而 17 版新钢标则按式（8.2.4-3）计算等效弯矩系数。最终结果显示，圆钢管柱按照 17 版新钢标验算的稳定结果较 03 版规范偏小，主要原因是对弯矩设计值的处理方式不同，具体校核过程如下。

03 版钢规：

圆钢管柱，x 轴 b 类，y 轴 b 类，长细比 $\lambda_x=\lambda_y=29.48$，因此 $\varphi_x=\varphi_y=0.938$；

闭口构件，$\eta=0.7$；

$\gamma_x=1.0$，$\gamma_y=1.15$；

圆钢管截面，$\varphi_{bx}=\varphi_{by}=1.0$；

$$N'_{Ex}=\frac{\pi^2 EA}{1.1\lambda_x^2}=\frac{3.14^2\times 206\times 10^6\times 0.049009}{1.1\times 29.48^2}=104124.93$$

$$N'_{Ey}=\frac{\pi^2 EA}{1.1\lambda_y^2}=\frac{3.14^2\times 206\times 10^6\times 0.049009}{1.1\times 29.48^2}=104124.93$$

有侧移，

$$\beta_{mx}=1.0$$

$$\beta_{tx}=0.65+0.35\frac{M_{2x}}{M_{1x}}=0.65+0.35\times\left(-\frac{391.5}{580.5}\right)=0.414$$

$$\beta_{my}=1.0$$

$$\beta_{ty}=0.65+0.35\frac{M_{y2}}{M_{y1}}=0.65+0.35\times\left(-\frac{283.5}{526.5}\right)=0.462$$

$$F_2=\frac{N}{\varphi_x A}+\frac{\beta_{mx}M_x}{\gamma_x W_x(1-0.8N/N'_{Ex})}+\eta\frac{\beta_{ty}M_y}{\varphi_{by}W_y}$$

$$=\frac{675}{0.938\times 0.049009}+\frac{1.0\times 580.5}{1.0\times 0.0093239\times(1-0.8\times 675/104124.93)}$$

$$+0.7\times\frac{0.462\times 526.5}{1.0\times 0.0093239}$$

$$=95463.35$$

$$F_2/f=95463.35/205000=0.466$$

$$F_3=\frac{N}{\varphi_y A}+\eta\frac{\beta_{tx}M_x}{\varphi_{bx}W_x}+\frac{\beta_{my}M_y}{\gamma_y W_y(1-0.8N/N'_{Ey})}$$

$$=\frac{675}{0.938\times 0.049009}+0.7\times\frac{0.414\times 580.5}{1.0\times 0.0093239}$$

$$+\frac{1.0\times 526.5}{1.15\times 0.0093239\times(1-0.8\times 675/104124.93)}$$

$$=82075.28$$

$$F_3/f=82075.28/205000=0.400$$

与 03 版规范程序输出结果（图 5.3-10*a*）一致。

17 版新钢标：

圆钢管柱，x 轴 b 类，y 轴 b 类，长细比 $\lambda_x=\lambda_y=29.48$，因此 $\varphi=0.938$；

径厚比 40<90，$\gamma_m=1.15$；

$$N_E=\frac{\pi^2 EA}{\lambda^2}=\frac{3.14^2\times 206\times 10^6\times 0.049009}{29.48^2}=114537.42$$

$$\beta_x=1-0.35\sqrt{\frac{N}{N_E}}+0.35\sqrt{\frac{N}{N_E}}\cdot\frac{M_{2x}}{M_{1x}}$$

$$=1-0.35\sqrt{\frac{675}{114537.42}}+0.35\sqrt{\frac{675}{114537.42}}\times\left(-\frac{391.5}{580.5}\right)=0.9550$$

$$\beta_y=1-0.35\sqrt{\frac{N}{N_E}}+0.35\sqrt{\frac{N}{N_E}}\cdot\frac{M_{2y}}{M_{1y}}$$

$$=1-0.35\sqrt{\frac{675}{114537.42}}+0.35\sqrt{\frac{675}{114537.42}}\times\left(-\frac{283.5}{526.5}\right)=0.9587$$

$$\beta=\beta_x\beta_y=0.9550\times0.9587=0.9156$$

$$M=\max(\sqrt{M_{xA}^2+M_{yA}^2},\sqrt{M_{xB}^2+M_{yB}^2})$$

$$=\max(\sqrt{580.5^2+526.5^2},\sqrt{391.5^2+283.5^2})=783.70$$

$$N'_{Ex}=\frac{\pi^2EA}{1.1\lambda^2}=\frac{3.14^2\times206\times10^6\times0.049009}{1.1\times29.48^2}=104124.93$$

$$F_2=F_3=\frac{N}{\varphi A}+\frac{\beta M}{\gamma_m W(1-0.8N/N'_{Ex})}$$

$$=\frac{675}{0.938\times0.049009}+\frac{0.9156\times783.70}{1.15\times0.0093239\times(1-0.8\times675/104124.93)}$$

$$=81940.29$$

$$F_2/f=F_3/f=81940.29/205000=0.400$$

与 17 版新钢标程序输出结果（图 5.3-10*b*）一致。

算例 3：圆钢管截面柱，截面尺寸如图 5.3-11 所示，$H=4$m，Q235，$f=205$N/mm^2，圆管径厚比为 40，小于 S3 级限值 90，无侧移，计算长度系数 $\mu_x=\mu_y=0.73$，长细比 $\lambda_x=\lambda_y=10.61$，组合内力设计值为：$N=-675$kN，$M_x=580.5$kN·m，$M_y=-526.5$kN·m。程序输出结果见图 5.3-12。

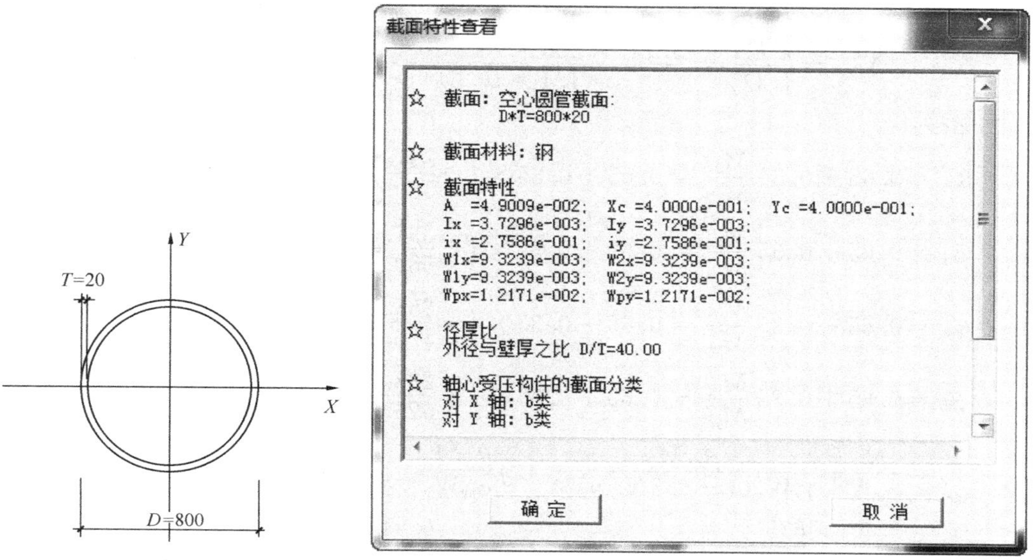

(*a*)　　(*b*)

图 5.3-11　圆钢管柱截面及特性

(*a*) 圆钢管柱截面尺寸；(*b*) 圆钢管柱截面特性

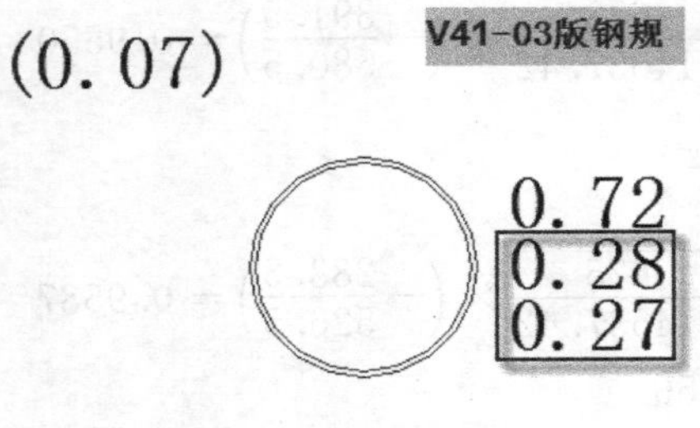

(a)

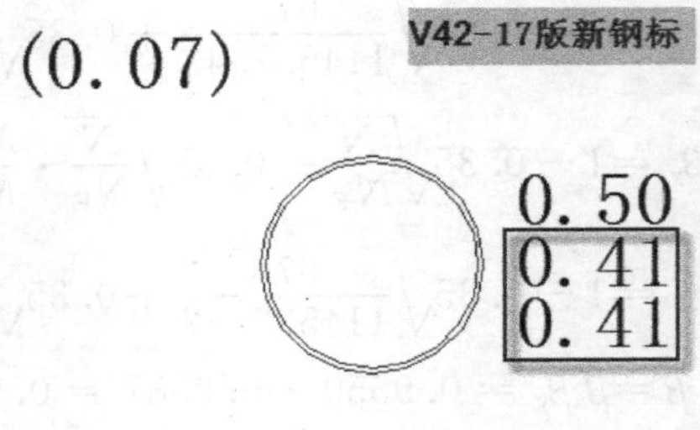

(b)

图 5.3-12　SATWE-03 版钢规和 17 版新钢标验算结果

(a) V41-03 版钢规验算结果；(b) V42-17 版新钢标验算结果

校核：

本算例中，柱顶和柱底的弯矩使构件产生反向曲率（反弯点），且柱按照无侧移计算。除柱端弯矩设计值处理方式不同外，03 版规范中圆钢管分别计算两个方向的等效弯矩系数，而 17 版新钢标则按式（8.2.4-3）计算等效弯矩系数。最终结果显示，圆钢管柱按照 17 版新钢标验算的稳定结果较 03 版规范偏大，主要原因是按照无侧移验算，等效弯矩系数较 03 版规范偏大，具体校核过程如下。

03 版钢规：

圆钢管柱，x 轴 b 类，y 轴 b 类，长细比 $\lambda_x=\lambda_y=10.61$，因此 $\varphi_x=\varphi_y=0.9914$；

闭口构件，$\eta=0.7$；

$\gamma_x=1.0$，$\gamma_y=1.15$；

圆钢管截面，$\varphi_{bx}=\varphi_{by}=1.0$；

$$N'_{Ex}=\frac{\pi^2 EA}{1.1\lambda_x^2}=\frac{3.14^2\times 206\times 10^6\times 0.049009}{1.1\times 10.61^2}=803857.20$$

$$N'_{Ey}=\frac{\pi^2 EA}{1.1\lambda_y^2}=\frac{3.14^2\times 206\times 10^6\times 0.049009}{1.1\times 10.61^2}=803857.20$$

无侧移，

$$\beta_{mx}=0.65+0.35\frac{M_{2x}}{M_{1x}}=0.65+0.35\times\left(-\frac{391.5}{580.5}\right)=0.414$$

$$\beta_{tx}=0.65+0.35\frac{M_{2x}}{M_{1x}}=0.65+0.35\times\left(-\frac{391.5}{580.5}\right)=0.414$$

$$\beta_{my}=0.65+0.35\frac{M_{y2}}{M_{y1}}=0.65+0.35\times\left(-\frac{283.5}{526.5}\right)=0.462$$

$$\beta_{ty}=0.65+0.35\frac{M_{y2}}{M_{y1}}=0.65+0.35\times\left(-\frac{283.5}{526.5}\right)=0.462$$

$$F_2=\frac{N}{\varphi_x A}+\frac{\beta_{mx}M_x}{\gamma_x W_x(1-0.8N/N'_{Ex})}+\eta\frac{\beta_{ty}M_y}{\varphi_{by}W_y}$$

$$=\frac{675}{0.9914\times 0.049009}+\frac{0.414\times 580.5}{1.0\times 0.0093239\times(1-0.8\times 675/803857.20)}$$

$$+0.7\times\frac{0.462\times 526.5}{1.0\times 0.0093239}$$

$$=57929.51$$

$$F_2/f = 57929.51/205000 = 0.283$$

$$F_3 = \frac{N}{\varphi_y A} + \eta \frac{\beta_{tx} M_x}{\varphi_{bx} W_x} + \frac{\beta_{my} M_y}{\gamma_y W_y (1 - 0.8N/N'_{Ey})}$$

$$= \frac{675}{0.9914 \times 0.049009} + 0.7 \times \frac{0.414 \times 580.5}{1.0 \times 0.0093239}$$

$$+ \frac{0.462 \times 526.5}{1.15 \times 0.0093239 \times (1 - 0.8 \times 675/803857.20)}$$

$$= 54620.54$$

$$F_3/f = 54620.54/205000 = 0.266$$

与 03 版规范程序输出结果（图 5.3-12a）一致。

17 版新钢标：

圆钢管柱，x 轴 b 类，y 轴 b 类，长细比 $\lambda_x = \lambda_y = 10.61$，因此 $\varphi = 0.9914$；径厚比 $40 < 90$，$\gamma_m = 1.15$；

$$N_E = \frac{\pi^2 EA}{\lambda^2} = \frac{3.14^2 \times 206 \times 10^6 \times 0.049009}{10.61^2} = 884242.92$$

$$\beta_x = 1 - 0.35\sqrt{\frac{N}{N_E}} + 0.35\sqrt{\frac{N}{N_E}} \cdot \frac{M_{2x}}{M_{1x}}$$

$$= 1 - 0.35\sqrt{\frac{675}{884242.92}} + 0.35\sqrt{\frac{675}{884242.92}} \times \left(-\frac{391.5}{580.5}\right) = 0.9838$$

$$\beta_y = 1 - 0.35\sqrt{\frac{N}{N_E}} + 0.35\sqrt{\frac{N}{N_E}} \cdot \frac{M_{2y}}{M_{1y}}$$

$$= 1 - 0.35\sqrt{\frac{675}{884242.92}} + 0.35\sqrt{\frac{675}{884242.92}} \times \left(-\frac{283.5}{526.5}\right) = 0.9851$$

$$\beta = \beta_x \beta_y = 0.9838 \times 0.9851 = 0.9692$$

$$M = \max\left(\sqrt{M_{xA}^2 + M_{yA}^2}, \sqrt{M_{xB}^2 + M_{yB}^2}\right)$$

$$= \max\left(\sqrt{580.5^2 + 526.5^2}, \sqrt{391.5^2 + 283.5^2}\right) = 783.70$$

$$N'_{Ex} = \frac{\pi^2 EA}{1.1\lambda^2} = \frac{3.14^2 \times 206 \times 10^6 \times 0.049009}{1.1 \times 10.61^2} = 803857.20$$

$$F_2 = F_3 = \frac{N}{\varphi A} + \frac{\beta M}{\gamma_m W (1 - 0.8N/N'_{Ex})}$$

$$= \frac{675}{0.9914 \times 0.049009} + \frac{0.9692 \times 783.70}{1.15 \times 0.0093239 \times (1 - 0.8 \times 675/803857.20)}$$

$$= 84730.70$$

$$F_2/f = F_3/f = 84730.70/205000 = 0.413$$

与 17 版新钢标程序输出结果（图 5.3-12b）一致。

5.4 有效截面验算

5.4.1 压弯构件（柱）有效截面

17 版新钢标对压弯构件新增有效截面验算的规定。

《钢结构设计标准》GB 50017—2017 第 8.4.2 条：

8.4.2 工字形和箱形截面压弯构件的腹板高厚比超过本标准表 3.5.1 规定的 S4 级截面要求时，其构件设计应符合下列规定：

1 应以有效截面代替实际截面按本条第 2 款计算杆件的承载力。

1） 工字形截面腹板受压区的有效宽度应取为：

$$h_e = \rho h_c \tag{8.4.2-1}$$

当 $\lambda_{n,p} \leqslant 0.75$ 时：

$$\rho = 1.0 \tag{8.4.2-2a}$$

当 $\lambda_{n,p} > 0.75$ 时：

$$\rho = \frac{1}{\lambda_{n,p}}\left(1 - \frac{0.19}{\lambda_{n,p}}\right) \tag{8.4.2-2b}$$

$$\lambda_{n,p} = \frac{h_w/t_w}{28.1\sqrt{k_\sigma}} \cdot \frac{1}{\varepsilon_k} \tag{8.4.2-3}$$

$$k_\sigma = \frac{16}{2 - \alpha_0 + \sqrt{(2 - \alpha_0)^2 + 0.112\alpha_0^2}} \tag{8.4.2-4}$$

式中：h_c、h_e——分别为腹板受压区宽度和有效宽度，当腹板全部受压时，$h_c = h_w$；

ρ——有效宽度系数，按式（8.4.2-2）计算；

α_0——参数，应按式（3.5.1）计算。

2） 工字形截面腹板有效宽度 h_e 应按下列公式计算：

当截面全部受压，即 $\alpha_0 \leqslant 1$ 时[图 8.4.2(a)]：

$$h_{e1} = 2h_e/(4 + \alpha_0) \tag{8.4.2-5}$$

$$h_{e2} = h_e - h_{e1} \tag{8.4.2-6}$$

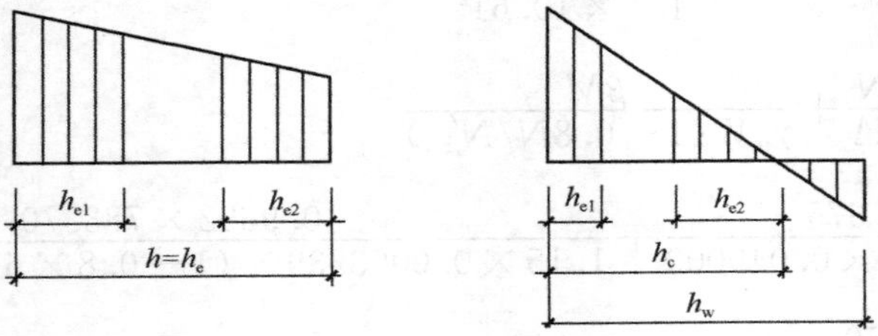

(a) 截面全部受压　　(b) 截面部分受拉

图 8.4.2　有效宽度的分布

当截面部分受拉，即 $\alpha_0>1$ 时[图 8.4.2(b)]：

$$h_{e1}=0.4h_e \tag{8.4.2-7}$$

$$h_{e2}=0.6h_e \tag{8.4.2-8}$$

3）箱形截面压弯构件翼缘宽厚比超限时也应按式（8.4.2-1）计算其有效宽度，计算时取 $k_\sigma=4.0$。有效宽度分布在两侧均等。

SATWE-17 版新钢标程序按照条文规定考虑压弯构件有效截面的处理流程如图 5.4-1 所示。

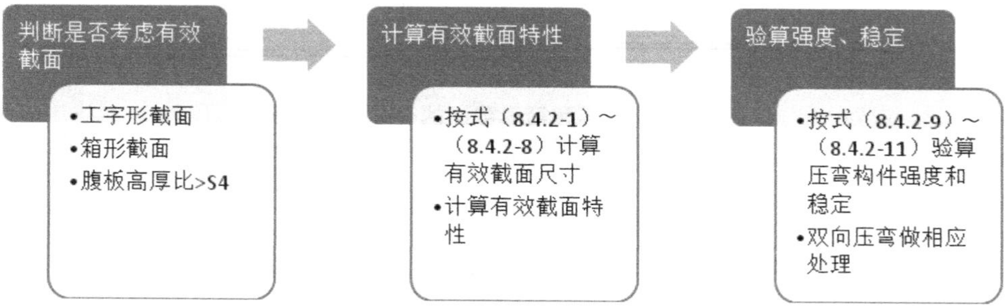

图 5.4-1　SATWE-17 版新钢标程序压弯构件考虑有效截面流程图

（1）双向压弯构件考虑有效截面的强度、稳定验算公式

强度验算：

$$F_1=\frac{N}{A_{ne}}\pm\frac{M_x+Ne_x}{\gamma_x W_{nex}}\pm\frac{M_y+Ne_y}{\gamma_y W_{ney}}\leqslant f$$

平面内稳定验算：

$$F_2/f=\frac{N}{\varphi_x A_e f}+\frac{\beta_{mx}M_x+Ne_x}{\gamma_x W_{elx}(1-0.8N/N'_{Ex})f}+\eta\frac{\beta_{ty}M_y+Ne_y}{\varphi_{by}W_{ely}f}\leqslant 1.0$$

平面外稳定验算：

$$F_3/f=\frac{N}{\varphi_y A_e f}+\eta\frac{\beta_{tx}M_x+Ne_x}{\varphi_{bx}W_{elx}f}+\frac{\beta_{my}M_y+Ne_y}{\gamma_y W_{ely}(1-0.8N/N'_{Ey})f}\leqslant 1.0$$

（2）有效截面特性

根据腹板的应力分布不均匀系数 α_0，压弯构件的腹板可能全截面受压或部分受拉，有效截面也不尽相同，如图 5.4-2 所示。

有效截面面积 A_{ne}：

$$A_{ne}=\sum_{i=1}^{n}A_i$$

相对 $x'o'y'$ 坐标系，由面积矩可得有效截面形心位置：

$$x_c=\frac{\sum_{i=1}^{n}A_i x_i}{\sum_{i=1}^{n}A_i}$$

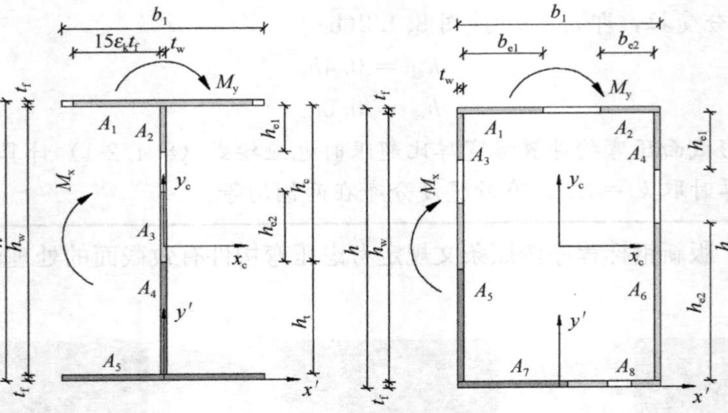

图5.4-2 H形和箱形截面的有效截面图例

$$y_c = \frac{\sum_{i=1}^{n} A_i y_i}{\sum_{i=1}^{n} A_i}$$

有效截面在形心轴 $x_c o_c y_c$ 的惯性矩 I_{xc}、I_{yc}：

$$I_{xc} = \sum_{i=1}^{n}(I_{A_i x_i} + A_i y_{ic}^2)$$

$$I_{yc} = \sum_{i=1}^{n}(I_{A_i y_i} + A_i x_{ic}^2)$$

式中：$I_{A_i x_i}$、$I_{A_i y_i}$ ——A_i绕自身形心轴的惯性矩；

y_{ic}、x_{ic}——A_i自身形心轴至有效截面形心轴 x_c、y_c的距离。

算例1：焊接H形柱，截面尺寸如图5.4-3所示，$H=4\text{m}$，Q235，$f=205\text{N/mm}^2$，翼缘宽厚比9.75，腹板高厚比96，有侧移，计算长度系数 $\mu_x=\mu_y=2.03$，长细比 $\lambda_x=$

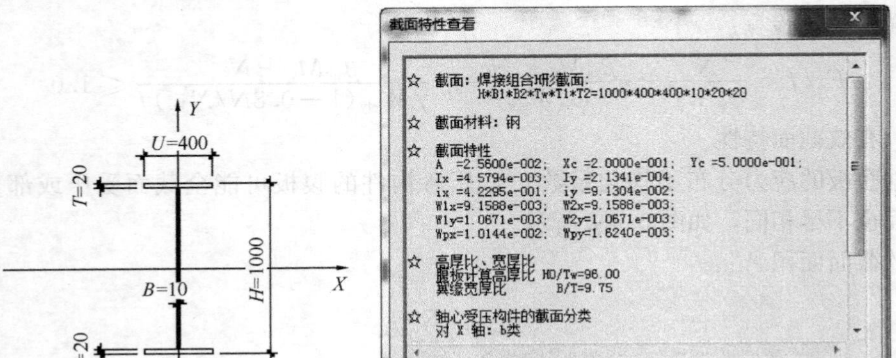

(a) (b)

图5.4-3 焊接H形柱截面及特性

(a) H形柱截面尺寸；(b) H形柱截面特性

19.23，$\lambda_y = 89.08$，净截面系数 0.85，组合内力设计值为：$N = -675\text{kN}$，$M_x = 472.5\text{kN}\cdot\text{m}$，$M_y = 270\text{kN}\cdot\text{m}$。程序输出结果见图 5.4-4。

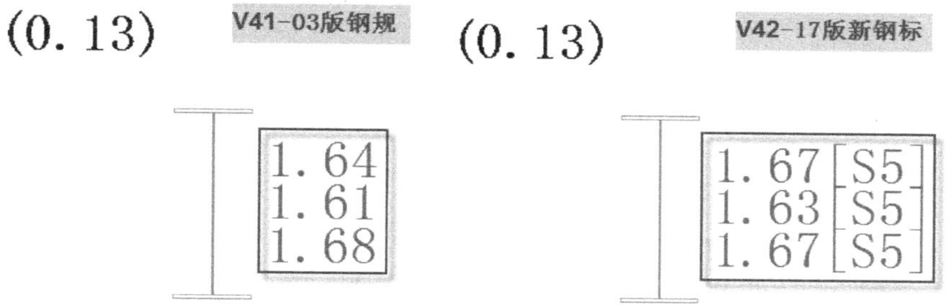

(a)　　(b)

图 5.4-4　SATWE-03 版钢规和 17 版新钢标验算结果

(a) V41-03 版钢规验算结果；(b) V42-17 版新钢标验算结果

校核：

本算例中，柱顶和柱底的弯矩未使构件产生反向曲率（反弯点），且柱按照有侧移计算。最终结果显示，按照 17 版新钢标考虑有效截面后，强度和面内稳定应力比较 03 版规范偏大，原因是 SATWE-03 版规范程序未考虑有效截面，具体校核过程如下。

03 版钢规：

焊接 H 形钢柱，x 轴 b 类，y 轴 c 类，长细比 $\lambda_x = 19.23$，$\lambda_y = 89.08$，因此 $\varphi_x = 0.9723$，$\varphi_y = 0.523$；

非闭口构件，$\eta = 1.0$；

受压翼缘宽厚比 9.75<13，$\gamma_x = 1.05$，$\gamma_y = 1.2$；

根据 03 钢规附录 B.1 计算得 $\varphi_{bx} = 0.84$，$\varphi_{by} = 1.0$；

$$F_1 = \frac{N}{A_n} + \frac{M_x}{\gamma_x W_{nx}} + \frac{M_y}{\gamma_y W_{ny}}$$

$$= \frac{675}{0.85 \times 0.0256} + \frac{472.5}{1.05 \times 0.85 \times 0.0091588} + \frac{270}{1.2 \times 0.85 \times 0.0010671}$$

$$= 336884.83$$

$$F_1 / f = 336884.83/205000 = 1.643$$

$$N'_{Ex} = \frac{\pi^2 EA}{1.1\lambda_x^2} = \frac{3.14^2 \times 206 \times 10^6 \times 0.0256}{1.1 \times 19.23^2} = 127824.83$$

$$N'_{Ey} = \frac{\pi^2 EA}{1.1\lambda_y^2} = \frac{3.14^2 \times 206 \times 10^6 \times 0.0256}{1.1 \times 89.08^2} = 5956.80$$

有侧移，

$$\beta_{mx} = 1.0$$

$$\beta_{tx} = 0.65 + 0.35\frac{M_{2x}}{M_{1x}} = 0.65 + 0.35 \times \frac{472.5}{472.5} = 1.0$$

$$\beta_{my} = 1.0$$

$$\beta_{ty} = 0.65 + 0.35\frac{M_{y2}}{M_{y1}} = 0.65 + 0.35 \times \frac{270}{270} = 1.0$$

$$F_2=\frac{N}{\varphi_x A}+\frac{\beta_{mx}M_x}{\gamma_x W_x(1-0.8N/N'_{Ex})}+\eta\frac{\beta_{ty}M_y}{\varphi_{by}W_y}$$

$$=\frac{675}{0.9723\times0.0256}+\frac{1.0\times472.5}{1.05\times0.0091588\times(1-0.8\times675/127824.83)}$$

$$+1.0\times\frac{1.0\times270}{1.0\times0.0010671}$$

$$=329470.97$$

$$F_2/f=329470.97/205000=1.607$$

$$F_3=\frac{N}{\varphi_y A}+\eta\frac{\beta_{tx}M_x}{\varphi_{bx}W_x}+\frac{\beta_{my}M_y}{\gamma_y W_y(1-0.8N/N'_{Ey})}$$

$$=\frac{675}{0.523\times0.0256}+1.0\times\frac{1.0\times472.5}{0.84\times0.0091588}$$

$$+\frac{1.0\times270}{1.2\times0.0010671\times(1-0.8\times675/5956.80)}$$

$$=343715.30$$

$$F_3/f=343715.30/205000=1.677$$

与 03 版规范程序输出结果（图 5.4-4a）一致。

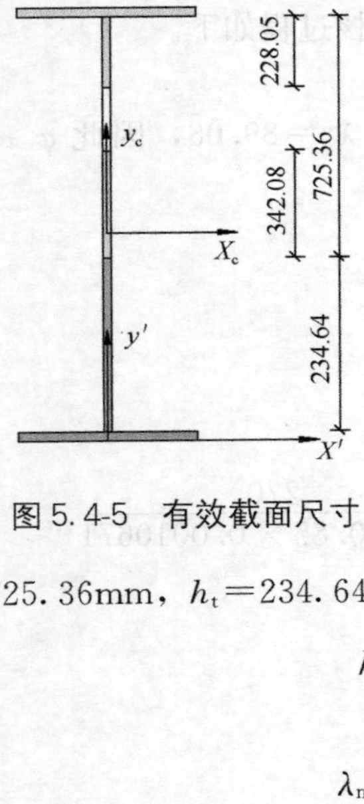

图 5.4-5 有效截面尺寸

17 版新钢标：

1）判断是否考虑有效截面

$$\sigma_{min}^{max}=\frac{N}{A}\pm\frac{M}{W}=\frac{675}{0.0256}\pm\frac{472.5}{0.0091588}$$

$$\alpha_0=\frac{\sigma_{max}-\sigma_{min}}{\sigma_{max}}=1.324$$

$$h_0/t_w=96>(45+25\times1.324^{1.66})\times1=84.84$$

需考虑有效截面。

2）计算有效截面尺寸（图 5.4-5）

在 $N=-675$kN，$M_x=472.5$kN · m 作用下，腹板 $h_c=725.36$mm，$h_t=234.64$mm；

$$k_\sigma=\frac{16}{2-\alpha_0+\sqrt{(2-\alpha_0)^2+0.112\alpha_0^2}}=10.78$$

$$\lambda_{n,p}=\frac{h_w/t_w}{28.1\sqrt{k_\sigma}}\cdot\frac{1}{\varepsilon_k}=1.04>0.75$$

$$\rho=\frac{1}{\lambda_{n,p}}\left(1-\frac{0.19}{\lambda_{n,p}}\right)=0.786$$

$$h_e=\rho h_c=570.13$$

$$\alpha_0=1.324>1.0$$

$$h_{e1}=0.4h_e=228.05$$

$$h_{e2}=0.6h_e=342.08$$

3）相对 $x'o'y'$ 计算有效截面形心位置及与原截面形心的距离

$$x_c = 0$$

$$y_c = \frac{\sum_{i=1}^{n} A_i y_i}{\sum_{i=1}^{n} A_i} = \frac{11753229.78}{24047.7} = 488.75$$

有效截面形心至原截面形心的距离：

$$e_x = 488.75 - 500 = -11.25$$

$$e_y = 0$$

有效截面面积：

$$A_e = 24047.7$$

4）有效截面模量

对 x_c 轴惯性矩：

$$I_{xc} = \sum_{i=1}^{n} (I_{A_i x_i} + A_i x_{ic}^2) = 4526085291$$

对 y_c 轴惯性矩：

$$I_{yc} = \sum_{i=1}^{n} (I_{A_i y_i} + A_i y_{ic}^2) = 213400000$$

有效截面对较大受压纤维的毛截面模量：

$$W_{elx} = 4526085291/511.25 = 8852978.56$$

$$W_{ely} = 213400000/200 = 1067000$$

5）强度和稳定校核

强度验算：

$$F_1/f = \left(\frac{N}{A_{ne}} + \frac{M_x + Ne_x}{\gamma_x W_{nex}} + \frac{M_y + Ne_y}{\gamma_y W_{ney}}\right)/f = 341883.03/205000 = 1.668$$

平面内稳定验算：

$$F_2/f = \left(\frac{N}{\varphi_x A_e} + \frac{\beta_{mx} M_x + Ne_x}{\gamma_x W_{elx}(1 - 0.8N/N'_{Ex})} + \eta \frac{\beta_{ty} M_y + Ne_y}{\varphi_{by} W_{ely}}\right)/f$$

$$= 333707.88/205000 = 1.628$$

平面外稳定验算：

$$F_3/f = \left(\frac{N}{\varphi_y A_e} + \eta \frac{\beta_{tx} M_x + Ne_x}{\varphi_{bx} W_{elx}} + \frac{\beta_{my} M_y + Ne_y}{\gamma_y W_{ely}(1 - 0.8N/N'_{Ey})}\right)/f$$

$$= 341551.00/205000 = 1.666$$

与 17 版新钢标程序输出结果（图 5.4-4*b*）一致。图面和构件信息中均输出有效截面标识，如图 5.4-6 所示。

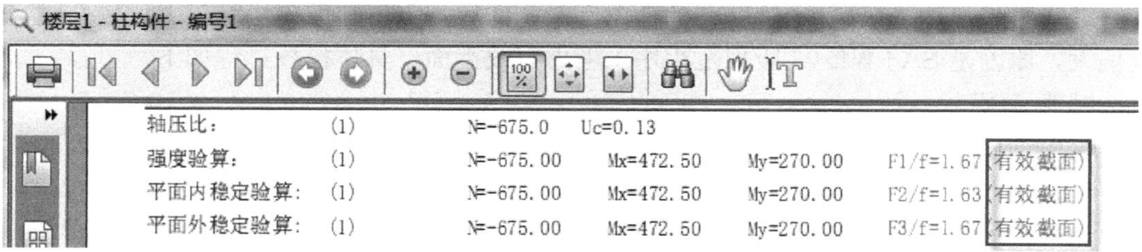

图 5.4-6　柱构件信息中给出有效截面结果标识

算例 2：箱形截面柱，截面尺寸如图 5.4-7 所示，$H=4\text{m}$，Q235，$f=215\text{N/mm}^2$，翼缘宽厚比 77，腹板高厚比 78.67，有侧移，计算长度系数 $\mu_x=\mu_y=2.03$，长细比 $\lambda_x=37.31$，$\lambda_y=46.44$，净截面系数 0.85，组合内力设计值为：$N=-1020\text{kN}$，$M_x=-380\text{kN}\cdot\text{m}$，$M_y=-190\text{kN}\cdot\text{m}$。程序输出结果见图 5.4-8。

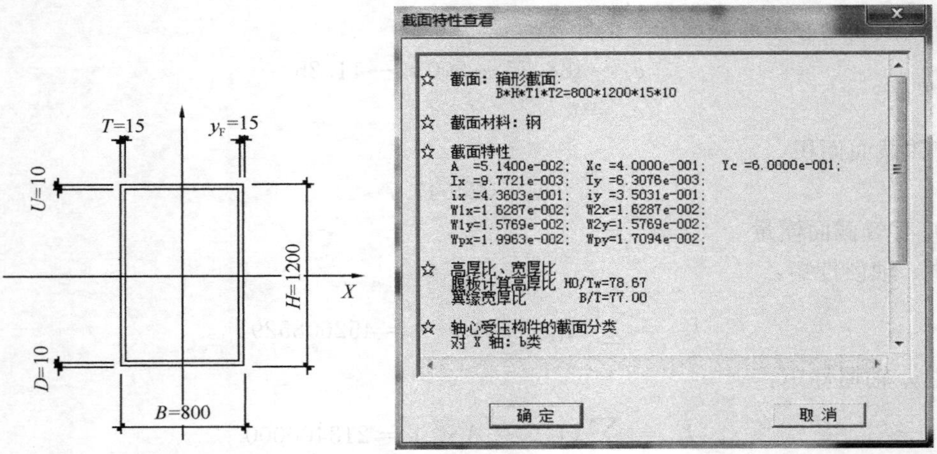

(a)　　(b)

图 5.4-7　箱形柱截面及特性

(a) 箱形柱截面尺寸；(b) 箱形柱截面特性

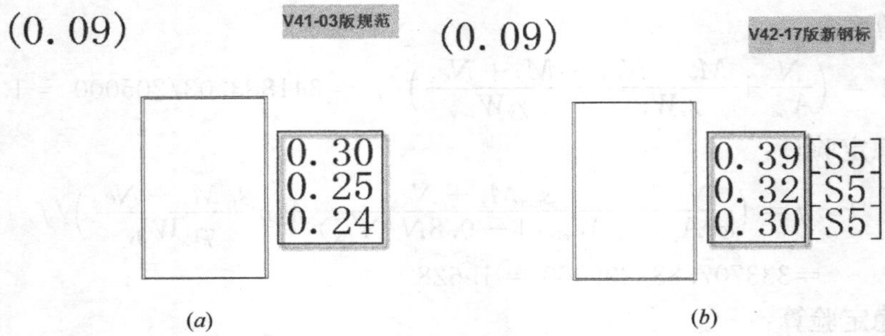

(a)　　(b)

图 5.4-8　SATWE-03 版钢规和 17 版新钢标验算结果

(a) V41-03 版钢规验算结果；(b) V42-17 版新钢标验算结果

校核：

本算例中，柱顶和柱底的弯矩未使构件产生反向曲率（反弯点），且柱按照有侧移计算。最终结果显示，按照 17 版新钢标考虑有效截面后，强度和面内稳定应力比较 03 版规范偏大，原因是 SATWE-03 版规范程序未考虑有效截面，具体校核过程如下。

03 版钢规：

箱形钢柱，x 轴 b 类，y 轴 b 类，长细比 $\lambda_x=37.31$，$\lambda_y=46.44$，因此 $\varphi_x=0.9088$，$\varphi_y=0.8722$；

闭口构件，$\eta=0.7$；

$\gamma_x=1.0$，$\gamma_y=1.0$；

闭口构件，$\varphi_{bx}=1.0$，$\varphi_{by}=1.0$；

$$F_1=\frac{N}{A_n}+\frac{M_x}{\gamma_x W_{nx}}+\frac{M_y}{\gamma_y W_{ny}}$$

$$=\frac{1020}{0.85\times0.0514}+\frac{380}{1.0\times0.85\times0.016287}+\frac{190}{1.0\times0.85\times0.015769}=64970.36$$

$$F_1/f=64970.36/215000=0.302$$

$$N'_{Ex}=\frac{\pi^2 EA}{1.1\lambda_x^2}=\frac{3.14^2\times206\times10^6\times0.0514}{1.1\times37.31^2}=68178.345$$

$$N'_{Ey}=\frac{\pi^2 EA}{1.1\lambda_y^2}=\frac{3.14^2\times206\times10^6\times0.0514}{1.1\times46.44^2}=44006.064$$

有侧移，

$$\beta_{mx}=1.0$$

$$\beta_{tx}=0.65+0.35\frac{M_{2x}}{M_{1x}}=0.65+0.35\times\frac{-380}{-380}=1.0$$

$$\beta_{my}=1.0$$

$$\beta_{ty}=0.65+0.35\frac{M_{y2}}{M_{y1}}=0.65+0.35\times\frac{-190}{-190}=1.0$$

$$F_2=\frac{N}{\varphi_x A}+\frac{\beta_{mx}M_x}{\gamma_x W_x(1-0.8N/N'_{Ex})}+\eta\frac{\beta_{ty}M_y}{\varphi_{by}W_y}$$

$$=\frac{1020}{0.9088\times0.0514}+\frac{1.0\times380}{1.0\times0.016287\times(1-0.8\times1020/68178.345)}$$

$$+0.7\times\frac{1.0\times190}{1.0\times0.015769}$$

$$=53884.92$$

$$F_2/f=53884.92/215000=0.251$$

$$F_3=\frac{N}{\varphi_y A}+\eta\frac{\beta_{tx}M_x}{\varphi_{bx}W_x}+\frac{\beta_{my}M_y}{\gamma_y W_y(1-0.8N/N'_{Ey})}$$

$$=\frac{1020}{0.8722\times0.0514}+0.7\times\frac{1.0\times380}{1.0\times0.016287}$$

$$+\frac{1.0\times190}{1.0\times0.015769\times(1-0.8\times1020/44006.064)}$$

$$=51360.718$$

$$F_3/f=51360.718/215000=0.239$$

与03版规范程序输出结果（图5.4-8a）一致。

17版新钢标：

在组合内力下，箱形截面腹板高厚比大于S4级要求，按新钢标8.4.2条考虑有效截面。腹板的应力分布不均匀系数 α_0：

$$\sigma = \frac{N}{A} \pm \frac{M_x}{W_x} \pm \frac{M_y}{W_y} = \frac{1020}{0.0514} \pm \frac{380}{0.016287} \pm \frac{190}{0.015769}$$

$$\alpha_0 = \frac{\sigma_{max} - \sigma_{min}}{\sigma_{max}}$$

根据应力分布不均匀系数计算有效截面尺寸，可得有效截面特性：

$$A_e = 24047.7$$

相对 $x'o'y'$ 坐标系，有效截面形心位置：

$$x_c = 35.3546$$
$$y_c = 559.9417$$

有效截面形心至原截面形心的距离：

$$e_x = 559.9417 - 600 = -40.058$$

$$e_y = 35.2546 - 0 = 35.2546$$

有效截面对较大受压纤维的毛截面模量：

$$W_{elx} = 0.013748$$

$$W_{ely} = 0.01279$$

强度验算：

$$F_1/f = \left(\frac{N}{A_{ne}} + \frac{M_x + Ne_x}{\gamma_x W_{nex}} + \frac{M_y + Ne_y}{\gamma_y W_{ney}}\right)/f$$
$$= 83650.42/215000 = 0.389$$

平面内稳定验算：

$$F_2/f = \left(\frac{N}{\varphi_x A_e} + \frac{\beta_{mx} M_x + Ne_x}{\gamma_x W_{elx}(1 - 0.8N/N'_{Ex})} + \eta \frac{\beta_{ty} M_y + Ne_y}{\varphi_{by} W_{ely}}\right)/f$$
$$= 68317.77/215000 = 0.318$$

平面外稳定验算：

$$F_3/f = \left(\frac{N}{\varphi_y A_e} + \eta \frac{\beta_{tx} M_x + Ne_x}{\varphi_{bx} W_{elx}} + \frac{\beta_{my} M_y + Ne_y}{\gamma_y W_{ely}(1 - 0.8N/N'_{Ey})}\right)/f$$
$$= 65484.87/215000 = 0.304$$

与 17 版新钢标程序输出结果（图 5.4-8b）一致。

5.4.2　受弯构件（梁）有效截面

17 版新钢标 6.1.1 条、6.2.2 条规定，当受弯构件的板件宽厚比等级为 S5 级时，取有效截面模量验算强度和稳定。

> **6.1.1**　在主平面内受弯的实腹构件，其受弯强度应按下式计算：
>
> $$\frac{M_x}{\gamma_x W_{nx}} + \frac{M_y}{\gamma_y W_{ny}} \leqslant f \qquad (6.1.1)$$
>
> 式中：M_x、M_y ——同一截面处绕 x 轴和 y 轴的弯矩设计值（N·mm）；

W_{nx}、W_{ny}——对 x 轴和 y 轴的净截面模量，当截面板件宽厚比等级为 S1、S2、S3 或 S4 级时，应取全截面模量，当截面板件宽厚比等级为 S5 级时，应取有效截面模量，均匀受压翼缘有效外伸宽度可取 $15\varepsilon_k$，腹板有效截面可按本标准第 8.4.2 条的规定采用（mm^3）；

6.2.2　除本标准第 6.2.1 条所指情况外，在最大刚度主平面内受弯的构件，其整体稳定性应按下式计算：

$$\frac{M_x}{\varphi_b W_x f} \leqslant 1.0 \tag{6.2.2}$$

式中：M_x——绕强轴作用的最大弯矩设计值（N·mm）；

W_x——按受压最大纤维确定的梁毛截面模量，当截面板件宽厚比等级为 S1、S2、S3 或 S4 级时，应取全截面模量，当截面板件宽厚比等级为 S5 级时，应取有效截面模量，均匀受压翼缘有效外伸宽度可取 $15\varepsilon_k$，腹板有效截面可按本标准第 8.4.2 条的规定采用（mm^3）；

SATWE-17 版新钢标程序对受弯构件自动判断当前截面的腹板高厚比是否超过 S4 级限值。对于超过 S4 级限值的截面，取有效截面，否则取全截面，有效截面尺寸按照 17 版新钢标第 8.4.2 条计算。

算例 1：工字梁，截面尺寸如图 5.4-9 所示，$L=4$m，Q235，$f=215\text{N/mm}^2$，翼缘宽厚比 13.07，大于 S3 级限值 13，腹板高厚比 133.75，大于 S4 级限值 124，需考虑有效截面，净截面系数 0.85，组合弯矩设计值−241.89kN·m。程序输出结果见图 5.4-10。

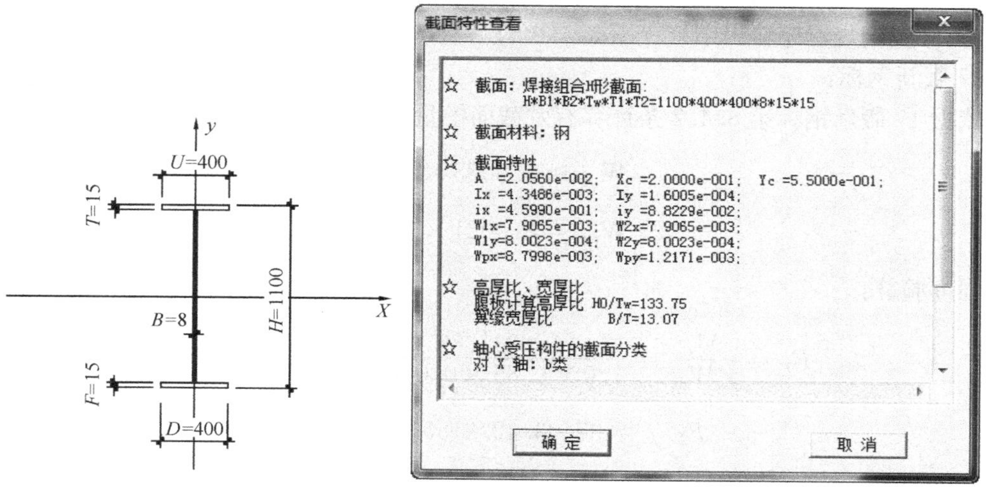

(a)　　　　(b)

图 5.4-9　工字梁截面及特性

(a) 工字梁截面尺寸；(b) 工字梁截面特性

校核：

本算例最终结果显示，按照 17 版新钢标考虑有效截面后，强度和面内稳定应力比与 03 版规范相同，但经校核原因是应力比取两位有效数字，实际结果是 17 版新钢标程序采

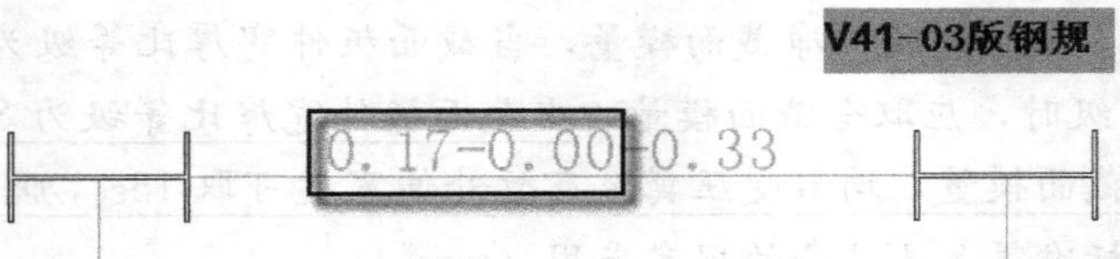

(*a*)

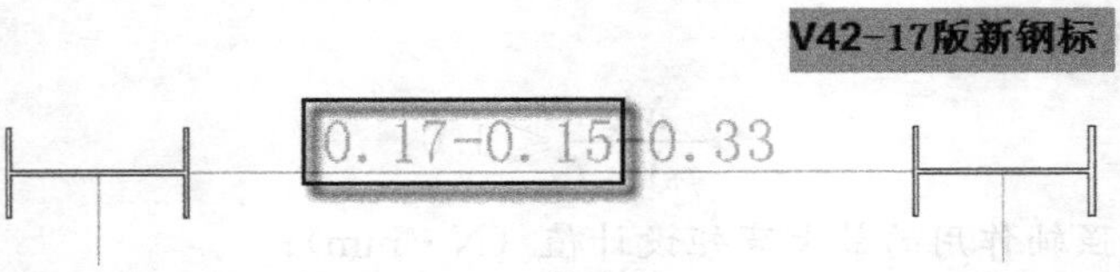

(*b*)

图 5.4-10 SATWE-03 版钢规和 17 版新钢标验算结果

(*a*) V41-03 版钢规验算结果；(*b*) V42-17 版新钢标验算结果

用有效截面验算会偏大一点，具体校核如下。

03 版钢规：

翼缘宽厚比 13.07，大于 S3 级，故 $\gamma_x=1.0$；

$$F_1=\frac{M_x}{\gamma_x W_{nx}}=\frac{241.89}{1.0\times 0.85\times 0.0079065}=35992.72$$

$$F_1/f=35992.72/215000=0.167$$

梁上无板，不需要验算整体稳定。

与 03 版钢规程序输出结果（图 5.4-10*a*）一致。

17 版新钢标：

依据 17 版新钢标第 8.4.2 条计算有效截面模量：

$$W_{elx}=7.6083\times 10^{-3}$$

$$W_{ely}=8.0021\times 10^{-3}$$

强度验算：

$$F_1=\frac{M_x}{\gamma_x W_{nx}}=\frac{241.89}{1.0\times 0.85\times 0.0076083}=37403.42$$

$$F_1/f=37403.42/215000=0.174$$

稳定验算：

$$F_2=\frac{M_x}{\varphi_b W_x}=\frac{241.89}{1.0\times 0.0076083}=31792.91$$

$$F_2/f=31792.91/215000=0.149$$

与 17 版新钢标程序输出结果（图 5.4-10*b*）一致。梁构件信息中输出有效截面标识，如图 5.4-11 所示。

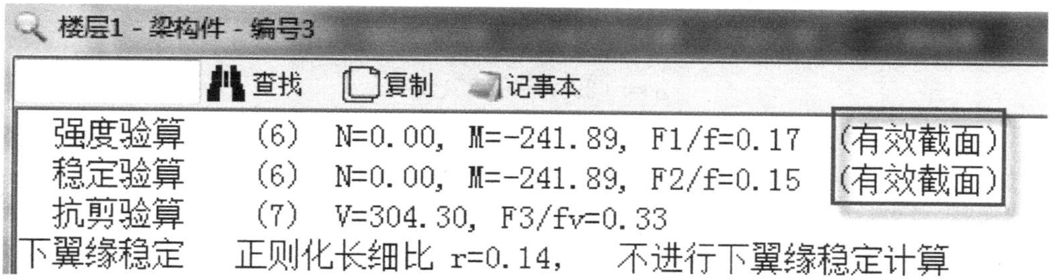

图5.4-11 梁构件信息中给出有效截面结果标识

5.4.3 轴心受压构件（支撑）有效截面

H形、箱形截面受压构件的腹板高厚比过大可能导致局部失稳首先发生，从而降低构件整体承载能力。17版新钢标较03版规范对受压构件有效截面的规定更详细。

《钢结构设计规范》GB 50017—2003第5.4.6条：

> **5.4.6** H形、工字形和箱形截面受压构件的腹板，其高厚比不符合本规范第5.4.2条或第5.4.3条的要求时，可用纵向加劲肋加强，或在计算构件的强度和稳定性时将腹板的截面仅考虑计算高度边缘范围内两侧宽度各为 $20t_w\sqrt{235/f_y}$ 的部分（计算构件的稳定系数时，仍用全部截面）。

17版新钢标第7.3.3条，当轴心受压构件宽厚比超过7.3.1条、7.3.2条规定的限值时，取有效截面验算强度和稳定性，有效截面系数 ρ 按照7.3.4条计算。

> **7.3.3** 板件宽厚比超过本标准第7.3.1条规定的限值时，可采用纵向加劲肋加强；当可考虑屈曲后强度时，轴心受压杆件的强度和稳定性可按下列公式计算：
>
> 强度计算
>
> $$\frac{N}{A_{ne}} \leqslant f \tag{7.3.3-1}$$
>
> 稳定性计算
>
> $$\frac{N}{\varphi A_e f} \leqslant 1.0 \tag{7.3.3-2}$$
>
> $$A_{ne} = \Sigma \rho_i A_{ni} \tag{7.3.3-3}$$
>
> $$A_e = \Sigma \rho_i A_i \tag{7.3.3-4}$$
>
> **7.3.4** H形、工字形、箱形和单角钢截面轴心受压构件的有效截面系数 ρ 可按下列规定计算：
>
> **1** 箱形截面的壁板、H形或工字形的腹板：
>
> 当 $\lambda \leqslant 40\varepsilon_k$ 时：
>
> $$\rho = 1.0 \tag{7.3.4-1}$$

当 $\lambda > 52\varepsilon_k$ 时：

$$\rho = (29\varepsilon_k + 0.25\lambda)t/b \tag{7.3.4-2}$$

当 $b/t > 42\varepsilon_k$ 时：

$$\rho \geqslant \frac{1}{\lambda_{n,p}}\left(1 - \frac{0.19}{\lambda_{n,p}}\right) \tag{7.3.4-3}$$

$$\lambda_{n,p} = \frac{b/t}{56.2\varepsilon_k} \tag{7.3.4-4}$$

式中：b、t——分别为壁板或腹板的净宽度和厚度。

2 单角钢：

当 $\lambda > 80\varepsilon_k$ 时：

$$\rho = (5\varepsilon_k + 0.13\lambda)t/w \tag{7.3.4-5}$$

当 $w/t > 15\varepsilon_k$ 时：

$$\rho = \frac{1}{\lambda_{n,p}}\left(1 - \frac{0.1}{\lambda_{n,p}}\right) \tag{7.3.4-6}$$

$$\lambda_{n,p} = \frac{w/t}{16.8\varepsilon_k} \tag{7.3.4-7}$$

算例 1：H 形钢支撑，截面尺寸如图 5.4-12 所示，l＝5.66m，Q235，f＝215N/mm^2，长细比 $\lambda_x = 21.8$，$\lambda_y = 93.64$，翼缘宽厚比 18.25，腹板高厚比 79.25，轴压力设计值 N＝－1865.77kN。程序输出结果见图 5.4-13。

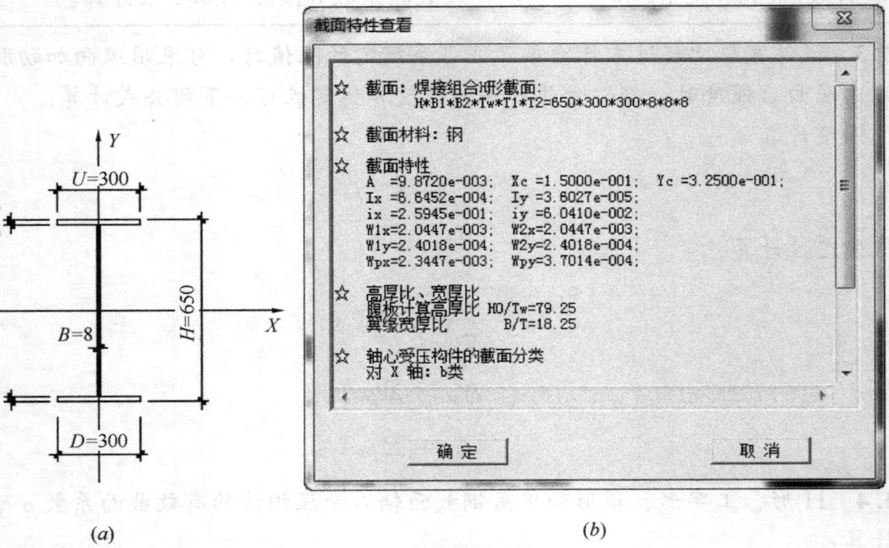

图 5.4-12　H 形支撑截面及特性

(a) H 形支撑截面尺寸；(b) H 形支撑截面特性

校核：

本算例，SATWE-03 版钢规程序不考虑有效截面，因此 17 版新钢标程序考虑有效截

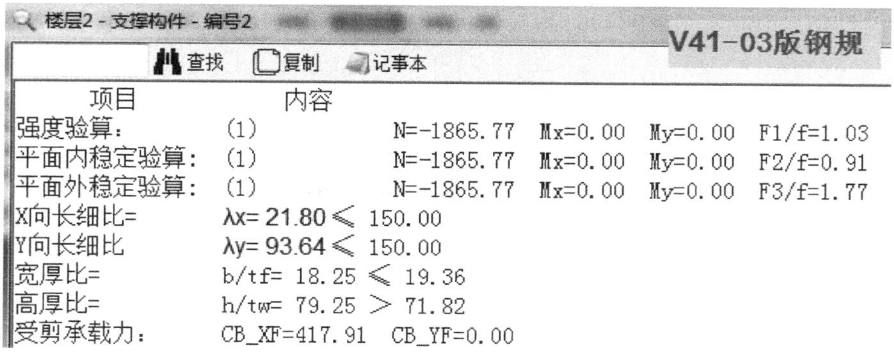
楼层2 - 支撑构件 - 编号2
V41-03版钢规
查找　复制　记事本

项目	内容				
强度验算:	(1)	N=-1865.77	Mx=0.00	My=0.00	F1/f=1.03
平面内稳定验算:	(1)	N=-1865.77	Mx=0.00	My=0.00	F2/f=0.91
平面外稳定验算:	(1)	N=-1865.77	Mx=0.00	My=0.00	F3/f=1.77
X向长细比=	λx= 21.80 ≤ 150.00				
Y向长细比	λy= 93.64 ≤ 150.00				
宽厚比=	b/tf= 18.25 ≤ 19.36				
高厚比=	h/tw= 79.25 > 71.82				
受剪承载力:	CB_XF=417.91　CB_YF=0.00				

(*a*)

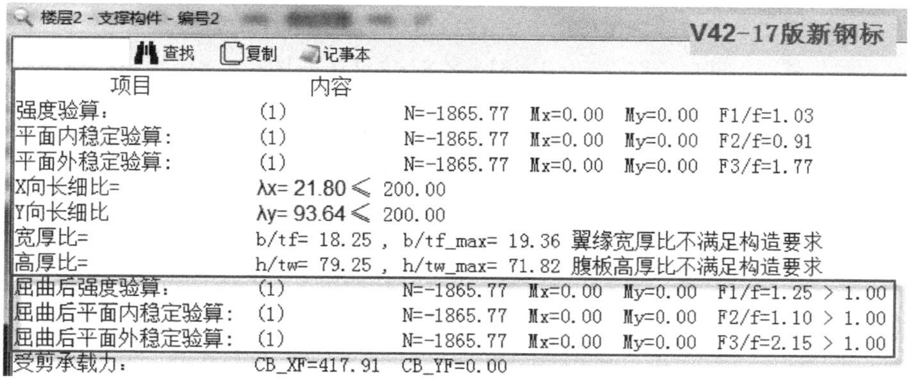
楼层2 - 支撑构件 - 编号2
V42-17版新钢标
查找　复制　记事本

项目	内容				
强度验算:	(1)	N=-1865.77	Mx=0.00	My=0.00	F1/f=1.03
平面内稳定验算:	(1)	N=-1865.77	Mx=0.00	My=0.00	F2/f=0.91
平面外稳定验算:	(1)	N=-1865.77	Mx=0.00	My=0.00	F3/f=1.77
X向长细比=	λx= 21.80 ≤ 200.00				
Y向长细比	λy= 93.64 ≤ 200.00				
宽厚比=	b/tf= 18.25 , b/tf_max= 19.36 翼缘宽厚比不满足构造要求				
高厚比=	h/tw= 79.25 , h/tw_max= 71.82 腹板高厚比不满足构造要求				
屈曲后强度验算:	(1)	N=-1865.77	Mx=0.00	My=0.00	F1/f=1.25 > 1.00
屈曲后平面内稳定验算:	(1)	N=-1865.77	Mx=0.00	My=0.00	F2/f=1.10 > 1.00
屈曲后平面外稳定验算:	(1)	N=-1865.77	Mx=0.00	My=0.00	F3/f=2.15 > 1.00
受剪承载力:	CB_XF=417.91　CB_YF=0.00				

(*b*)

图 5.4-13　SATWE-03 版钢规和 17 版新钢标支撑构件信息结果

(*a*) V41-03 版钢规支撑构件信息结果；(*b*) V42-17 版新钢标支撑构件信息结果

面后的验算结果偏大。

03 版钢规：

焊接 H 形钢支撑，支撑长细比：$\lambda_x=21.8$，$\lambda_y=93.64$；

根据截面分类表 5.1.2-1，x 轴 b 类，y 轴 c 类，$\varphi_x=0.9638$，$\varphi_y=0.4962$；

$$F_1=\frac{N}{A_n}=\frac{1865.77}{0.85\times0.009872}=222348.41$$

$$F_1/f=222348.41/215000=1.034$$

$$F_2=\frac{N}{\varphi_x A}=\frac{1865.77}{0.9638\times0.009872}=196094.78$$

$$F_2/f=196094.78/215000=0.912$$

$$F_3=\frac{N}{\varphi_y A}=\frac{1865.77}{0.4962\times0.009872}=380887.04$$

$$F_3/f=380887.04/215000=1.772$$

与 03 版规范程序输出结果（图 5.4-13*a*）一致。

17 版新钢标：

焊接 H 形钢支撑，支撑长细比：$\lambda_x=21.8$，$\lambda_y=93.64$；

根据截面分类表 5.1.2-1，x 轴 b 类，y 轴 c 类，$\varphi_x=0.9638$，$\varphi_y=0.4962$；

轴力设计值：1865.77＞0.4961×0.009872×215000＝1052.96，板件宽厚比不考虑放大；

翼缘宽厚比 18.25＜(10＋0.1×93.64)＝19.36；

腹板高厚比 79.25＞(25＋0.5×93.64)＝71.82；

$$h_w/t_w = 79.25 > 42$$

$$\lambda_{n,p} = \frac{h_w/t_w}{56.2\varepsilon_k} = \frac{79.25}{56.2} = 1.41$$

$$\rho = \frac{1}{\lambda_{n,p}}\left(1-\frac{0.19}{\lambda_{n,p}}\right) = \frac{1}{1.41}\times\left(1-\frac{0.19}{1.41}\right) = 0.6136$$

长细比 λ_y＝93.64＞$52\varepsilon_k$；

$$\rho \geqslant (29\varepsilon_k + 0.13\lambda)t_w/h_w = 0.6613$$

$$A_e = 300\times 8\times 2 + 0.6613\times 8\times(650-16) = 8154.11$$

强度验算：

$$F_1 = \frac{N}{A_{ne}} = \frac{1865.77}{0.85\times 0.008154} = 269195.92$$

$$F_1/f = 269195.92/215000 = 1.252$$

稳定验算：

$$F_2 = \frac{N}{\varphi_x A_e} = \frac{1865.77}{0.9638\times 0.008154} = 237410.80$$

$$F_2/f = 237410.80/215000 = 1.104$$

$$F_3 = \frac{N}{\varphi_y A_e} = \frac{1865.77}{0.4962\times 0.008154} = 461137.71$$

$$F_3/f = 461137.71/215000 = 2.145$$

与 17 版新钢标程序输出结果（图 5.4-13*b*）一致。

5.4.4 小结

1. 强度验算

1）相较 03 版钢规，17 版新钢标中，不同截面的塑性发展系数取值与受压翼缘宽厚比关联，当宽厚比不大于 S3 级时，按照新钢标表 8.1.1 取塑性发展系数，当宽厚比大于 S3 级时，$\gamma_x = \gamma_y = 1$。以工字形梁和箱形梁为例，校核了 V42-17 版新钢标程序计算结果，表明程序按照 17 版新钢标的规定取塑性发展系数。

2）相较 03 版钢规，17 版新钢标中轴心受力构件的强度验算公式发生变化：轴心受压构件的强度验算采用毛截面，轴心受拉构件的强度验算采用毛截面屈服和净截面断裂双控。V42-17 版新钢标程序对轴心受压构件偏于保守仍采用净截面验算强度，而对轴心受拉构件则按照毛截面屈服和净截面断裂双控。以轴心受拉支撑为例，校核了 V42-17 版新钢标程序计算结果，介绍了程序内按照毛截面屈服和净截面断裂双控的处理方法。

3）相较 03 版钢规，17 版新钢标中拉弯、压弯构件一章新增了圆钢管截面的强度验算公式。以焊接 H 形和圆钢管截面柱为例，对比并校核了 03 版钢规和 V42-17 版新钢标程序的计算结果，表明了圆钢管截面柱按照 17 版新钢标验算的强度结果偏小，原因是计算公式有较大变化，而焊接 H 形截面则一致。

2. 稳定验算

相较 03 版钢规，17 版新钢标中对梁上无板情况，不再依据“受压翼缘的自由长度 l_1 与其宽度 b_1 之比”控制是否验算整体稳定。以工字梁为例，梁上无板，l_1/b_1 分别大于和小于 13，对比并校核了 03 版钢规和 V42-17 版新钢标程序整体稳定验算结果，表明程序处理正确。

相较 03 版钢规，17 版新钢标中新增框架梁下翼缘稳定验算。V42-17 版新钢标程序对同时满足三个条件（梁上有板且梁端有负弯矩、非闭口截面、正则化长细比大于 0.45）的框架梁验算下翼缘稳定，并输出验算结果。以工字梁为例，校核了 V42-17 版新钢标程序框架梁正则化长细比和下翼缘稳定应力比结果，介绍了程序内的处理方式。

相较 03 版钢规，17 版新钢标中截面分类表发生变化，主要表现为标准工字钢（$b/h>0.8$）和轧制等边角钢截面分类与钢号相关，屈服强度达到和超过 345MPa 时，稳定系数可提高一类采用。V42-17 版新钢标程序根据标准工字钢、轧制等边角钢的钢号自动判断截面分类，以标准工字钢（$b/h>0.8$）轴心受压支撑为例，对比并校核了 03 版钢规和 V42-17 版新钢标程序稳定结果，表明程序处理正确。

相较 03 版钢规，17 版新钢标中压弯构件稳定验算等效弯矩系数 β_{mx} 发生变化：有侧移时，当 $N \ll N_{cr}$ 时，$\beta_{mx} \approx 1$，与 03 版钢规基本一致，无侧移时，较 03 版钢规偏小；而等效弯矩系数 β_{tx} 规定相同。以焊接 H 形柱为例，对比并校核了 03 版钢规和 V42-17 版新钢标程序有侧移、无侧移情况下的稳定结果，有侧移时基本一致，无侧移时新钢标程序结果减小。

相较 03 版钢规，17 版新钢标中压弯构件稳定新增圆钢管截面验算方法。以圆钢管柱为例，对比并校核了 03 版钢规和 V42-17 版新钢标程序有侧移、无侧移情况下的稳定结果。一般来说新钢标程序结果偏小，原因是经处理后的弯矩设计值减小，但某种情况下新钢标程序结果反而偏大，如按照无侧移计算且存在反弯点，原因是此情况下的等效弯矩系数较大。

3. 构件有效截面验算

相较 03 版钢规，17 版新钢标中当工字形和箱形截面压弯构件的腹板高厚比超过 S4 级后，需用有效截面代替实际截面验算杆件承载力，V42-17 版新钢标程序按照条文规定考虑有效截面并进行承载力验算。以焊接 H 形和箱形柱为例，对比并校核了 03 版钢规和 V42-17 版新钢标程序计算结果，后者考虑有效截面后增大。

相较 03 版钢规，17 版新钢标中受弯构件板件宽厚比大于 S4 级时，需用有效截面验算强度和稳定，有效截面可按新钢标 8.4.2 条规定计算。以工字梁为例，对比并校核了 03 版钢规和 V42-17 版新钢标程序计算结果，后者考虑有效截面后增大。

相较 03 版钢规，17 版新钢标中受压构件板件宽厚比超过规定限值时可取有效截面验算强度和稳定，有效截面系数按截面分类计算。以焊接 H 形钢支撑为例，对比并校核了 03 版钢规和 V42-17 版新钢标程序计算结果，后者考虑有效截面后增大。

第6章 钢柱计算长度系数

6.1 钢柱计算长度系数规范的相关修改及程序实现

6.1.1 框架柱计算长度系数的规范变化

新钢标中对于有支撑框架结构改进了判断结构是否为强支撑框架的分界准则。其中旧钢规中的公式

$$S_b \geqslant 3(1.2\sum N_{bi} - \sum N_{0i}) \quad (5.3.3\text{-}1)$$

新钢标中变为

$$S_b \geqslant 4.4\left[\left(1+\frac{100}{f_y}\right)\sum N_{bi} - \sum N_{0i}\right] \quad (8.3.1\text{-}6)$$

按新钢标设计时，满足上式要求，该楼层可按无侧移考虑，反之应按有侧移考虑。其中新钢标 S_b 为支撑结构层侧移刚度，即施加于结构上的水平力与其产生的层间位移角的比值。$\sum N_{bi}$，$\sum N_{0i}$ 分别为第 i 层无侧移和有侧移框架柱计算长度系数算得的柱轴压稳定承载力之和，与旧钢规相同。

新钢标条文说明中提到考虑到不推荐采用弱支撑框架，因此取消了弱支撑框架相关概念和稳定系数确定公式，如果不满足公式（8.3.1-6）要求时，则认为它是无支撑框架结构。

6.1.2 有无侧移自动判断功能

V4.2 版本 SATWE 依据新钢标中规定的强支撑判断原则公式，对于有支撑框架按照公式（8.3.1-6）进行计算，对于满足条件的楼层按照无侧移框架确定框架柱的计算长度系数，不满足的楼层按照有侧移框架确定计算长度系数，同时该层以上在该方向上均按照有侧移考虑。该功能如图 6.1-1 所示，在“参数定义”—“设计信息 1”中勾选“自动考虑有无侧移”。

在图 6.1-2 中的“设计属性补充”定义中可以查看和修改构件的计算长度系数，需要注意的是此处显示的计算长度系数并不是程序自动判断有无侧移后确定的计算长度系数结果，程序经过判断后有无侧移的结果要到“计算结果”中去查看。

6.1.3 有无侧移自动判断的实现过程

1）支撑结构层侧移刚度 S_b 的确定，程序根据内力计算得到支撑杆件风荷载或地震作

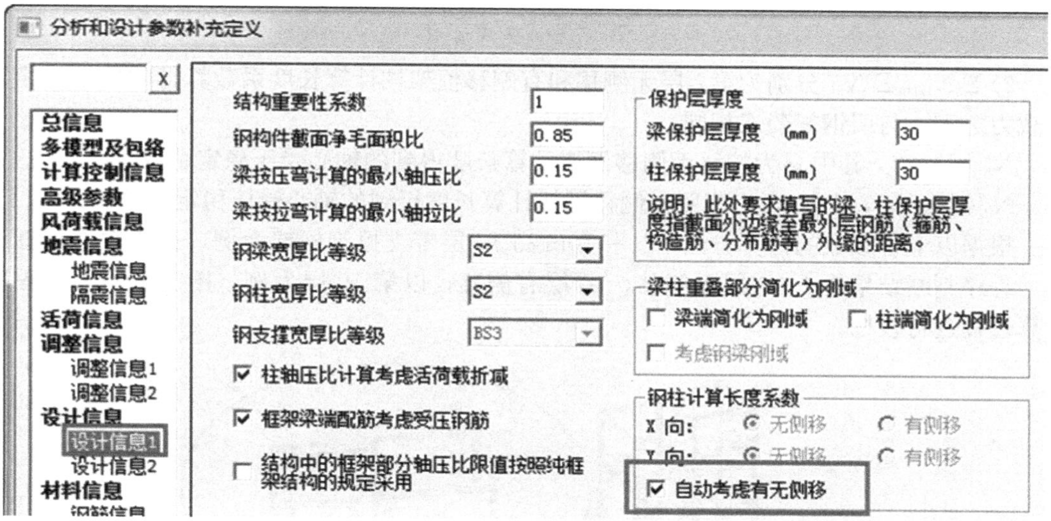

图 6.1-1　“自动考虑有无侧移”参数

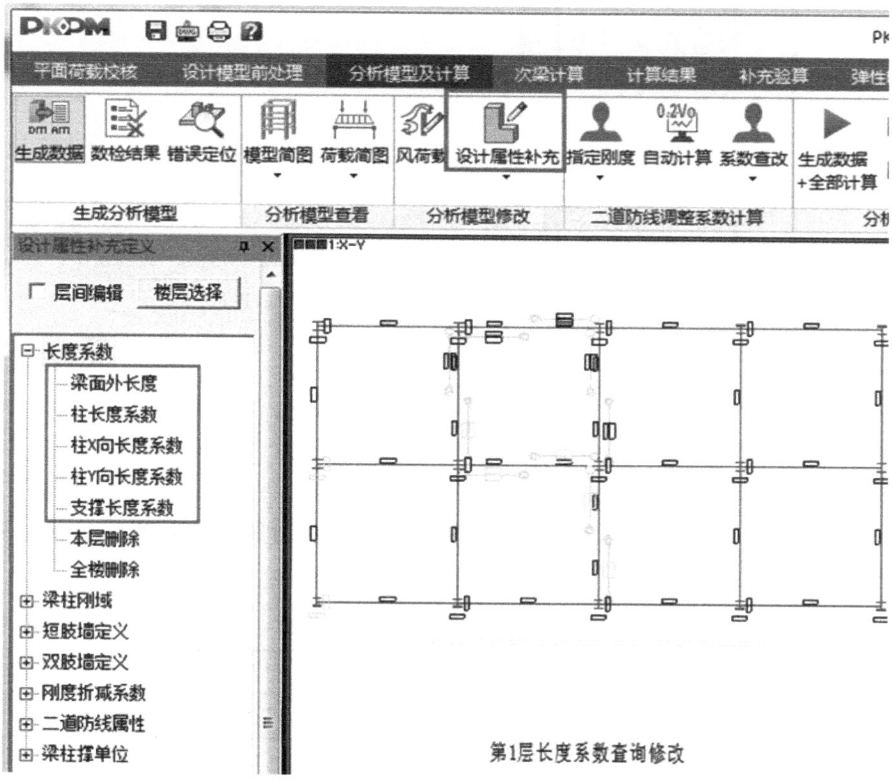

图 6.1-2　计算长度系数查看和修改

用下在该方向上的水平剪力之和，同时得到各层位移角，水平剪力与位移角的比值即为支撑结构层侧移刚度。

$$S_b = \Sigma V_G / \left(\frac{\Delta u}{h}\right)$$

2) ΣN_{bi}，ΣN_{0i} 分别为第 i 层无侧移和有侧移框架柱计算长度系数算得的柱轴压稳定承载力之和，与旧钢规公式相同。

$N_b = \varphi A f$，其中 φ 为按照无侧移框架计算长度得到的轴心受压稳定系数。

$N_0 = \varphi_0 A f$，其中 φ_0 为按照有侧移框架计算长度得到的轴心受压稳定系数。

根据以上各参数的计算方法，以一 50m 高 10 层带支撑钢框架为例，说明软件计算过程。程序判断结果为 1～9 层无侧移，10 层有侧移，以第 10 层为例（图 6.1-3），对程序计算过程进行校核。

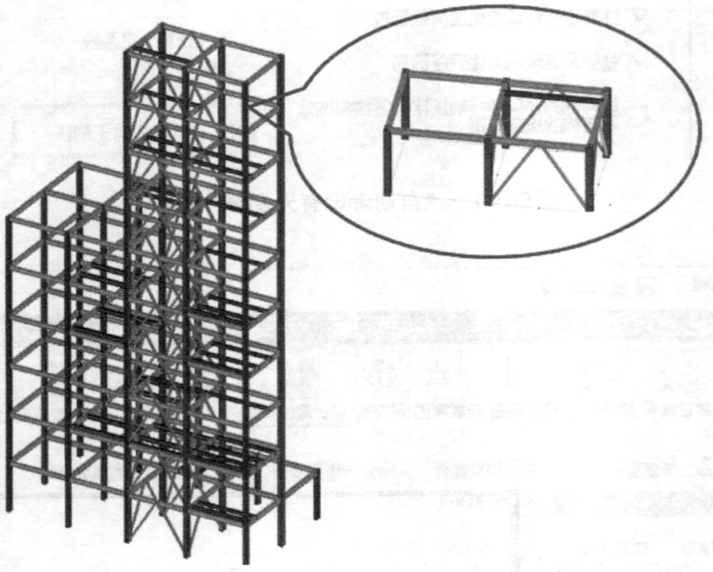

图 6.1-3　校核楼层位置

校核过程如下：

(1) 确定支撑结构层侧移刚度 S_b

1) 支撑剪力计算

由于支撑剪力计算需要进行多次投影计算，为了简化计算过程，我们校核时采用楼层剪力-柱剪力之和得到支撑剪力。数据见表 6.1-1、表 6.1-2。

***X* 向顺风向风荷载楼层剪力信息**　　表 6.1-1

层号	风压	本层风荷	楼层剪力	楼层弯矩
10	2	67.6	70.0	349.8
9	2	63.1	133.1	1015.2
8	2	58.7	191.7	1973.9
7	2	54.3	246.1	3204.1
6	2	99.1	348.0	4943.9
5	2	90.3	438.4	7135.8

续表

层号	风压	本层风荷	楼层剪力	楼层弯矩
4	1	81.1	519.5	9733.3
3	1	71.1	590.6	12686.3
2	1	59.7	650.2	15937.4
1	1	53.1	703.4	19454.6

Y 向顺风向风荷载楼层剪力信息　　　　表 6.1-2

层号	风压	本层风荷	楼层剪力	楼层弯矩
10	2	134.0	138.2	690.8
9	2	125.0	263.2	2006.9
8	2	116.3	379.6	3904.8
7	2	107.7	487.3	6341.4
6	2	195.3	684.5	9763.4
5	1	178.2	862.7	14076.9
4	1	160.1	1022.9	19191.2
3	1	140.6	1163.4	25008.4
2	1	118.1	1281.5	31416.0
1	1	105.4	1387.1	38351.5

$$\Sigma V_x \text{柱} = 11.17 + 7.48 + 0.25 + 10.66 + 7.05 + 0.14 = 37.28\text{kN}$$

$$\Sigma V_y \text{柱} = 16.38 + 1.0 + 1.16 + 16.38 + 0.93 + 1.2 = 37.05\text{kN}$$

$$\Sigma V_x \text{支撑} = \Sigma V_x - \Sigma V_x \text{柱} = 70 - 37.28 = 32.72\text{kN}$$

$$\Sigma V_y \text{支撑} = \Sigma V_y - \Sigma V_y \text{柱} = 138.2 - 37.05 = 101.15\text{kN}$$

2）根据 x 向、y 向风荷载下层位移角（图 6.1-4）得到层侧移刚度

静力工况 WX（ 0.0度）的楼层位移统计

层号	塔号	最大位移	平均位移	位移比	最大位移角	平均位移角	位移角比值
1	1	4.81	4.12	1.17	1/1039	1/1212	1.17
2	1	11.43	9.74	1.17	1/754	1/890	1.18
3	1	18.51	15.93	1.16	1/706	1/807	1.14
4	1	25.56	22.31	1.15	1/709	1/783	1.11
5	1	32.27	28.59	1.13	1/745	1/796	1.07
6	1	38.32	34.49	1.11	1/826	1/847	1.03
7	1	40.44	38.52	1.05	1/840	1/841	1.00
8	1	46.27	44.34	1.04	1/857	1/859	1.00
9	1	51.77	49.83	1.04	1/908	1/909	1.00
10	1	56.83	54.88	1.04	1/988	1/990	1.00

静力工况 WY（ 90.0度）的楼层位移统计

层号	塔号	最大位移	平均位移	位移比	最大位移角	平均位移角	位移角比值
1	1	5.35	4.60	1.16	1/935	1/1086	1.16
2	1	14.06	11.00	1.28	1/573	1/781	1.36
3	1	24.63	18.07	1.36	1/473	1/707	1.49
4	1	36.44	25.44	1.43	1/423	1/678	1.60
5	1	49.14	32.76	1.50	1/393	1/682	1.73
6	1	62.48	39.81	1.57	1/374	1/709	1.89
7	1	76.16	62.57	1.22	1/365	1/437	1.20
8	1	88.94	73.68	1.21	1/391	1/449	1.15
9	1	100.36	84.03	1.19	1/437	1/483	1.10
10	1	110.07	93.36	1.18	1/515	1/536	1.04

图 6.1-4　楼层位移统计

$$S_{bx}=\Sigma V_{x}\text{ 支撑 }/\left(\frac{\Delta u_{wx}}{h}\right)=32.72/(1/990)=32392.8$$

$$S_{by}=\Sigma V_{y}\text{ 支撑 }/\left(\frac{\Delta u_{wy}}{h}\right)=101.15/(1/536)=54216.4$$

(2) 根据无侧移下柱计算长度系数（图 6.1-5）确定 ΣN_{bi}，有侧移下柱计算长度系数（图 6.1-6）确定 ΣN_{0i}

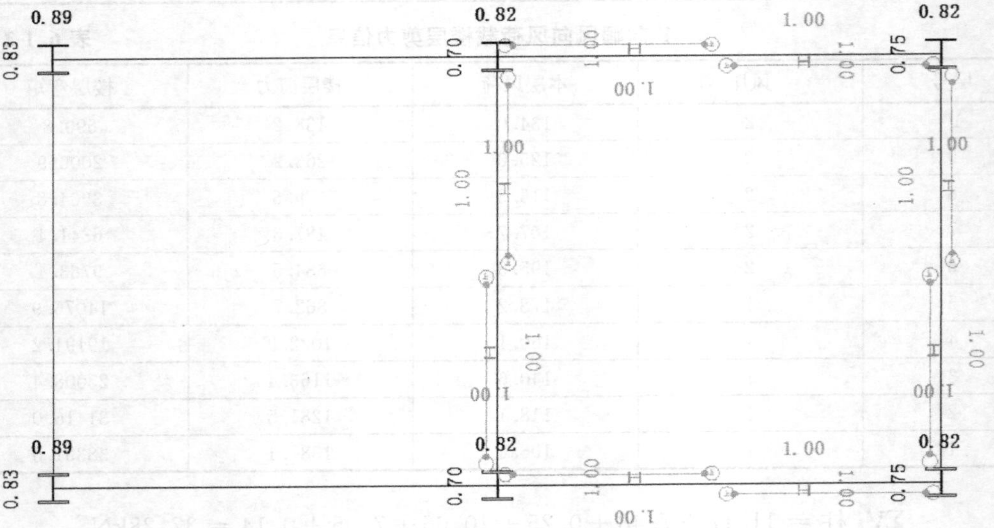

图 6.1-5　无侧移下 10 层柱的计算长度系数

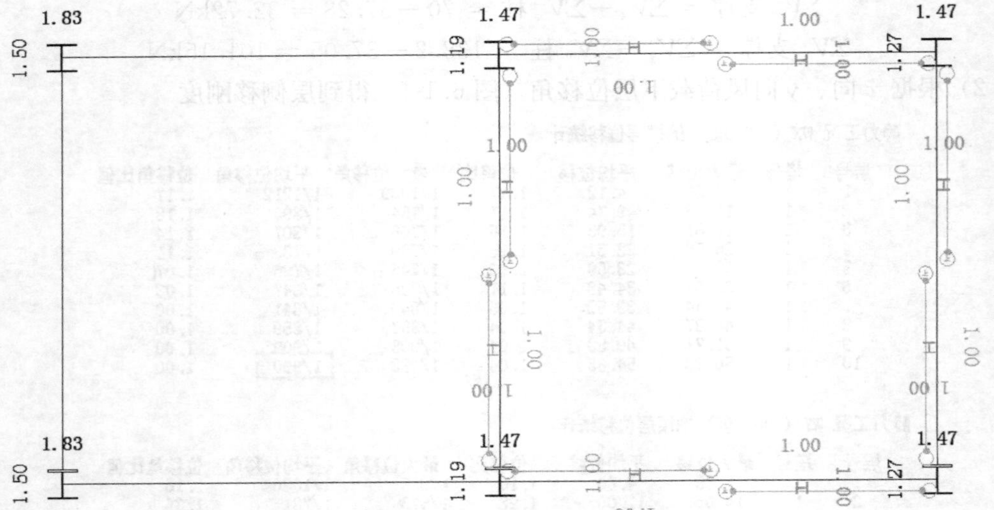

图 6.1-6　有侧移下 10 层柱的计算长度系数

$$\begin{aligned}\Sigma N_{bx10}&=\Sigma\varphi Af=(0.954\times 21870\times 205+0.96\times 21870\times 205\\&\quad+0.96\times 21870\times 205)\times 2\\&=25770.2\end{aligned}$$

$$\Sigma N_{\text{by10}} = \Sigma \varphi A f = (0.838 \times 21870 \times 205 + 0.878 \times 21870 \times 205 + 0.863 \times 21870 \times 205) \times 2 = 23125$$

$$\Sigma N_{\text{0x10}} = \Sigma \varphi A f = (0.851 \times 21870 \times 205 + 0.894 \times 21870 \times 205 + 0.894 \times 21870 \times 205) \times 2 = 23662.4$$

$$\Sigma N_{\text{0y10}} = \Sigma \varphi A f = (0.625 \times 21870 \times 205 + 0.724 \times 21870 \times 205 + 0.724 \times 21870 \times 205) \times 2 = 18363.8$$

（3）判断楼层有无侧移

X 向：

$$S_{\text{bx}} = 32392.8 < 4.4\left[\left(1+\frac{100}{f_{\text{y}}}\right)\Sigma N_{\text{b}xi} - \Sigma N_{0xi}\right] = 59669.38$$

不满足钢标式（8.3.1-6）强支撑框架的要求，该层 X 向应为有侧移。

Y 向：

$$S_{\text{bx}} = 54216.4 < 4.4\left[\left(1+\frac{100}{f_{\text{y}}}\right)\Sigma N_{\text{b}xi} - \Sigma N_{0xi}\right] = 66171.5$$

不满足钢标式（8.3.1-6）强支撑框架的要求，该层 Y 向应为有侧移。

该判断结果与程序给出的计算长度系数的结果是一致的。

程序在自动判断有无侧移后，可在旧版“文本查看”中的“结构设计信息”（WMASS.out）文件中查看，如图 6.1-7 所示。

WMASS.OUT - 记事本

文件(F)　编辑(E)　格式(O)　查看(V)　帮助(H)

```
***************************************************************************
*      钢结构有侧移、无侧移判定结果(《钢结构设计标准》8.3.1)              *
***************************************************************************
```

轴压承载力差值=4.4[(1+100/fy)∑Nbi-∑N0i]

X向：

层号	塔号	侧移刚度	轴压承载力差值	有无侧移
1	1	0.6876E+06	0.1280E+06	无侧移
2	1	0.4832E+06	0.1187E+06	无侧移
3	1	0.3799E+06	0.1194E+06	无侧移
4	1	0.3090E+06	0.1194E+06	无侧移
5	1	0.2501E+06	0.1194E+06	无侧移
6	1	0.1871E+06	0.1178E+06	无侧移
7	1	0.1677E+06	0.6155E+05	无侧移
8	1	0.1348E+06	0.6177E+05	无侧移
9	1	0.9053E+05	0.6177E+05	无侧移
10	1	0.3175E+05	0.5968E+05	有侧移

Y向：

层号	塔号	侧移刚度	轴压承载力差值	有无侧移
1	1	0.1152E+07	0.1631E+06	无侧移
2	1	0.8792E+06	0.1301E+06	无侧移
3	1	0.7141E+06	0.1307E+06	无侧移
4	1	0.5953E+06	0.1307E+06	无侧移
5	1	0.4996E+06	0.1307E+06	无侧移
6	1	0.4136E+06	0.1298E+06	无侧移
7	1	0.1734E+06	0.6705E+05	无侧移
8	1	0.1435E+06	0.6781E+05	无侧移
9	1	0.1024E+06	0.6781E+05	无侧移
10	1	0.5306E+05	0.6629E+05	有侧移

图 6.1-7　有无侧移自动判断结果

6.1.4 跃层柱的有无侧移判断原则

对于有支撑框架中的双向跃层柱和单向跃层柱，在进行有侧移和无侧移的判断时，分段建立的跃层柱，如果该跃层柱在其所属的所有楼层在该方向上都被判断为无侧移时，该跃层柱整根按照无侧移确定其计算长度系数，如果该跃层柱在其所属的所有楼层在该方向上只要其中一层被判断为有侧移时，那么该跃层柱整根按照有侧移确定计算长度系数。

6.1.5 框架柱计算长度系数校核过程

新钢标中对于一般的框架柱计算长度系数确定方法没有明显变化，都是按照线刚度比法计算得到的。下面根据《钢结构设计规范》GB 50017—2003 和《钢结构设计标准》GB 50017—2017 中对于框架柱计算长度系数的确定方法，以一个实际工程中的柱构件为例，展示手工确定计算长度系数过程。

(1) 普通柱计算长度系数校核过程

工程轴侧如图 6.1-8 所示：该模型采用箱形柱，H 形梁的钢框架结构。

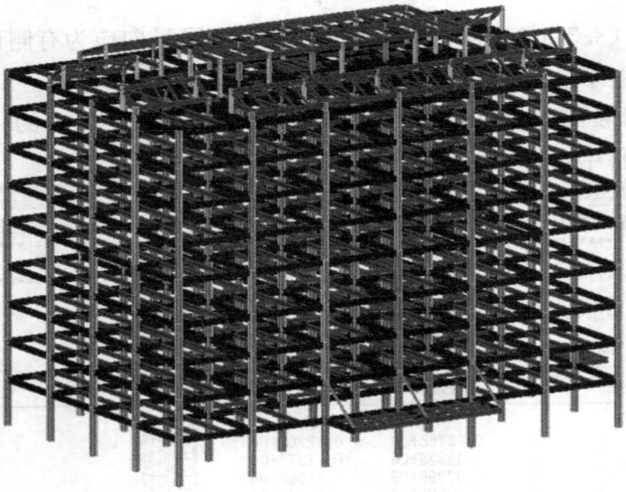

图 6.1-8　钢框架轴侧图

待校核钢柱的平面位置如图 6.1-9 所示。

校核目标中柱 y 向计算长度系数，其相关连接梁柱如图 6.1-10（七杆模型）所示。

1) 数据准备

校核钢柱截面特性如图 6.1-11 所示。

与柱刚接的横梁截面特性如图 6.1-12 所示。

2) 求取 K_1

根据规范，先求相交于柱上端的柱线刚度之和：

$$\Sigma I_{c上}/l_{c上} = 2.0849\times10^{-3}/3.6 + 2.0849\times10^{-3}/3.6 = 1.15828\times10^{-3}$$

再求相交于柱上端的梁线刚度之和：

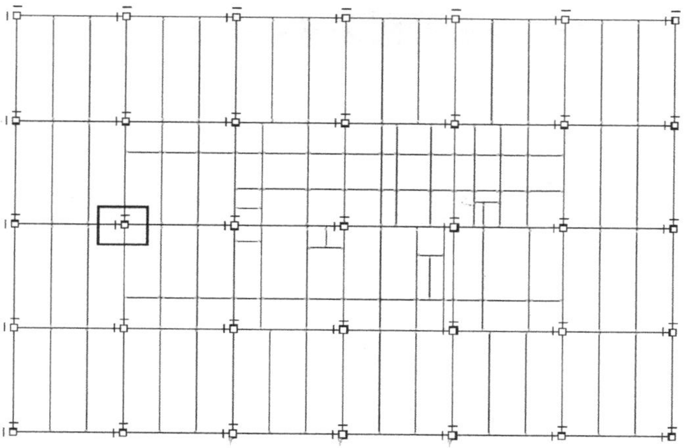

图 6. 1-9　校核钢柱的平面位置

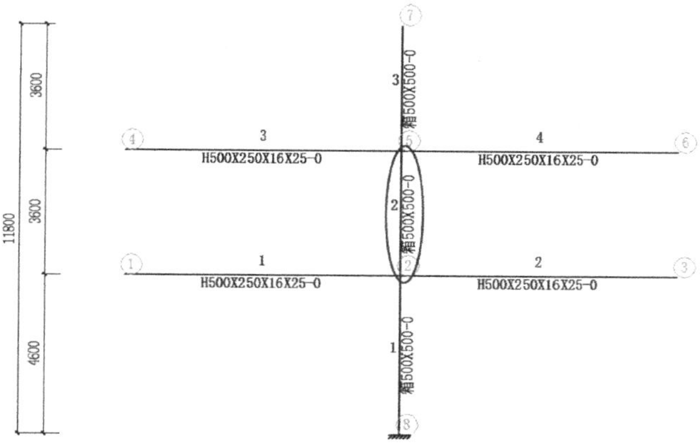

图 6. 1-10　梁柱连接情况

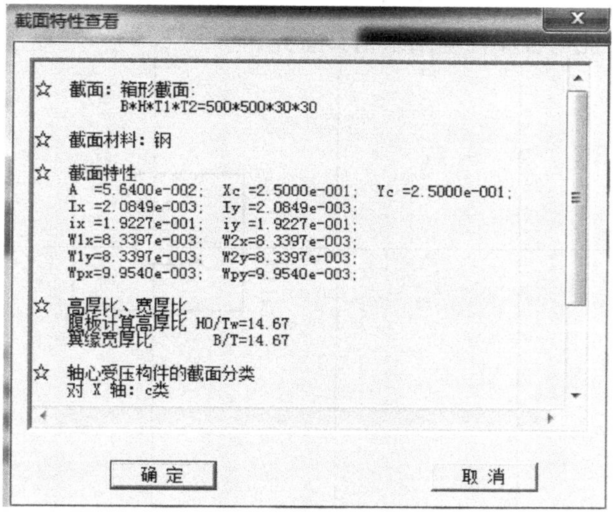

图 6. 1-11　钢柱截面特性

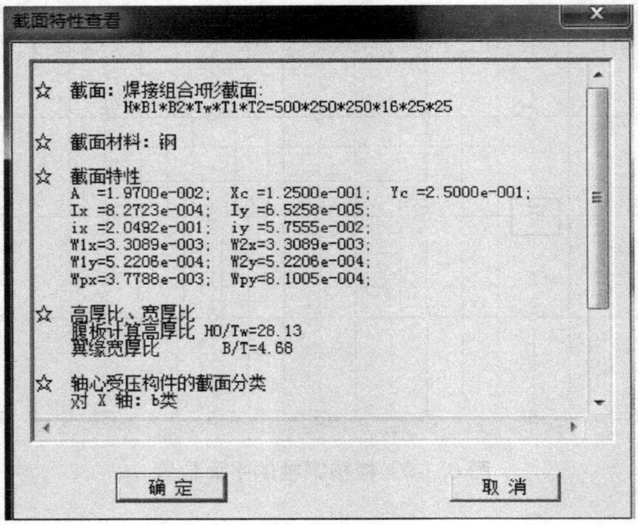

图 6.1-12　钢梁截面特性

$$\sum I_{b下}/l_{b下} = 8.2723\times10^{-4}/7.6 + 8.2723\times10^{-4}/7.6 = 2.17692\times10^{-4}$$

$$K_1 = (\sum I_{b下}/l_{b下})/(\sum I_{c下}/l_{c下}) = 2.17692\times10^{-4}/1.15828\times10^{-3} = 0.1879$$

3）求取 K_2

先求相交于柱下端的柱线刚度之和，钢材弹性模量相同，因此约去 E：

$$\sum I_{c下}/l_{c下} = 2.0849\times10^{-3}/4.6 + 2.0849\times10^{-3}/3.6 = 1.03238\times10^{-3}$$

再求相交于柱下端的梁线刚度之和：

$$\sum I_{b下}/l_{b下} = 8.2723\times10^{-4}/7.6 + 8.2723\times10^{-4}/7.6 = 2.17692\times10^{-4}$$

$$K_2 = (\sum I_{b下}/l_{b下})/(\sum I_{c下}/l_{c下}) = 2.17692\times10^{-4}/1.03238\times10^{-3} = 0.210864$$

根据新钢标表 E-2 进行线性插值，最终得到其计算长度系数 $C_y = 2.126$，与程序计算结果 2.13（图 6.1-13）是一致的。由于程序采用的是表后精确公式应用渐进法求解，有时手算插值结果，可能与程序计算结果稍有差异。

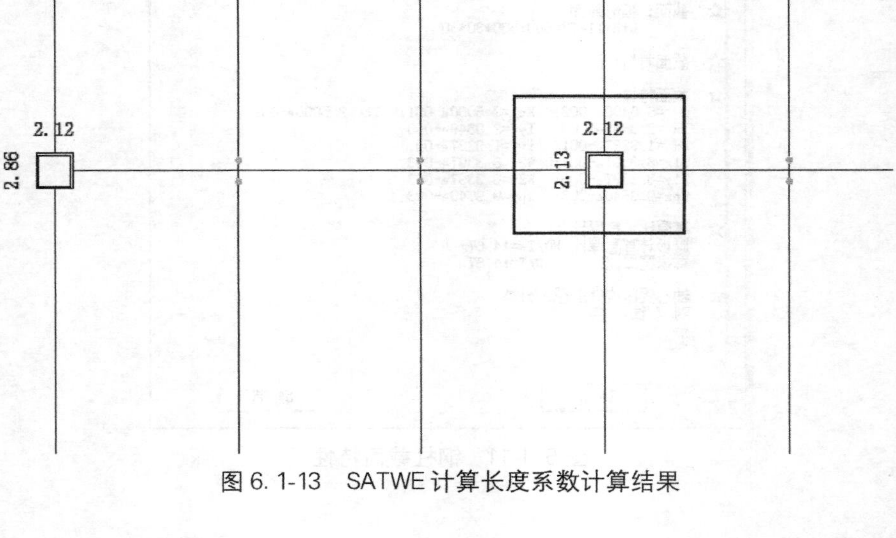

图 6.1-13　SATWE 计算长度系数计算结果

（2）跃层柱计算长度系数校核过程

工程轴侧如图 6.1-14 所示：该模型钢结构部分采用箱形柱，H 形梁的钢框架结构。

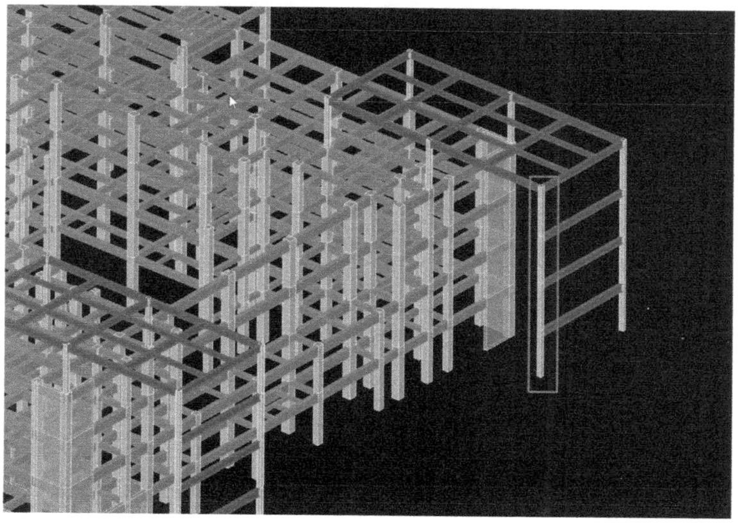

图 6.1-14　钢框架轴侧图

校核目标中柱 y 向计算长度系数，其相关连接梁柱如图 6.1-15 所示：该柱在 x 方向 2～5 层为跃层柱，七杆图。

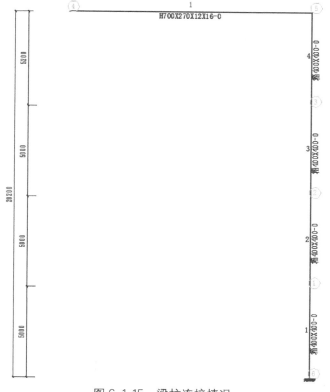

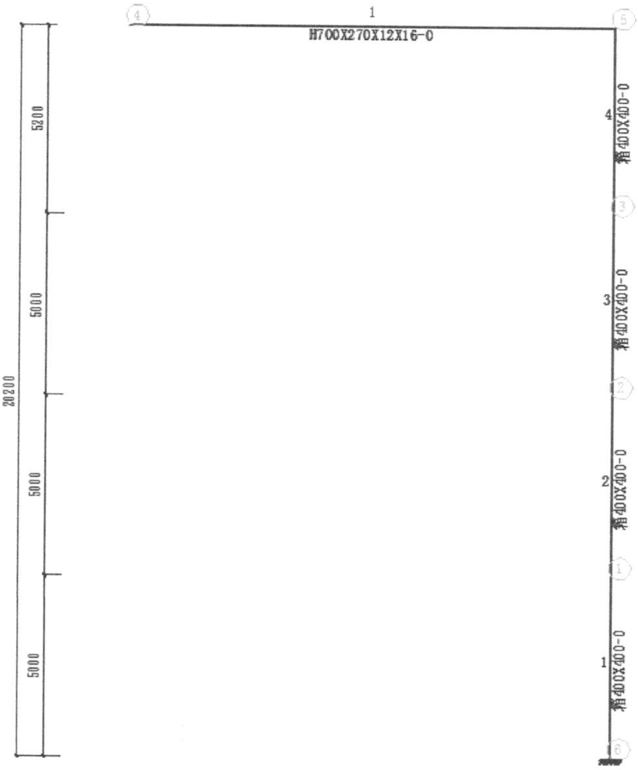

图 6.1-15　梁柱连接情况

钢柱截面参数如图 6.1-16 所示。

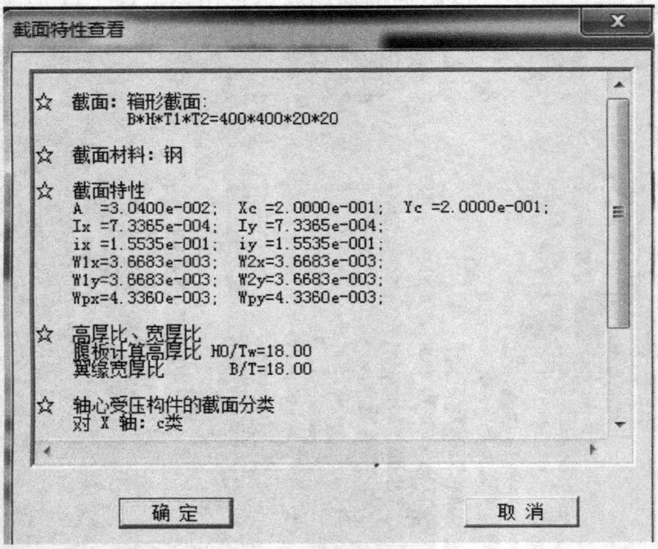

图 6.1-16　钢柱截面特性

横梁截面特性如图 6.1-17 所示。

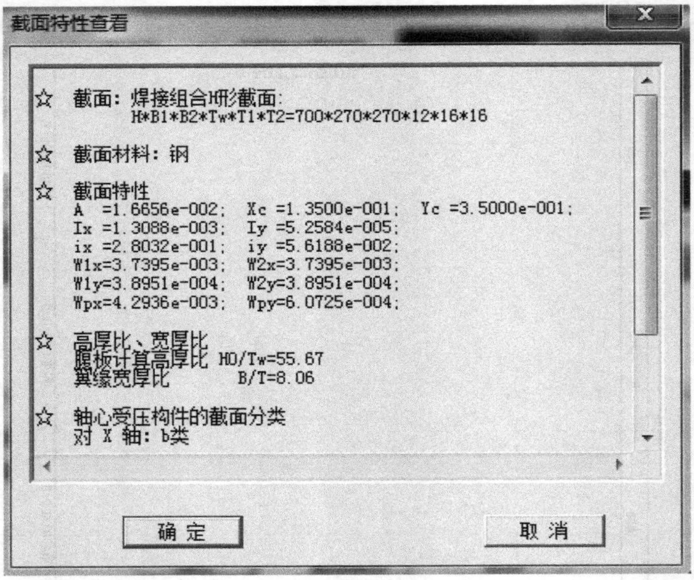

图 6.1-17　钢梁截面特性

1）求取 K_1

根据规范，先求相交于柱上端的柱线刚度之和：

$$\Sigma I_{c上}/l_{c上}=7.3365\times10^{-4}/(5\times3+5.2)=3.6319\times10^{-5}$$

再求相交于柱上端的梁线刚度之和：

$$\sum I_{b上}/l_{b上} = 1.3088\times10^{-3}/13.05 = 1.0029\times10^{-4}$$

$$K_1 = (\sum I_{b上}/l_{b上})/(\sum I_{c上}/l_{c上}) = 1.0029\times10^{-4}/3.6319\times10^{-5} = 2.76$$

2）求取 K_2

相交于柱下端的柱线刚度之和，钢材弹性模量相同，因此约去 E。

柱底与基础相连，固接，K_2 取 10。

根据新钢标表 E-2，整根柱计算长度系数 C_y＝1.08。

整根柱在 x 向是跃层方向，二层至四层柱计算长度系数 C_{y1}＝1.08×20.2/5＝4.36。

五层柱 C_{y5}＝1.08×20.2/5.2＝4.19，与程序计算结果（图 6.1-18）一致。

6.1.6 阶形柱计算长度系数规范变化

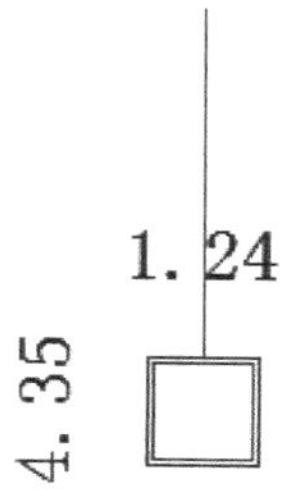

图 6.1-18　计算长度系数程序计算结果

对于阶形柱的计算长度系数确定，相较旧规范，新钢标增加了单层厂房框架下端刚接的带牛腿等截面柱在框架平面内的计算长度的确定公式。新钢标增加并明确了阶形柱上端与实腹钢梁刚接时的阶形柱的计算长度系数确定方式：即按照公式 8.3.3-2 计算得到 μ_2^1，然后乘以表 8.3.3 中相应情况的折减系数，且保证 μ_2^1 不应大于柱上端与横梁铰接计算得到的 μ_2，不应小于柱上端与桁架型横梁刚接计算得到的 μ_2。

按照 2003 版钢规，在确定阶形柱上端与实腹钢梁刚接时的计算长度系数时，由于实腹钢梁不能完全限制阶形柱的转动，而 2003 版规范只提供了两种阶形柱上端的约束形式，一种是柱上端为自由的情况，一种是柱上端可移动不可转动，如果按照规范可移动不可转动的约束考虑，计算长度系数偏小，计算结果偏于不安全。因此旧版二维设计中通过勾选下列选项，按照柱上端自由来考虑，但这样做的后果又会导致计算结果偏大，尤其是对于上柱和下柱等截面的情况，其上柱计算长度偏大的程度最为严重。如表 6.1-3 所示，如果按照柱上端自由确定计算长度系数，其计算长度系数为 8.23，是按照新钢标上柱计算长度系数的两倍还多，旧版方式很可能过于保守，造成浪费。同时程序计算的结果也比桁架式横梁方式确定的计算长度系数要大，从而满足规范的要求。

计算长度不同规范不同确定方法对比　　**表 6.1-3**

规范及做法 / 计算长度	新钢标	旧钢规（上端自由）	旧钢规（上端可移动不可转动）
上柱计算长度系数 μ_1	3.07	8.23	2.39
下柱计算长度系数 μ_2	1.54	1.75	1.3

二维程序对于阶形柱上端连接形式给出了多种确定方式：程序自动判断、柱上端与横梁铰接、柱上端与桁架型横梁刚接且不转动、柱上端与横梁刚接四种方式。一般情况下程序能够自动判断阶形柱上端的连接形式，在一些情况下，如存在高低跨、夹层等情况下需要指定连接形式，参数设置如图 6.1-19 所示。

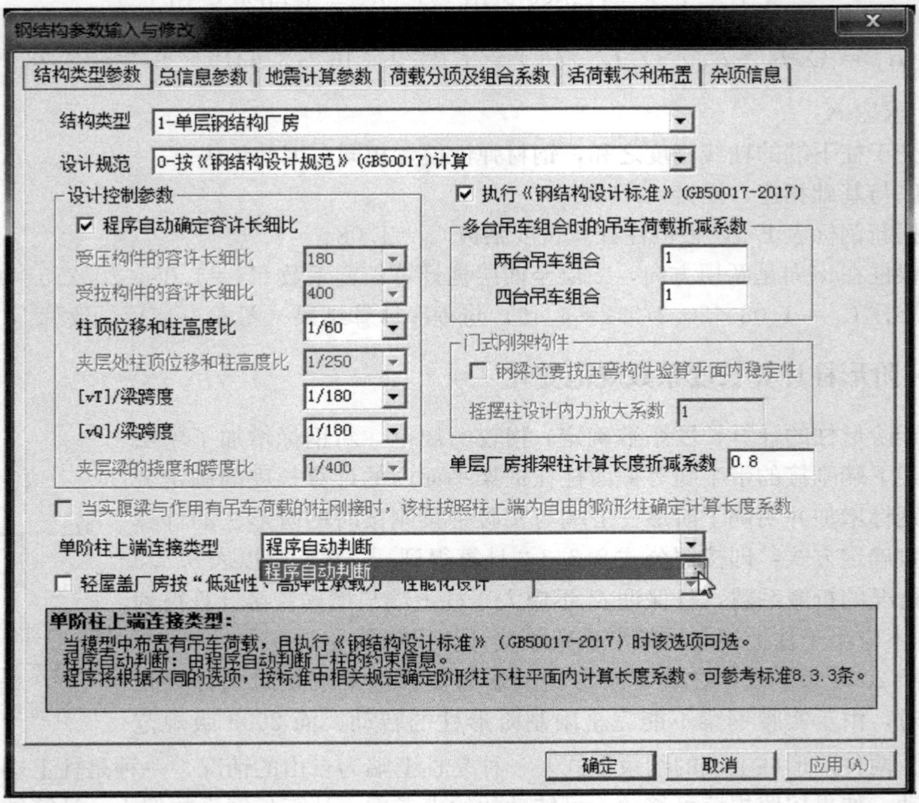

图 6.1-19　阶形柱上端连接类型

6.1.7　阶形柱的计算长度系数计算过程

STS 二维设计程序支持阶形柱计算长度系数的确定，对于柱上端与实腹钢梁刚接时的计算是新钢标新增内容，为了使设计人员更深入地认识程序的计算过程，下面以两个排架结构中的与实腹钢梁刚接的阶形柱为例，手工校核该柱的计算长度系数。

1）等截面柱计算长度系数的校核过程

图 6.1-20 结构中的下柱和上柱采用 450×250×6×10 的 H 形截面柱，下柱高度 6m，上柱高度 3m，钢梁采用 450×250×6×10 的 H 形截面，长度 9.04m。

按照规范公式 8.3.2 条公式：

$$H_0 = \alpha_N\left[\sqrt{\frac{4+7.5K_b}{1+7.5K_b}}-\alpha_K\left(\frac{H_1}{H}\right)^{1+0.8k_b}\right]H$$

$$K_b = \frac{\Sigma\left(\dfrac{I_{bi}}{l_i}\right)}{I_c/H}$$

横梁线刚度为：

$$\frac{I_b}{L_b} = 2.818\times10^{-4}\text{m}^4/9.04\text{m} = 3.117\times10^{-3}\text{m}^3$$

图 6.1-20　平面内计算长度系数

柱线刚度为：

$$\frac{I_c}{H}=2.818\times10^{-4}\mathrm{m}^4/9\mathrm{m}=3.131\times10^{-3}\mathrm{m}^3$$

$$K_b=\frac{\Sigma\left(\frac{I_{bi}}{l_i}\right)}{I_c/H}=3.117\times10^{-3}/3.131\times10^{-3}=0.9955$$

因为 $K_b=0.9955<2.0$，所以$\alpha_k=1.0$

根据轴力包络图（图 6.1-21）得到：$N_1=92$，$N_2=510$

所以 $\gamma=\frac{N_1}{N_2}=\frac{92}{510}=0.18$

$$\alpha_N=1.0$$

$$H_0=\alpha_N\left[\sqrt{\frac{4+7.5K_b}{1+7.5K_b}}-\alpha_K\left(\frac{H_1}{H}\right)^{1+0.8k_b}\right]H$$

$$=1\times\left[\sqrt{\frac{4+7.5\times0.9955}{1+7.5\times0.9955}}-1\times\left(\frac{3}{9}\right)^{1+0.8\times0.9955}\right]\times9$$

$$=9.221$$

上柱计算长度系数 $l_1=\frac{H_1}{H_0}=3.07$

上柱计算长度系数 $l_1=\frac{H_1}{H_0}=1.536$

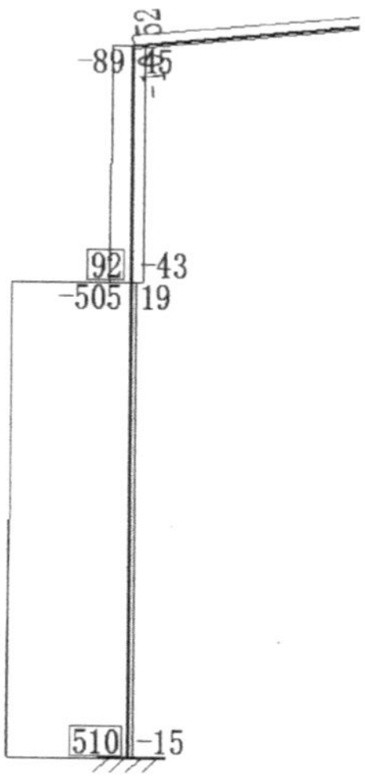

图 6.1-21　轴力包络

阶形柱的校核计算结果与程序计算一致。

2）上下不等截面阶形柱计算长度系数的校核过程

图 6.1-22 结构中的下柱采用 500×500×10×10 的箱形截面柱，高度 6m，上柱采用 400×250×8×10 的工字形截面柱，高度 3m，钢梁采用 500×200×8×10 工字形截面，长度 6m。

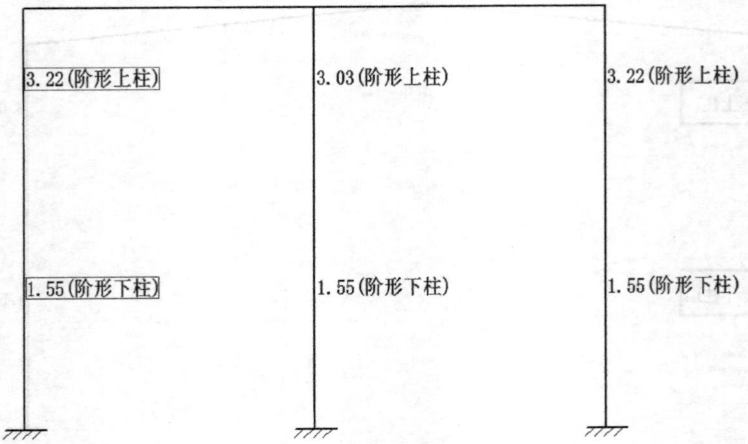

图 6.1-22 平面内计算长度系数

根据新钢标 8.3.3，先求取 μ_2^1

$$K_c = \frac{I_1/H_1}{I_2/H_2}$$

$$\eta_1 = \frac{H_1}{H_2}\sqrt{\frac{N_1 \cdot I_2}{N_2 \cdot I_1}}$$

$$\mu_2^1 = \frac{\eta_1^2}{2(\eta_1+1)} \cdot \sqrt[3]{\frac{\eta_1 - K_b}{K_b}} + (\eta_1 - 0.5)K_c + 2$$

横梁线刚度：$EI_b/L_b = 1.077586\times10^5\text{kN/m}^2$

上柱线刚度：$EI_1/L_1 = 1.557\times10^5\text{kN/m}^2$

下柱线刚度：$\frac{EI_2}{L_2} = 2.69\times10^5\text{kN/m}^2$

$$K_c = (I_1/h_1)/(I_2/h_2) = 1.557/2.69 = 0.579$$

上柱与全柱长线刚度：

$EI_1/L = 2.2675\times2.06\times105/9\text{kN/m}^2$

$\quad = 0.519\times105\text{kN/m}^2$

$K_b = \Sigma(I_{bi}/l_i)/(I_c/H)$

$\quad = 1.077586/(0.519)$

$\quad = 2.08$

根据轴力包络图（图 6.1-23）得到：$N_1 = 82\text{kN}$，$N_2 = 305\text{kN}$

参数

$$\eta_1 = \frac{H_1}{H_2}\sqrt{\frac{N_1 \cdot I_2}{N_2 \cdot I_1}} = 0.5\times0.96 = 0.48$$

$$\mu_2^1 = \frac{\eta_1^2}{2(\eta_1+1)} \cdot \sqrt[3]{\frac{\eta_1 - K_b}{K_b}} + (\eta_1 - 0.5)K_c + 2$$

$$= 1.917$$

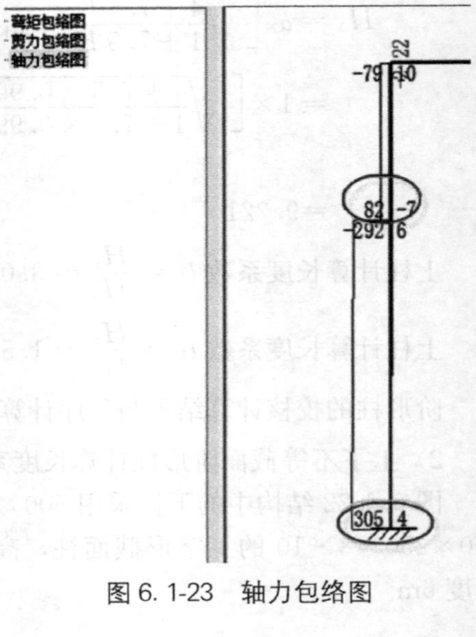

图 6.1-23 轴力包络图

然后根据表 8.3.3 所列情况乘以相应折减系数得到：

下柱计算长度系数按照下式确定：

$$\mu_2 = 0.8 \times 1.917 = 1.53$$

与程序计算结果 1.55 基本一致。

根据上柱计算长度系数 $\mu_1 = \mu_2 / \eta_1$，按照上述公式计算得到：

$$\mu_1 = 1.53/0.48 = 3.195$$

以上校核结果与程序计算结果基本一致。

6.1.8　框架柱计算长度系数调整时的常见问题

（1）在长细比等指标不满足规范要求时，为什么很多情况下，增大柱截面尺寸后长细比等指标不但没有降低，反而变大了？

为了更清楚说明这种现象产生的原因，以如图 6.1-24 所示简单模型中的框架柱为例，只改变中柱的截面，其他条件均不改变的情况下，考察不同柱截面的回转半径、强轴方向的计算长度系数这两个参数，以及长细比的变化趋势。

图 6.1-24　模型示意

中柱采用国标热轧 H 型截面，从 HW400×400 依次增大至 HW498×432。

首先通过折线图（图 6.1-25）来看回转半径的变化，我们发现回转半径并不会随着截面的增大而增大，在截面由 HW400×400 变为 HW400×408 时，其腹板厚度和翼缘长度均变大了，为什么回转半径反而变小呢？这是由于回转半径 $i = \sqrt{I/A}$，它由截面惯性矩

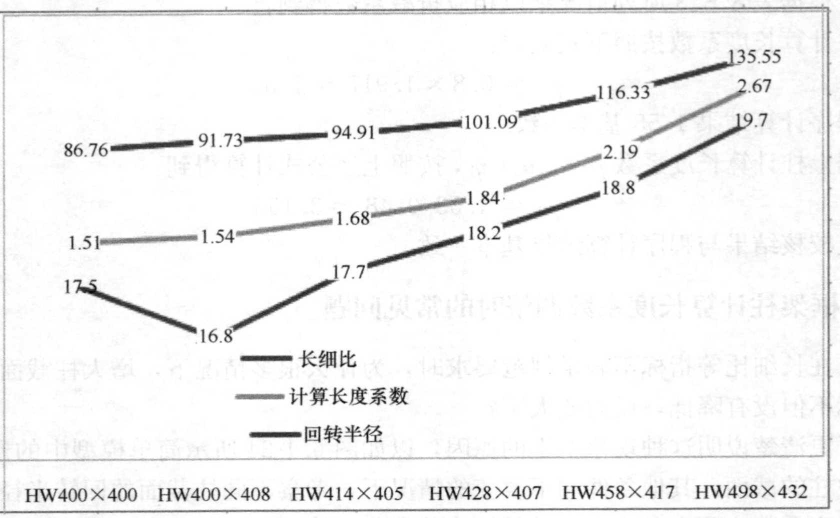

图 6. 1-25　变化折线图

和截面面积共同控制，当截面变大时，截面面积和惯性矩同时增大，截面面积增大的速率大于截面惯性矩时，则会出现回转半径减小的情况，而总体上，回转半径由于受到这种条件的制约，增大的趋势也非常缓慢。

再来看柱计算长度系数的变化趋势，它再一次和我们一般的认知有着相反的趋势，柱的计算长度系数会随着柱截面的加大而增大，出现这种现象的原因我们要从柱计算长度系数确定过程来分析。根据旧钢规和新钢标对于框架柱计算长度系数确定的方法，其主要过程参数为相较于柱上、下端并与之刚接的横梁线刚度之和与柱线刚度之和的比值 K_1、K_2，通过规范附录公式及对应表格，我们得到无论是无侧移框架还是有侧移框架失稳模式，柱计算长度系数，都与 K_1、K_2 呈反比关系，而在不改变梁截面的情况下，增大柱截面而不改变梁截面的情况下会使 K_1、K_2 这两个参数变小（最底层柱 K_2 不变），进而柱的计算长度系数始终是呈增大的趋势。

最后柱的长细比也是随着截面的增大而变大，究其原因还是由于柱计算长度系数和回转半径的变化趋势和速率导致的。上面我们已经知道柱的计算长度是逐渐增大的趋势，而总体上回转半径也呈缓慢增大的趋势，此时柱的长细比变化趋势由计算长度随着柱截面增大的速率和回转半径增大的速率之间的大小关系决定，计算长度比回转半径增大得快，长细比就会增大，反之则长细比减小，在这个例子中计算长度系数的增速要比回转半径快。单纯地通过调整柱截面来让长细比满足要求可能会付出很高的代价。

（2）我们该如何调整柱长细比超限？

由上一问我们得出，在一些情况下我们不能单纯地通过调整柱的截面来调整长细比超限的情况，我们应该从以下几个方面去进行长细比的调整。

1）在满足强柱弱梁的前提下，增加梁截面尺寸可以降低柱的长细比水平。在柱截面受到建筑限制或增大截面无效的情况下，可以通过适当增大长细比验算方向与柱刚接的梁截面尺寸来使首层柱 K_1 增大，其他层柱 K_1、K_2 都增大的方式减小柱的计算长度系数，进而减小柱的长细比。

2）在条件允许的情况下，对于有支撑结构，增加支撑杆件或增加已有支撑杆件的刚度使结构由有侧移框架变为无侧移框架。

3）采用规范提供的性能化设计方法或性能化设计思想有效增加长细比限值，使长细比更容易满足。如采用新钢标 17 章抗震性能化设计方法时，满足了相应性能目标的要求后，其长细比限值有所降低。抗规 8.1.3 条注 2：多、高层钢结构房屋，当构件的承载力满足 2 倍地震作用组合下的内力要求时，7～9 度构件抗震等级允许按降低 1 度确定。通过该条可以使承载力能力有较大富余度的构件，降低其抗震等级，进而其所对应的长细比限值等指标也有所降低。

（3）在调整钢框架中框架梁截面尺寸后为什么与其相连的计算长度系数没有变化？

在钢框架中的框架梁很多情况下需要与框架柱做铰接连接，在这种情况下，根据旧钢规和新钢标的附录中均有当横梁与框架柱刚接时，其横梁线刚度取 0，此时铰接横梁的线刚度就对参数 K_1、K_2 的确定没有影响了，K_1、K_2 不变，计算长度系数自然不会发生变化。

6.2　小结

新钢标中对于有支撑框架结构改进了判断结构是否为强支撑框架的分界准则，程序根据新准则增加了“自动确定有无侧移”功能，本章介绍了该功能的实现，并以实例说明程序中的实现过程。

新钢标中新增了单层厂房下端固定的带牛腿等截面柱在面内的计算长度系数确定方式，同时增加并明确了阶形柱上端与实腹钢梁刚接时的阶形柱的计算长度系数确定方式，相较依据旧版钢规时，按照柱上端自由来考虑柱的面内计算长度会有所减小。二维钢结构设计程序对于等截面柱以及不等截面阶形柱按照新钢标的规定确定钢柱的计算长度系数，同时提供了多种阶形柱上端连接形式，由用户指定后会得到相应条件下的结果。程序确定过程按规范执行，手算校核结果与程序计算一致。

第 7 章　钢结构抗震性能化设计

7.1　结构抗震性能设计概述

按照我国现行抗震设计规范的要求，通过三水准两阶段设计（图 7.1-1），使得结构达到最基本的抗震性能目标（图 7.1-2）：小震不坏，中震可修，大震不倒。该抗震设防目标是以生命安全为唯一目标的单一设防标准。承载力设计阶段主要考虑多遇地震下的弹性分析，并根据结构高度、结构类型、烈度确定的抗震等级进行多遇地震作用下的相关内力调整，根据组合内力计算多遇地震下构件的配筋或者构件强度稳定验算，同时按照抗震构造措施抗震等级确定相关构造要求（轴压比限值、最小配筋率、宽厚比限值、高厚比限值及长细比限值等）。

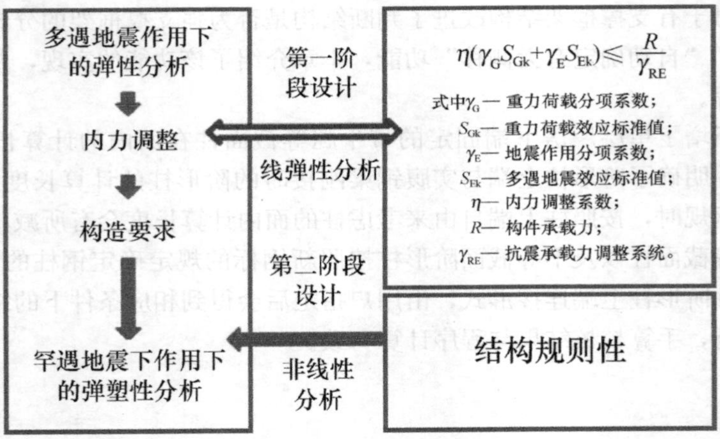

图 7.1-1　抗规三水准两阶段设计

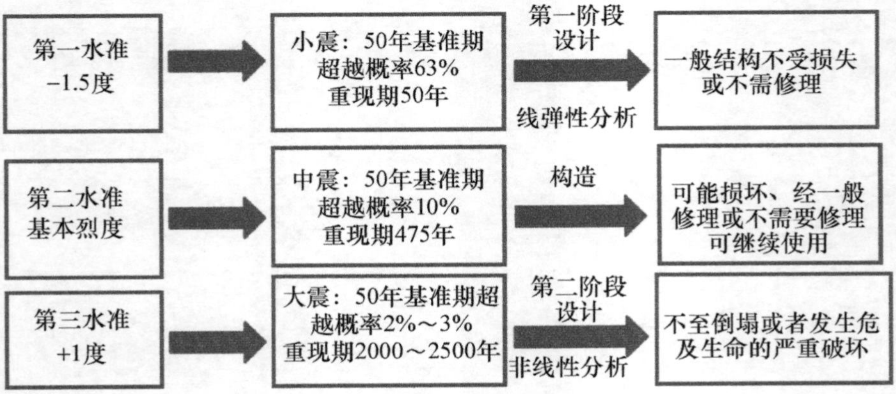

图 7.1-2　三水准两阶段设计达到的目标

但是随着城市的发展和城市人口密度的增加，城市设施复杂，经济生活节奏加快，地震灾害所引起的经济损失急剧增加，因此，以生命安全为抗震设防唯一目标的单一设防标准是不全面的，应考虑控制建筑和设施的地震破坏，保持地震时正常的生产、生活功能，减少地震对社会经济生活所带来的危害，有必要采用高于（或不低于）基本抗震设防目标的性能化设计方法。同时随着建筑的平面和立面的复杂程度增加，结构不规则超限或者高度超限，均超出规范的范畴，按常规设计方法进行的抗震设计往往不能完全满足抗震设计要求。性能设计是解决复杂工程抗震设计问题的有效方法，也是抗震概念设计的集中体现。另外对于很多结构，尤其是钢结构，虽然处于地震区，但地震作用并不是结构设计中的主要控制因素，其结构实际具有的抗震承载力很高，抗震构造可适当降低，从而降低能耗，节省造价。

抗震性能化设计贯穿于结构抗震设计的始终，并不神秘。《高层建筑混凝土结构技术规程》JGJ 3—2010（以下简称“高规”）和抗规对于性能设计都有详细要求，两本规范对性能目标、各个性能水准下的变形、承载力及损坏部位等均给出了要求，例如高规对于结构抗震性能目标的要求列于表 3.11.1，高规对于各性能水准结构预期的震后性能状态列于表 3.11.2 抗规对于各种状态下破坏状态及变形的参考值见 3.10.3 条条文说明。

表 3.11.1　结构抗震性能目标

性能目标 / 性能水准 / 地震水准	A	B	C	D
多遇地震	1	1	1	1
设防烈度地震	1	2	3	4
预估的罕遇地震	2	3	4	5

表 3.11.2　各性能水准结构预期的震后性能状况

结构抗震性能水准	宏观损坏程度	损坏部位			继续使用的可能性
		关键构件	普通竖向构件	耗能构件	
第 1 水准	完好、无损坏	无损坏	无损坏	无损坏	一般不需修理即可继续使用
第 2 水准	基本完好、轻微损坏	无损坏	无损坏	轻微损坏	稍加修理即可继续使用
第 3 水准	轻度损坏	轻微损坏	轻微损坏	轻度损坏、部分中度损坏	一般修理后才可继续使用
第 4 水准	中度损坏	轻度损坏	部分构件中度损坏	中度损坏、部分比较严重损坏	修复或加固后才可继续使用

续表

结构抗震性能水准	宏观损坏程度	损坏部位			继续使用的可能性
		关键构件	普通竖向构件	耗能构件	
第5水准	比较严重损坏	中度损坏	部分构件比较严重损坏	比较严重损坏	需排险大修

注："普通竖向构件"是指"关键构件"之外的竖向构件；"关键构件"是指该构件的失效可能引起结构的连续破坏或危及生命安全的严重破坏；"耗能构件"包括框架梁、剪力墙连梁及耗能支撑等。

名称	破坏描述	继续使用的可能性	变形参考值
基本完好（含完好）	承重构件完好；个别非承重构件轻微损坏；附属构件有不同程度破坏	一般不需修理即可继续使用	$<[\Delta u_e]$
轻微损坏	个别承重构件轻微裂缝（对钢结构构件指残余变形），个别非承重构件明显破坏；附属构件有不同程度破坏	不需修理或需稍加修理，仍可继续使用	$(1.5\sim2)[\Delta u_e]$
中等破坏	多数承重构件轻微裂缝（或残余变形），部分明显裂缝（或残余变形）；个别非承重构件严重破坏	需一般修理，采取安全措施后可适当使用	$(3\sim4)[\Delta u_e]$
严重破坏	多数承重构件严重破坏或部分倒塌	应排险大修，局部拆除	$<0.9[\Delta u_p]$
倒塌	多数承重构件倒塌	需拆除	$>[\Delta u_p]$

注：1 个别指5%以下，部分指30%以下，多数指50%以上。
2 中等破坏的变形参考值，大致取规范弹性和弹塑性位移角限值的平均值，轻微损坏取1/2平均值。

通过高规与抗规对性能设计的要求可以看出，结构性能设计要强调各地震水准下结构可接受的破坏程度，要区分结构中的关键构件、一般竖向构件及耗能构件等，同时要根据抗震设防类别、设防烈度、场地条件、结构类型和不规则性，建筑使用功能和附属设施功能的要求、投资大小、震后损坏和修复难易程度等，经技术及经济可行性综合分析和论证后确定合理的抗震性能目标，再确定出各个地震水准下构件的承载力、变形和细部构造的具体指标。

设计中对于抗震性能设计的具体体现，如：

（1）对起疏散作用的楼梯，提出采取加强措施，使之成为"抗震安全岛"的要求，确保大震下能具有安全避难和逃生通道的具体目标和性能要求，这是对具体部位提出的满足地震时功能要求的抗震性能目标。

（2）对特别不规则结构、复杂建筑结构，根据具体情况对抗侧力体系的水平构件和竖向构件提出相应的性能目标要求，提高结构或关键部位结构的抗震安全性。

（3）对错层结构的错层部位提出中震承载力设计要求。

（4）对框支梁及框支柱按“中震”设计。由于框支梁及框支柱承托上部结构，为重要的结构构件，因此按“中震弹性”或“中震不屈服”设计。对应的性能目标就是在设防烈度地震（“中震”）作用下，框支梁及框支柱仍处于弹性（或不屈服）状态。

（5）重要结构的门厅柱按“中震”设计。由于门厅柱数层通高，且作为上部楼层竖向荷载的主要支承构件，属于重要的结构构件，因此按“中震弹性”或“中震不屈服”设计。对应的性能目标就是在设防烈度地震（“中震”）作用下，门厅柱仍处于弹性（或不屈服）状态。

（6）对承受较大拉力的楼面梁按“中震”设计。受斜柱的影响楼面梁常承受较大水平力，考虑钢筋混凝土楼板开裂后承载能力的降低，按“零刚度”楼板假定并按“中震”设计。当梁承受的拉力较大时，可考虑采用型钢混凝土梁或钢梁。

总之，可以把抗震性能设计概括为：抗震性能化设计是根据工程的具体情况，立足于承载力和变形能力的综合考虑，确定合理的抗震性能目标，采取恰当的计算和抗震措施，实现抗震性能目标的要求。新钢标对于钢结构的抗震性能设计也是基于抗规、高规的性能设计提出的。

7.2　新钢标性能设计基本思路

随着钢结构应用的急剧增长，结构形式日益丰富，不同的结构体系和截面特性的钢结构，其结构延性差异较大。为贯彻国家提出的“鼓励用钢、合理用钢”的经济政策，根据现行《建筑抗震设计规范》GB 50011 及《构筑物抗震设计规范》GB 50191 规定的抗震设计原则，针对钢结构特点，新钢标增加了钢结构的抗震性能设计内容。进行性能设计的钢结构，其抗震设计准则为：验算本地区抗震设防烈度下的多遇地震作用的构件承载力和结构弹性变形（小震不坏）、根据其延性验算设防地震作用下的承载力（中震可修）、验算罕遇地震作用下的弹塑性变形（大震不倒）。

对于很多结构，地震作用并不是结构设计的主要控制因素，其构件实际具有的抗震承载力很高。因此，抗震构造可适当地降低，从而降低能耗，节省造价。

抗震设计的本质是控制地震施加给建筑物的能量，弹性变形与塑性变形（延性）均可消耗能量。在能量输入相同的条件下，结构延性越好，弹性承载力要求越低；反之，结构延性差，则弹性承载力要求高，在新钢标中简称为“高延性-低承载力”和“低延性-高承载力”两种抗震设计思路，均可达成大致相同的设防目标。结构根据预先设定的延性等级确定对应的地震作用设计方法，称为“性能化设计方法”。

结构遵循现有的抗震规范规定，采用的也是某种性能化设计的手段，不同点仅在于地震作用按小震设计意味着延性仅有一种选择，由于设计条件及要求的多样化，实际工程按照某类特定延性的要求实施，有时将导致设计不合理，甚至难以实现。大部分钢结构由薄壁板件构成，针对结构体系的多样性及其不同的设防要求，采用合理的抗震设计思路才能在保证抗震设防目标的前提下减少结构的用钢量。虽然大部分多高层结构适合采用“高延性-低承载力”的设计思路，但是对于多层钢框架结构，在低烈度区，采用“低延性-高承载力”的抗震思路可能更合理，单层工业厂房也更适合采用“低延性-高承载力”的抗震设计思路。对于高烈度区的结构及较高的钢框架结构，设计中不应采用低延性结构，建议采用“高延性-低承载力”的抗震设计思路。

注意：如果按照新钢标的抗震性能做了设计，就无需再满足《建筑抗震设计规范》GB 50011 及《构筑物抗震设计规范》GB 50191 规定的特定结构的构造要求及规定。

性能化设计的核心思想，即通过“高延性-低承载力”或“低延性-高承载力”的抗震设计思路，在结构的延性和承载力之间找到一个平衡点，达到最优设计结果。对高延性结构可适当放宽承载力要求，对高承载力结构可适当放宽延性要求。

7.3 性能设计的关键点

7.3.1 抗震性能设计的性能等级和目标的确定

钢结构构件的抗震性能化设计根据建筑的抗震设防类别、设防烈度、场地条件、结构类型和不规则性，结构构件在整个结构中的作用、使用功能和附属设施功能的要求、投资大小、震后损失和修复难易程度等，经综合分析、比较后选定其抗震性能目标。新钢标对构件塑性耗能区的抗震承载性能等级及其在不同地震动水准下的性能目标的划分按照新钢标表 17.1.3 进行。

表 17.1.3 构件塑性耗能区的抗震承载性能等级和目标

承载性能等级	地震动水准		
	多遇地震	设防地震	罕遇地震
性能 1	完好	完好	基本完好
性能 2	完好	基本完好	基本完好～轻微变形
性能 3	完好	实际承载力满足高性能系数的要求	轻微变形
性能 4	完好	实际承载力满足较高性能系数的要求	轻微变形～中等变形
性能 5	完好	实际承载力满足中性能系数的要求	中等变形
性能 6	基本完好	实际承载力满足低性能系数的要求	中等变形～显著变形
性能 7	基本完好	实际承载力满足最低性能系数的要求	显著变形

7.3.2 结构构件最低延性等级的确定

结构构件和节点的延性等级应根据设防类别和塑性耗能区最低承载性能等级按照新钢标表 17.1.4-2 确定。

表 17.1.4-2 结构构件最低延性等级

设防类别	塑性耗能区最低承载性能等级						
	性能1	性能2	性能3	性能4	性能5	性能6	性能7
适度设防类（丁类）	—	—	—	Ⅴ级	Ⅳ级	Ⅲ级	Ⅱ级
标准设防类（丙类）	—	—	Ⅴ级	Ⅳ级	Ⅲ级	Ⅱ级	Ⅰ级
重点设防类（乙类）	—	Ⅴ级	Ⅳ级	Ⅲ级	Ⅱ级	Ⅰ级	—
特殊设防类（甲类）	Ⅴ级	Ⅳ级	Ⅲ级	Ⅱ级	Ⅰ级	—	—

7.3.3 结构构件的板件宽厚比限值的控制

按照表 17.1.4-2 确定出结构构件最低的延性等级，再根据新钢标表 17.3.4-1 对不同延性等级的相应要求，确定对应的宽厚比等级，再采取相应的抗震构造措施。

表 17.3.4-1 结构构件延性等级对应的塑性耗能区（梁端）截面板件宽厚比等级和轴力、剪力限值

结构构件延性等级	Ⅴ级	Ⅳ级	Ⅲ级	Ⅱ级	Ⅰ级
截面板件宽厚比最低等级	S5	S4	S3	S2	S1
N_{E2}	—	$\leqslant 0.15Af$		$\leqslant 0.15Af_y$	
V_{pb}（未设置纵向加劲肋）	—	$\leqslant 0.5h_w t_w f_v$		$\leqslant 0.5h_w t_w f_{vy}$	

7.3.4 结构塑性耗能区不同承载性能等级对应的性能系数最小值

新钢标对框架结构、中心支撑结构、框架-支撑结构和规则结构的塑性耗能区不同承载性能等级对应的性能系数最小值按照表 17.2.2-1 要求执行，对于不规则结构的塑性耗能区构件性能系数最小值，宜比规则结构增加 15%～50%。

表 17.2.2-1 规则结构塑性耗能区不同承载性能等级对应的性能系数最小值

承载性能等级	性能1	性能2	性能3	性能4	性能5	性能6	性能7
性能系数最小值	1.10	0.9	0.70	0.55	0.45	0.35	0.28

7.3.5 性能设计对于框架柱长细比的构造要求

按照新钢标，对于框架柱的长细比限值控制按照表 17.3.5 的要求执行，根据确定的延性等级进行相应的长细比限值控制。

表 17.3.5 框架柱长细比限值要求

结构构件延性等级	Ⅴ级	Ⅳ级	Ⅰ级、Ⅱ级、Ⅲ级
$N_p/(Af_y)\leqslant 0.15$	180	150	$120\varepsilon_k$
$N_p/(Af_y)>0.15$	$125\left[1-N_p/(Af_y)\right]\varepsilon_k$		

7.3.6 柱节点域受剪正则化长细比限值控制

框架结构梁柱采用刚接连接时，H 形和箱形截面柱的节点域受剪正则化宽厚比 $\lambda_{n,s}$ 限值应符合新钢标表 17.3.6 规定的要求。

表 17.3.6 H 形和箱形截面柱节点域受剪正则化宽厚比 $\lambda_{n,s}$ 的限值

结构构件延性等级	Ⅰ级、Ⅱ级	Ⅲ级	Ⅳ级	Ⅴ级
$\lambda_{n,s}$	0.4	0.6	0.8	1.2

7.3.7 支撑结构与框架-支撑结构支撑长细比及宽厚比等级的控制

钢结构性能设计对支撑构件的长细比、截面板件宽厚比限值等的控制均依据结构构件的延性等级，对长细比、板件宽厚比限值控制按照新钢标表 17.3.12 执行。

表 17.3.12 支撑长细比、截面板件宽厚比等级

抗侧力构件	结构构件延性等级：支撑结构	结构构件延性等级：框架-中心支撑结构	结构构件延性等级：框架-偏心支撑结构	支撑长细比	支撑截面板件宽厚比最低等级	备注
交叉中心支撑或对称设置的单斜杆支撑	Ⅴ级	Ⅴ级	—	满足本标准第 7.4.6 条的规定，当内力计算时不计入压杆作用按只受拉斜杆计算时，满足本标准第 7.4.7 条的规定	满足本标准第 7.3.1 条的规定	—
	Ⅳ级	Ⅲ级	—	$65\varepsilon_k<\lambda\leqslant 130$	BS3	—
	Ⅲ级	Ⅱ级	—	$33\varepsilon_k<\lambda\leqslant 65\varepsilon_k$	BS2	—
				$130<\lambda\leqslant 180$	BS2	—
	Ⅱ级	Ⅰ级	—	$\lambda\leqslant 33\varepsilon_k$	BS1	—

续表

抗侧力构件	结构构件延性等级			支撑长细比	支撑截面板件宽厚比最低等级	备注
	支撑结构	框架-中心支撑结构	框架-偏心支撑结构			
人字形或V形中心支撑	Ⅴ级	Ⅴ级	—	满足本标准第7.4.6条的规定	满足本标准第7.3.1条的规定	—
	Ⅳ级	Ⅲ级	—	$65\varepsilon_k<\lambda\leqslant130$	BS3	与支撑相连的梁截面板件宽厚比等级不低于S3级
	Ⅲ级	Ⅱ级	—	$33\varepsilon_k<\lambda\leqslant65\varepsilon_k$	BS2	与支撑相连的梁截面板件宽厚比等级不低于S2级
				$130<\lambda\leqslant180$	BS2	框架承担50%以上总水平地震剪力；与支撑相连的梁截面板件宽厚比等级不低于S1级
	Ⅱ级	Ⅰ级	—	$\lambda\leqslant33\varepsilon_k$	BS1	与支撑相连的梁截面板件宽厚比等级不低于S1级
				采用屈曲约束支撑	—	—
偏心支撑	—	—	Ⅰ级	$\lambda\leqslant120\varepsilon_k$	满足本标准第7.3.1条的规定	消能梁段截面板件宽厚比要求应符合现行国家标准《建筑抗震设计规范》GB 50011的有关规定

7.3.8　性能设计下钢结构大震弹塑性变形验算要求

新钢标17.1.4条第5款要求，当塑性耗能区的最低承载性能等级为性能5、性能6或性能7时，通过罕遇地震下结构的弹塑性分析或按构件工作状态形成新的结构等效弹性分析模型，进行竖向构件的弹塑性层间位移角验算，应满足现行国家标准《建筑抗震设计规范》GB 50011的弹塑性层间位移角限值；当所有构造要求均满足结构构件延性等级为Ⅰ级的要求时，弹塑性层间位移角限值可增加25%。

按照上述新钢标的要求，对于5、6、7这几个性能目标下的钢结构在进行性能设计时同时需要补充进行大震下弹塑性分析的变形验算。

7.4 PKPM 软件进行钢结构性能设计的流程及手工校核过程

7.4.1 多遇地震下承载力与变形验算

对设计高度低于 100m 的钢结构进行多遇地震作用下的验算，验算内容包含结构承载力及侧向变形是否满足抗规要求，即查看结构构件的强度应力比、稳定应力比等是否均满足新钢标要求，同时查看结构在风和地震作用下的弹性层间位移角是否均满足抗规及新钢标的要求。只有在满足小震下承载力和变形的情况下才能进行抗震性能设计，如果此时构件的宽厚比、高厚比及长细比均不满足抗震规范的要求，则有必要进行性能设计。如果按照对应钢标的某性能目标设计，满足了中震下承载力要求，可以按照对应的宽厚比等级及延性等级放松宽厚比、高厚比及长细比的限值。

7.4.2 确定结构塑性耗能区的性能等级

结合设计的结构高度及设防烈度，初步确定塑性耗能区承载性能等级范围，按照新钢标表 17.1.4-1 选择，然后可初步在性能等级范围内选择确定某一个具体的性能等级，按照确定的性能等级可以进行后续的参数确定及相关设计。当然该性能范围也不是严格按照新钢标要求执行，设计师可以根据项目实际情况适度把控。

表 17.1.4-1　塑性耗能区承载性能等级参考选用表

设防烈度	单层	$H \leqslant 50m$	$50m < H \leqslant 100m$
6 度（0.05g）	性能 3～7	性能 4～7	性能 5～7
7 度（0.10g）	性能 3～7	性能 5～7	性能 6～7
7 度（0.15g）	性能 4～7	性能 5～7	性能 6～7
8 度（0.20g）	性能 4～7	性能 6～7	性能 7

7.4.3 确定构件的延性等级

结合某一确定的性能等级及结构设防类别，可以按照钢标表 17.1.4-2 确定出结构构件的最低延性等级。在软件中的参数设置中选择执行“《钢结构设计标准》GB 50017—2017”，如图 7.4-1 所示，同时根据确定的延性等级，直接填入如图 7.4-2 所示的性能设计参数中。

7.4.4 确定钢标性能设计的其他参数

（1）性能等级及性能系数的确定

确定结构的性能等级，程序会按照新钢标表 17.2.2-1，自动确定最小的性能系数，设计师也可以对该最小的性能系数进行修改。该性能系数是对结构所有构件都控制的，按照新钢标 17.1.5 条的要求，对于框架结构，同层框架柱的性能系数高于框架梁，关键构

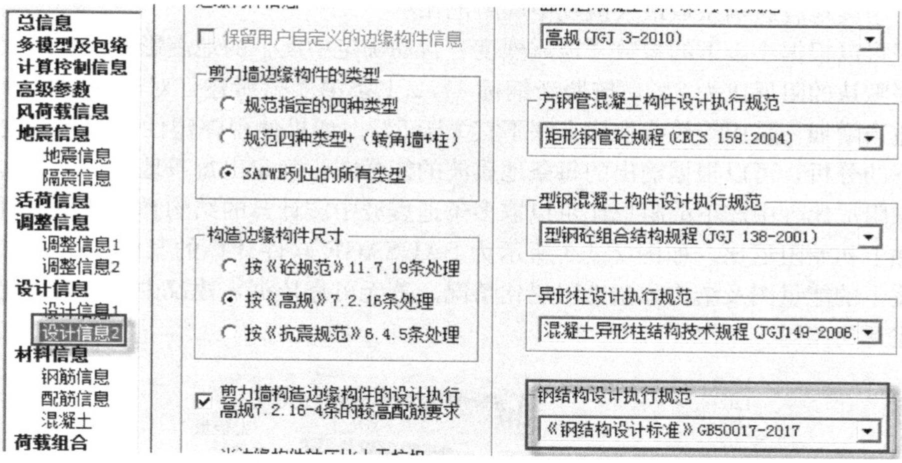

图 7.4-1　选择按照新钢标进行设计

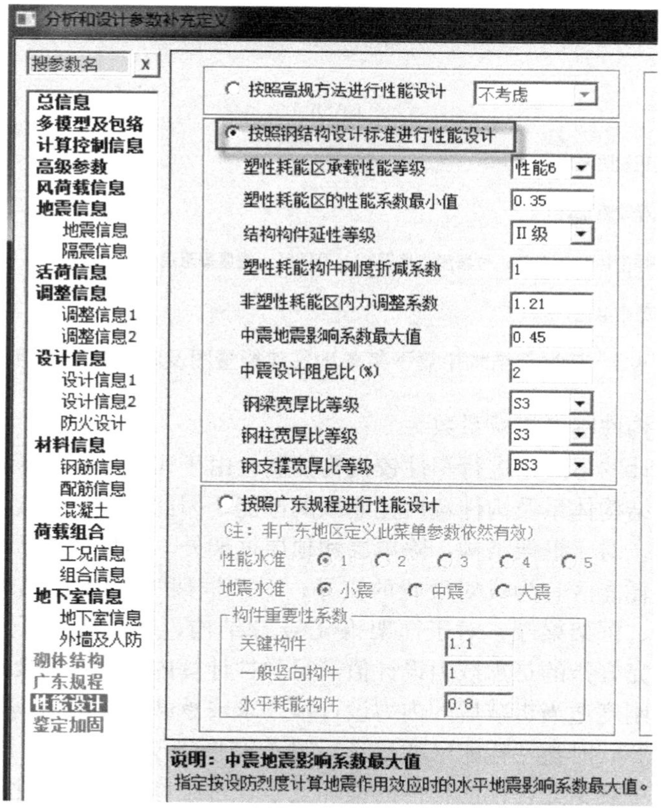

图 7.4-2　钢结构性能设计相关参数填写

件的性能系数不应低于一般构件；同时新钢标 17.1.5 条条文说明要求对于关键构件的性能系数不应低于 0.55，也就是说关键构件的承载力性能等级最小不能低于性能 4。对于单构件性能系数的修改，在后续“层塔属性”及“特殊梁”“特殊柱”菜单下均可实现。

（2）中震地震影响系数最大值及中震阻尼比

程序可以根据小震下的参数“地震烈度”自动确定中震下的地震影响系数最大值。中震下程序默认的阻尼比为 2%，按照新钢标 17.2.1 条第 4 款所述，对于弹塑性分析的阻尼比可适当增加，采用等效线性化方法不宜大于 5%。如果使用弹塑性分析软件进行了结构中震下的分析，可以根据输出的每条地震波的能量图，确定出每条地震波下结构中震弹塑性附加阻尼比。中震下的阻尼比可以取多条地震波中震计算的结构弹塑性附加阻尼比的平均值加上初始阻尼比。如图 7.4-3 所示为 SAUSAGE 软件计算的某框架结构在某条地震波中震下的能量图及结构弹塑性阻尼比情况。若无可靠依据，建议中震下阻尼比可取与小震下阻尼比相同。

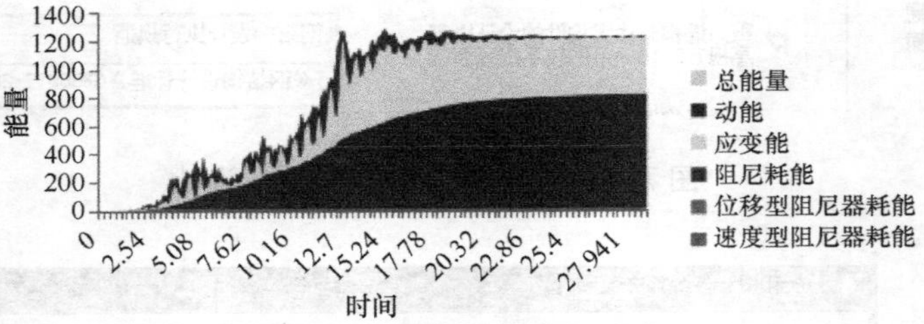

CASE_1

结构初始阻尼比：2.0%

附加等效阻尼比：

结构弹塑性： 1.0% 位移型阻尼器： 0.0% 速度型阻尼器： 0.0%

总等效阻尼比：3%

图 7.4-3 某框架结构中震下某条地震波能量图及附加弹塑性阻尼比

（3）塑性耗能构件刚度折减系数

钢结构抗震设计的思路是进行塑性铰机构控制，由于非塑性耗能区构件和节点的承载力设计要求取决于结构体系及构件塑性耗能区的性能，因此新钢标仅规定了构件塑性耗能区的抗震性能目标。对于框架结构，除单层和顶层框架外，塑性耗能区宜为框架梁端；对于支撑结构，塑性耗能区宜为成对设置的支撑；对于框架-中心支撑结构，塑性耗能区宜为成对设置的支撑、框架梁端；对于框架-偏心支撑结构，塑性耗能区宜为耗能梁段、框架梁端。结构变形完好指的是承载力设计值满足弹性计算内力设计值要求，基本完好是指承载力设计值满足刚度适当折减后的内力设计值要求或承载力标准值满足要求，轻微变形指层间位移约为 1/200 时塑性耗能区的变形，显著变形指层间侧移为 1/50～1/40 时，塑性耗能区的变形。中震下允许耗能构件的损坏处于日常维修范围内，此时可采用中震模型下对耗能构件刚度适当折减的计算模型进行弹性分析并满足承载力设计的要求，称为“基本完好”。

对于塑性耗能梁及塑性耗能支撑等构件，设计人员可根据选定的结构构件的性能等级，定义刚度折减系数。该刚度折减系数是针对中震模型下的，小震下不起作用。在 SATWE 程序中，如果选择框架结构，程序会自动判断所有的主梁为塑性耗能构件，定义的折减系数对于所有的主梁两端均起作用；如果是框架-支撑结构体系，程序同时判断默认所有的支撑构件与梁均为耗能支撑，该折减系数同样对两者起作用。如果要修改塑性耗能构件单构件的刚度折减系数，可以在选择如图 7.4-4 所示的“钢结构设计标准的性能目标”菜单下，进行单个构件刚度折减系数的定义。单构件如支撑构件的刚度折减系数定义如图 7.4-5 所示，塑性耗能支撑构件默认自动读取前面整体参数中定义的刚度折减系数。需要注意的是：如果没有进行中大震的弹塑性分析，实际上无法较为合理地确定刚度折减系数，建议在一般情况下，该刚度折减系数按照不折减处理，也就是说塑性耗能构件刚度折减系数取 1.0。

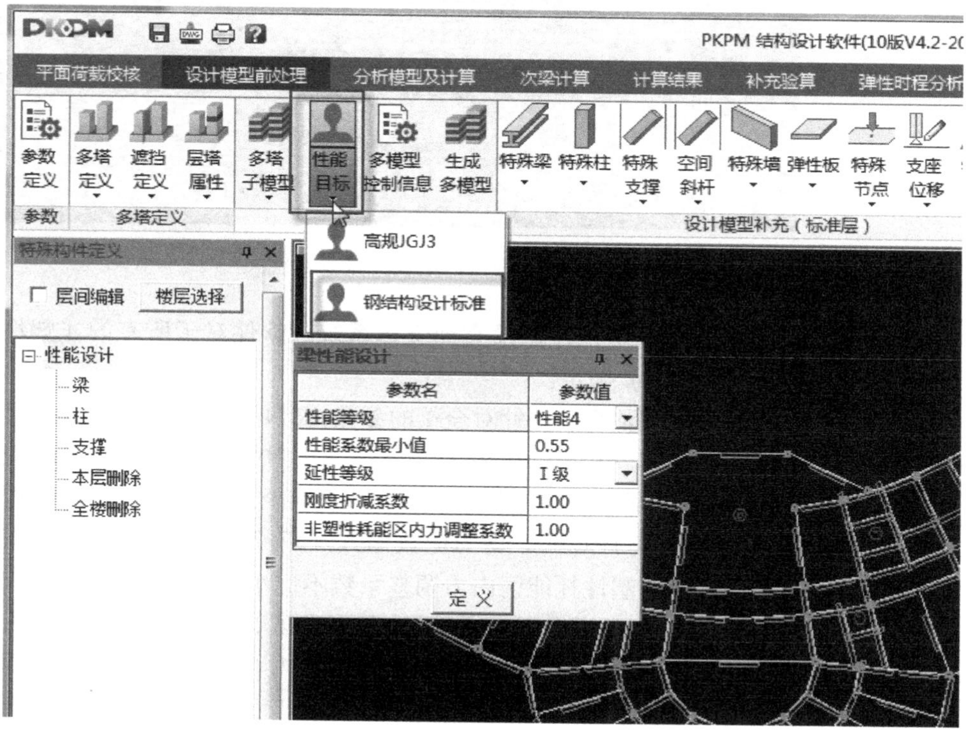

图 7.4-4　按照钢结构设计标准选择单构件性能目标

（4）非塑性耗能区内力调整系数

按照新钢标，对于框架结构与框架-支撑中的非塑性耗能构件需要进行中震下的承载力验算，验算的时候对于中震下水平地震作用进行内力调整，该调整系数与性能等级及结构体系有关，应按照式 7.4-1（新钢标式 17.2.2-1）进行计算。公式中的 Ω_{min} 的值按照对应的性能等级确定。β_e 的取值按照新钢标要求执行。

$$\Omega_i \geqslant \beta_e \Omega_{i,min}^{a} \tag{7.4-1}$$

式中：β_e ——水平地震作用非塑性耗能区内力调整系数，塑性耗能区构件应取 1.0，其余构件不宜小于 $1.1\eta_y$，支撑系统应按式（7.4-2）（新钢标式 17.2.2-9）计算确定。

支撑系统的水平地震作用非塑性耗能区内力调整系数应按下式计算：

$$\beta_{br,ei} = 1.1\eta_y(1 + 0.7\beta_i) \tag{7.4-2}$$

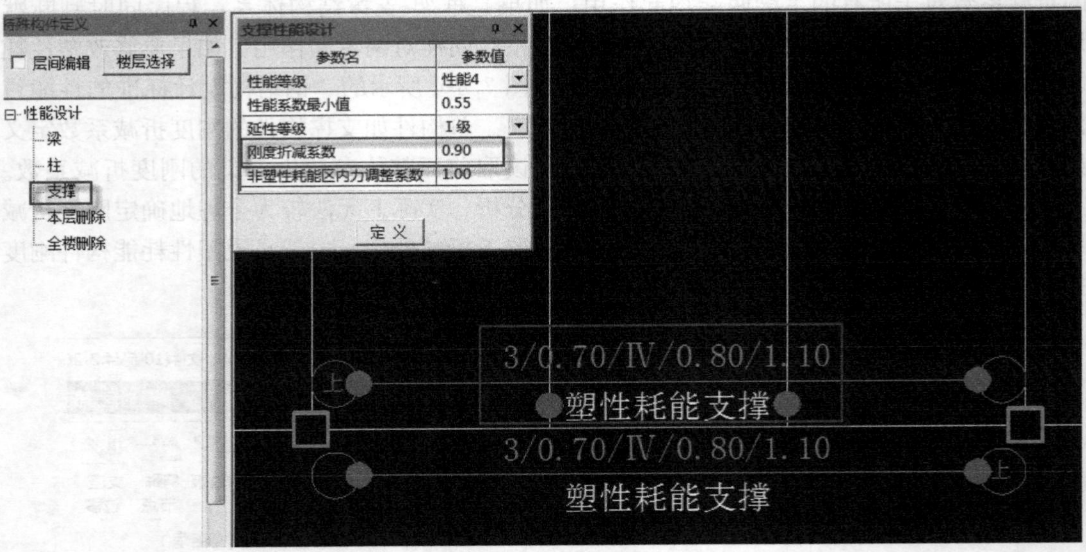

图 7.4-5　塑性耗能构件的刚度折减系数定义

注意：由于 SATWE 程序中结构体系没有纯支撑系统，软件对于所有的非塑性耗能构件的内力调整系数均按照 $1.1\eta_y$ 确定。

该处的非塑性耗能区内力调整系数是针对全楼的参数，但是实际工程中塑性耗能区对于不同楼层新钢标要求是不同的。新钢标在 17.2.5 条第 3 款中明确要求“框架柱应按压弯构件计算，计算弯矩效应和轴力效应时，其非塑性耗能区内力调整系数不宜小于 $1.1\eta_y$。对于框架结构，进行受剪计算时，剪力应按照式（17.2.5-5）计算；计算弯矩效应时，多高层钢结构底层柱的非塑性耗能区内力调整系数不应小于 1.35。”对于框架结构底层柱的“非塑性耗能区内力调整系数”，SATWE 程序默认为 1.35，无需设计人员填入。其他层自动读取性能设计参数中填入的“非塑性耗能区内力调整系数”。如果要按照楼层进行该调整系数的修改，可在 SATWE 软件“层塔属性”下进行各类非塑性耗能构件的内力调整系数定义，如图 7.4-6 所示。当然在此处也可以按照楼层进行不同的宽厚比等级、性能等级及延性等级等的定义。

其中设计中对应的钢材超强系数 η_y 取值，直接按照新钢标表 17.2.2-3 确定。

表 17.2.2-3　钢材超强系数 η_y

塑性耗能区 / 弹性区	Q235	Q345、Q345GJ
Q235	1.15	1.05
Q345、Q345GJ、Q390、Q420、Q460	1.2	1.1

注：当塑性耗能区的钢材为管材时，η_y 可取表中数值乘以 1.1。

为了直观清晰地定义各类层塔的属性，SATWE 程序增加了如图 7.4-7 所示的“层塔属性列表定义”菜单，可以方便地进行多项属性的定义，比如，宽厚比等级、性能等级、

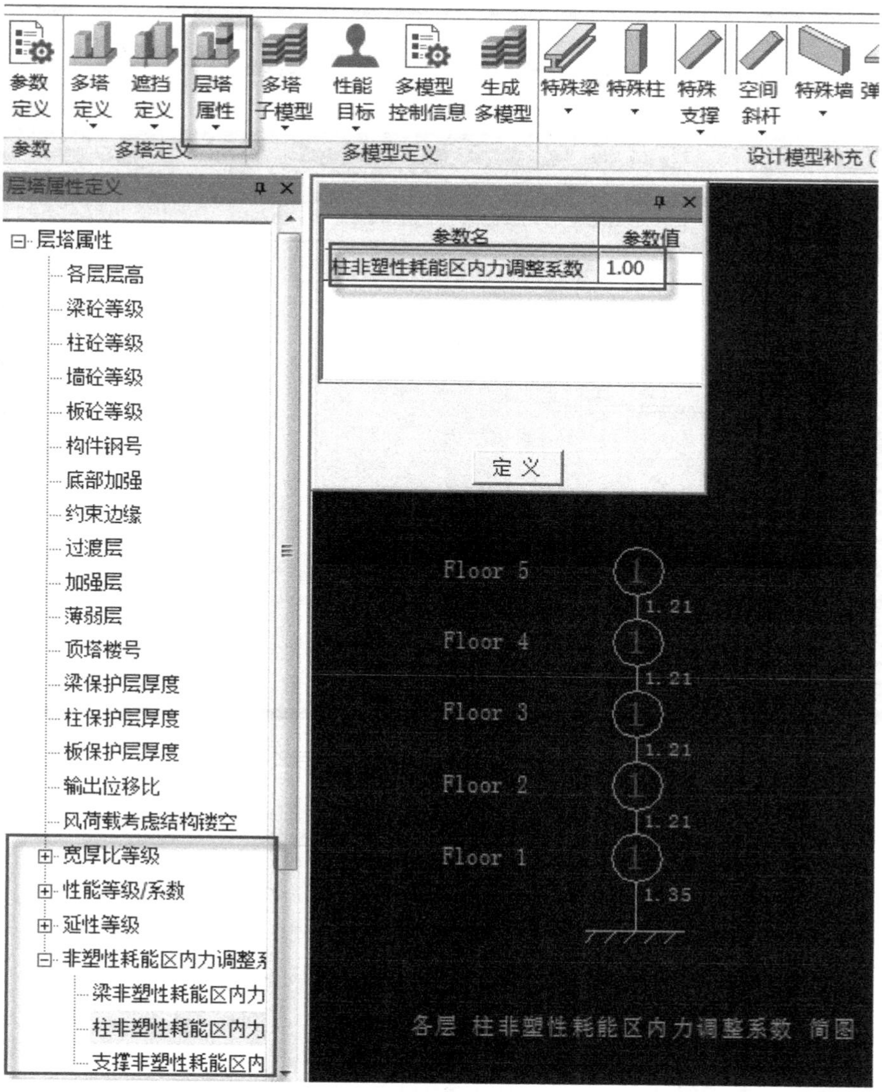

图 7.4-6　按楼层定义各类非塑性耗能构件内力调整系数

延性等级等。该处展示的是对于“非塑性耗能构件内力调整系数”分层分构件一次性列表定义的界面。

（5）确定构件的宽厚比等级

根据结构的抗震设防类别及确定的性能等级，确定出对应结构构件的延性等级，按照钢标 17.3.4 条及 17.3.12 条确定对应梁、柱及支撑的板件宽厚比等级，并在 SATWE 软件性能设计参数下，选择“梁、柱及支撑构件的宽厚比等级”，如图 7.4-8 所示。

（6）与性能设计相关的构件级特殊定义

钢结构抗震性能设计时，如果存在部分构件的性能等级、延性等级、非塑性耗能区内力调整系数及耗能区构件刚度折减系数等与整体参数不一致时，可以通过图 7.4-9 所示菜单，进行单个构件的特殊指定。

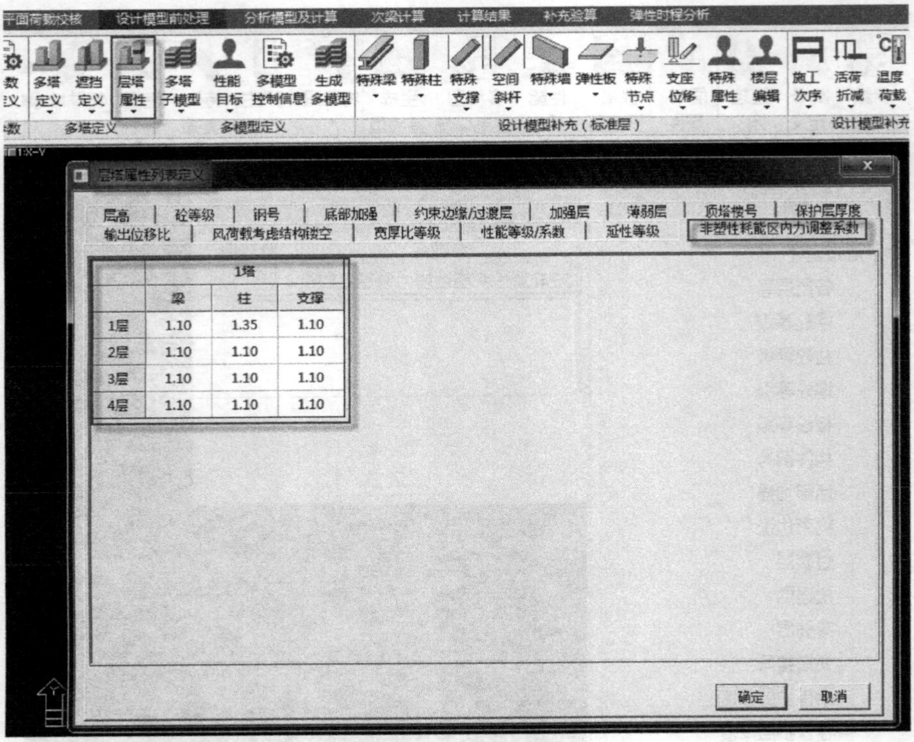

图 7.4-7　层塔属性的列表定义

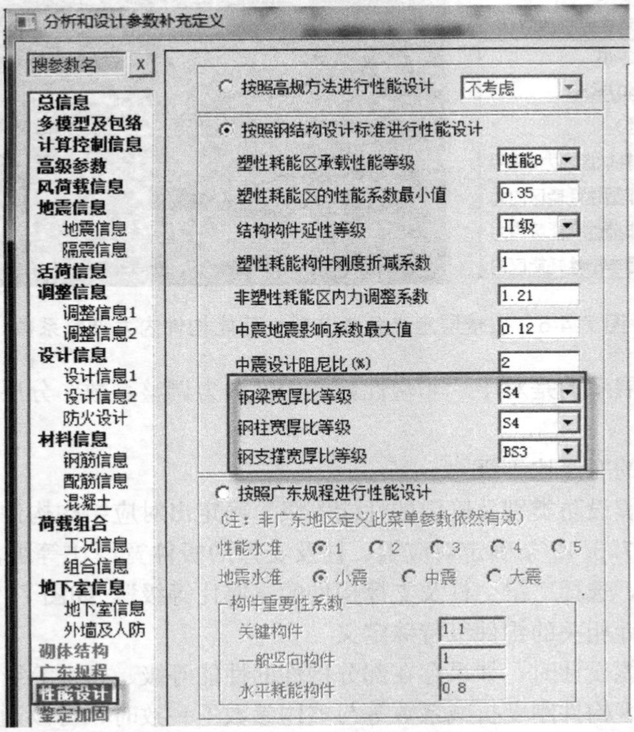

图 7.4-8　SATWE 性能设计下选择梁、柱及支撑的宽厚比等级

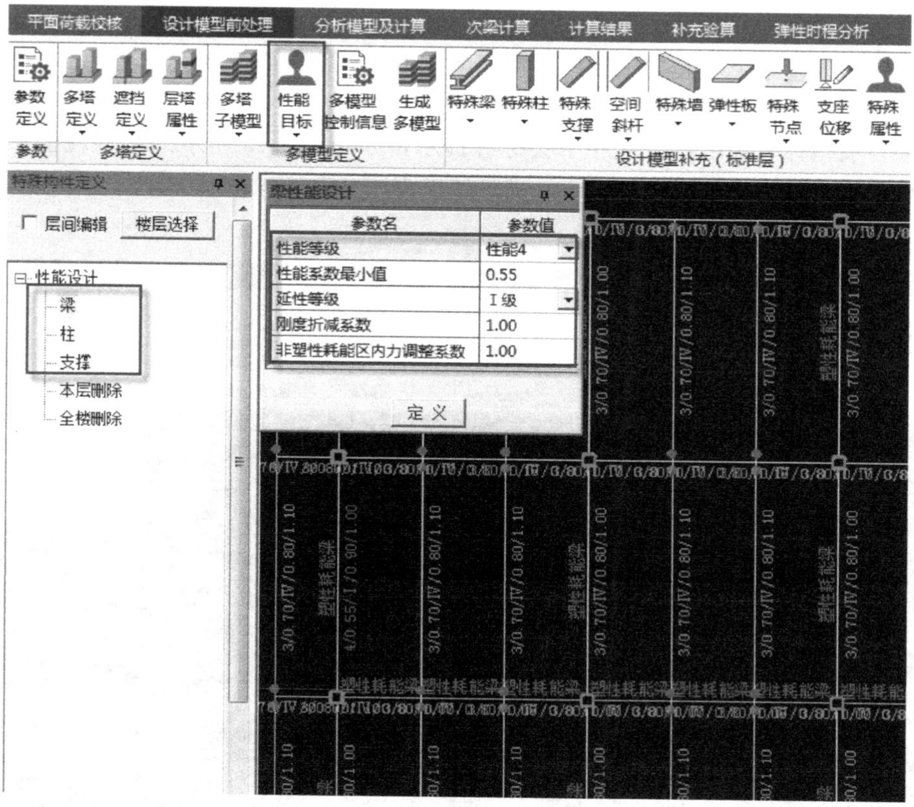

图 7.4-9　性能设计相关参数单构件特殊指定

（7）小震模型与中震模型的计算及包络

对按照抗震性能设计的结构，SATWE 程序在“多模型控制信息”下会自动形成如图 7.4-10所示的“小震模型”和“新钢标中震模型”两个模型，分别进行小震与中震下

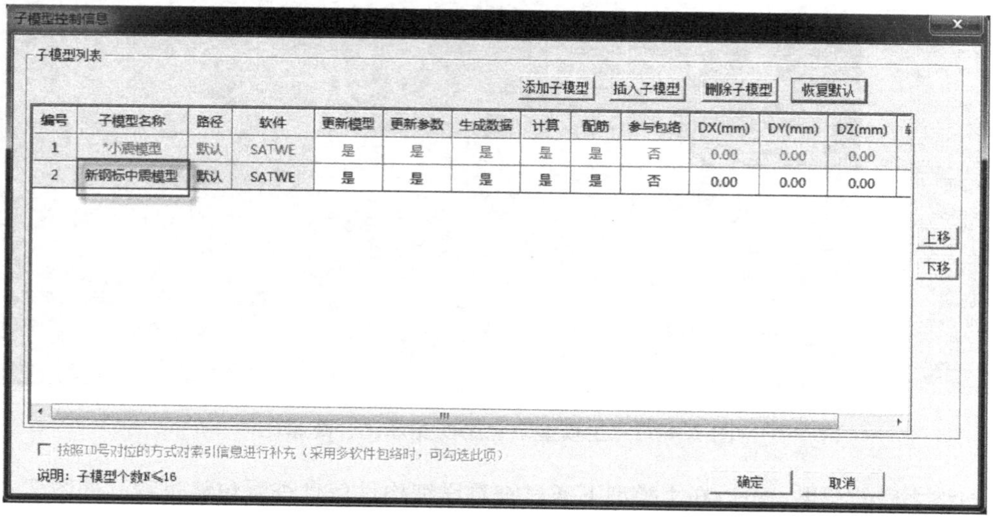

图 7.4-10　多模型控制信息表

的内力分析与承载力计算，最终将包络结果展示在主模型中。查看主模型计算结果，可以看到在主模型下包络了小震与中震模型的强度应力比、稳定应力比、长细比、宽厚比、轴压比及实际性能系数等结果。软件输出的结果分别如图 7.4-11、图 7.4-12、图 7.4-13 所示，如果各项指标有超限，在程序中会标红提示，如图 7.4-13 所示的塑性耗能梁实际性能系数小于指定的最小的性能系数，不满足要求程序会标红提示。

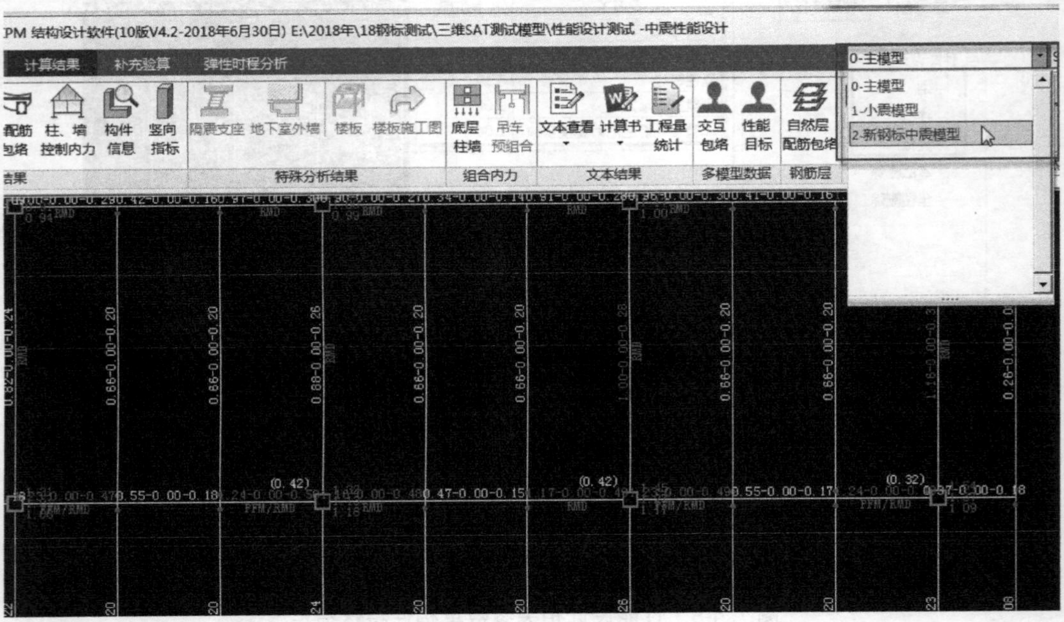

图 7.4-11　包络输出主模型下的强度、稳定应力比结果

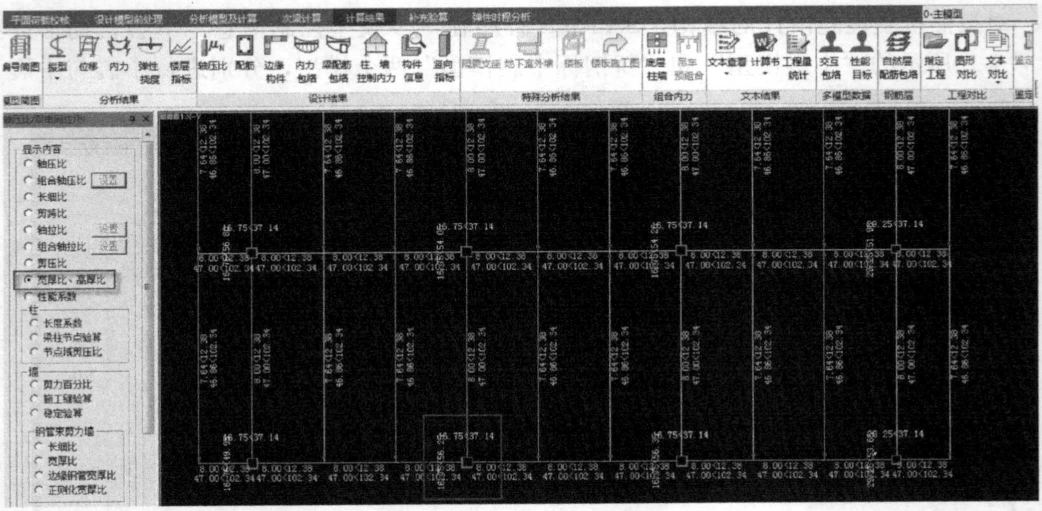

图 7.4-12　主模型下包络的宽厚比、高厚比

包络之后的结果，可以在主模型下通过查看详细构件信息查看包络过程。如图 7.4-12、图 7.4-14 所示的柱构件，可以查看其详细的构件信息，分别查看小震下与中震下强度承

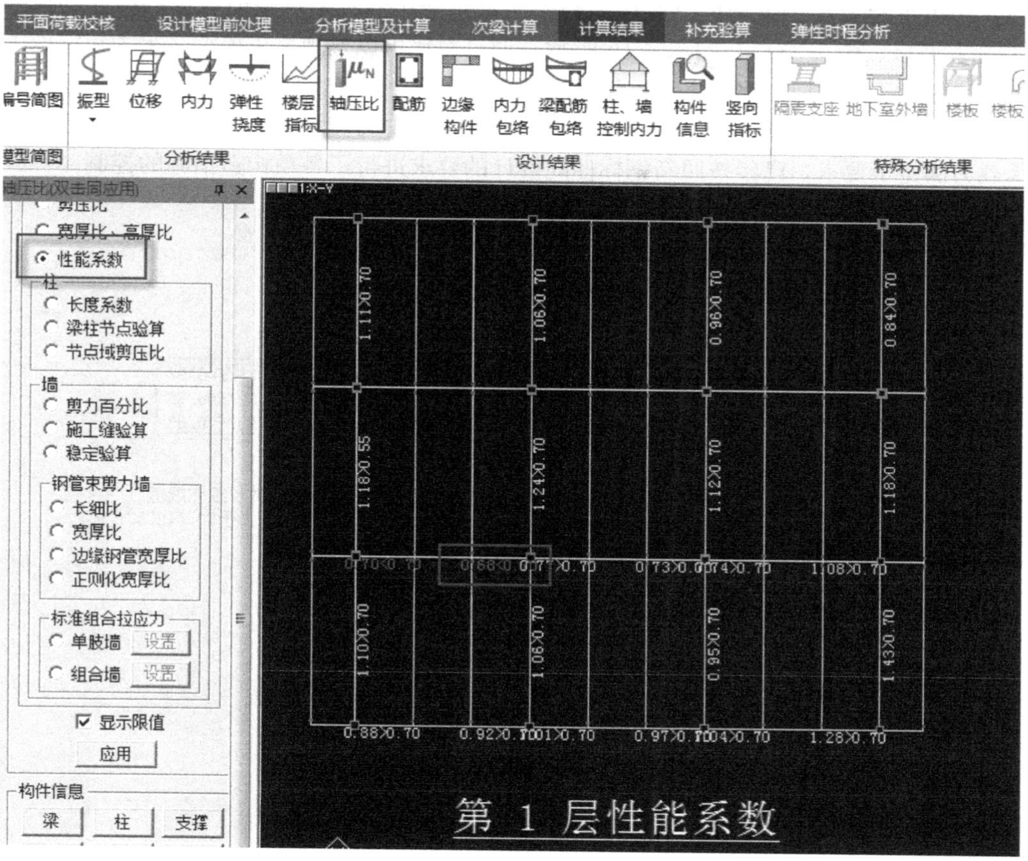

图 7.4-13　主模型下显示的性能系数

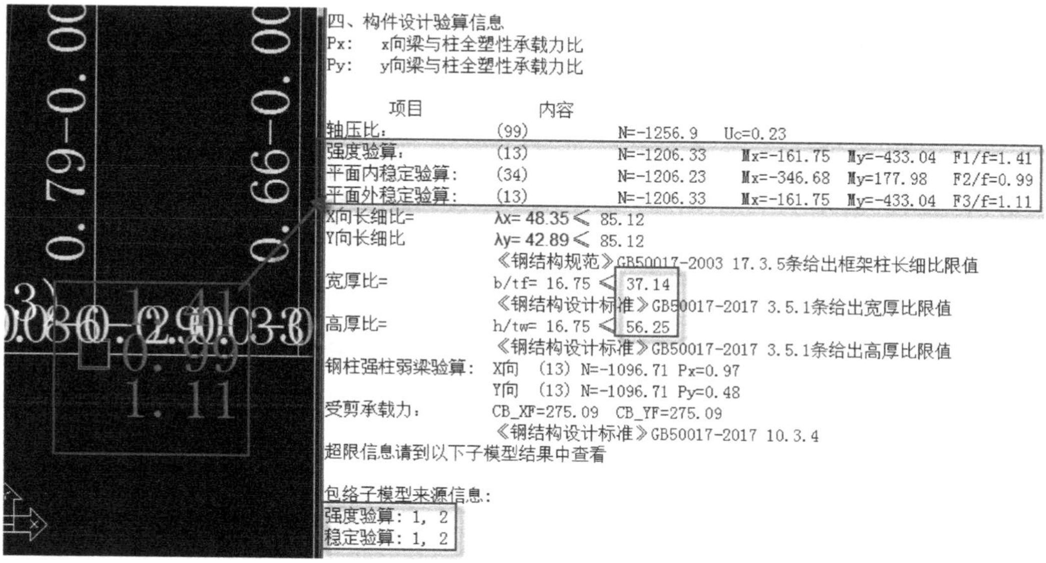
四、构件设计验算信息
Px:　x向梁与柱全塑性承载力比
Py:　y向梁与柱全塑性承载力比

项目	内容				
轴压比:	(99)	N=-1256.9	Uc=0.23		
强度验算:	(13)	N=-1206.33	Mx=-161.75	My=-433.04	F1/f=1.41
平面内稳定验算:	(34)	N=-1206.23	Mx=-346.68	My=177.98	F2/f=0.99
平面外稳定验算:	(13)	N=-1206.33	Mx=-161.75	My=-433.04	F3/f=1.11

X向长细比=　λx= 48.35 ≤ 85.12
Y向长细比　λy= 42.89 ≤ 85.12
《钢结构规范》GB50017-2003 17.3.5条给出框架柱长细比限值
宽厚比=　b/tf= 16.75 ≤ 37.14
《钢结构设计标准》GB50017-2017 3.5.1条给出宽厚比限值
高厚比=　h/tw= 16.75 ≤ 56.25
《钢结构设计标准》GB50017-2017 3.5.1条给出高厚比限值
钢柱强柱弱梁验算:　X向　(13) N=-1096.71 Px=0.97
Y向　(13) N=-1096.71 Py=0.48
受剪承载力:　CB_XF=275.09　CB_YF=275.09
《钢结构设计标准》GB50017-2017 10.3.4
超限信息请到以下子模型结果中查看

包络子模型来源信息:
强度验算: 1, 2
稳定验算: 1, 2

图 7.4-14　主模型下柱包络的强度、稳定应力比及构造限值结果

载力、稳定承载力及相关构造宽厚比、高厚比及长细比的结果及限值。柱构件详细包络信息如图 7.4-14、图 7.4-15、图 7.4-16 所示。通过对比可以发现，主模型结果为包络取大的结果，比如对于强度应力比，主模型包络之后取了中震下的计算结果。在包络主模型下可以看到其宽厚比限值、高厚比限值及长细比限值已经取了中震与小震下包络以后的结果，中震下承载力满足了要求，已经按照新钢标性能设计的要求进行了各项构造措施的控制。

```
4.1 包络子模型1"小震模型"信息
4.1.1 设计属性(仅列出差异部分)

4.1.2 设计验算信息

     项目              内容
轴压比:           (99)          N=-1256.9    Uc=0.23
强度验算:         (78)          N=-1253.96   Mx=-125.57   My=-332.40   F1/f=0.97
平面内稳定验算:   (99)          N=-1256.91   Mx=-270.75   My=130.26    F2/f=0.75
平面外稳定验算:   (78)          N=-1253.96   Mx=-125.57   My=-332.40   F3/f=0.83
X向长细比=        λx= 48.35 ≤ 99.04
Y向长细比         λy= 42.89 ≤ 99.04
                  《钢结构设计标准》GB50017-2017 7.4.6、7.4.7条给出构件长细比限值
《抗规》8.3.1条：钢框架柱的长细比，一级不应大于60√(235/f_y )，二级不应大于80√(235/f_y )，
程序最终限值取以上两者较严值
宽厚比=           b/tf= 16.75 ≤ 33.01
                  《抗规》8.3.2条给出宽厚比限值
《钢结构设计标准》GB50017-2017 3.5.1条给出宽厚比限值
程序最终限值取两者的较严值
高厚比=           h/tw= 16.75 ≤ 33.01
                  《抗规》8.3.2条给出高厚比限值
《钢结构设计标准》GB50017-2017 3.5.1条给出高厚比限值
程序最终限值取两者的较严值
钢柱强柱弱梁验算: X向  (99) N=-1256.91 Px=0.78
                  Y向  (99) N=-1256.91 Py=0.39
受剪承载力:       CB_XF=275.09  CB_YF=275.09
                  《钢结构设计标准》GB50017-2017 10.3.4
```

图 7.4-15　小震模型下该柱强度、稳定应力比及构造限值结果

```
4.2 包络子模型2"新钢标中震模型"信息
4.2.1 设计属性(仅列出差异部分)

4.2.2 设计验算信息

     项目              内容
轴压比:           (13)          N=-1096.7    Uc=0.17
强度验算:         (13)          N=-1206.33   Mx=-161.75   My=-433.04   F1/f=1.41
平面内稳定验算:   (34)          N=-1206.23   Mx=-346.68   My=177.98    F2/f=0.99
平面外稳定验算:   (13)          N=-1206.33   Mx=-161.75   My=-433.04   F3/f=1.11
X向长细比=        λx= 48.35 ≤ 85.12
Y向长细比         λy= 42.89 ≤ 85.12
                  《钢结构规范》GB50017-2003 17.3.5条给出框架柱长细比限值
宽厚比=           b/tf= 16.75 ≤ 37.14
                  《钢结构设计标准》GB50017-2017 3.5.1条给出宽厚比限值
高厚比=           h/tw= 16.75 ≤ 56.25
                  《钢结构设计标准》GB50017-2017 3.5.1条给出高厚比限值
钢柱强柱弱梁验算: X向  (13) N=-1096.71 Px=0.97
                  Y向  (13) N=-1096.71 Py=0.48
受剪承载力:       CB_XF=278.51  CB_YF=278.51
                  《钢结构设计标准》GB50017-2017 10.3.4
超限类别(305)  强度验算超限 : ( 13)Mx= -162. My= -433. N= -1206. F1= 4.8592E+05 > F= 3.4500E+05
超限类别(307)  面外稳定验算超限 : ( 13)Mx= -162. My= -433. N= -1206. F3= 3.8248E+05 > F= 3.4500E+05
```

图 7.4-16　中震模型下该柱强度、稳定应力比及构造限值结果

通过上述小震与中震的包络可以看到，SATWE程序已经完全按照新钢标对性能设计的要求，对结构构件的强度应力比、稳定应力比进行了包络设计，在主模型中输出了最不利的结果；对于构造措施也进行了包络控制，在主模型的构件详细信息下面已经按照小震和中震模型进行了包络设计输出，对于中震下承载力满足要求，程序已经按照对应的指定的宽厚比等级控制构件的宽厚比限值，对于构件的长细比限值按照指定的延性等级及轴压比进行限值的控制。并且对于包络结果，通过图形文件可以直接查看应力比及相关宽厚比、高厚比、长细比等构造措施，另外图面文件上可以直接查看塑性耗能构件实际的性能系数。当然要采用最终放松的宽厚比、高厚比及长细比的条件是，小震与中震包络的应力比均满足要求，同时塑性耗能构件的实际性能系数要满足大于定义的最小的性能系数。

7.4.5　中震下构件承载力及相关验算

（1）中震下构件承载力验算

按照性能设计的结构，SATWE程序对于自动形成的中震模型进行中震下地震作用分析，同时按照新钢标进行相关的构件验算及构造控制。

中震下构件承载力验算时，承载力标准值应进行计入性能系数的内力组合效应，按照钢标17.2.3条公式（式7.4-3、式7.4-4）进行验算。其中 Ω_i 为钢结构构件的性能系数（注意：不是最小的性能系数），该系数需要考虑 β_e，$\Omega_i = \beta_e \Omega_{min}$。

$$S_{E2} = S_{GE} + \Omega_i S_{Ehk2} + 0.4 S_{Evk2} \tag{7.4-3}$$

$$S_{E2} \leqslant R_k \tag{7.4-4}$$

对于梁、柱及支撑构件均按照新钢标的要求进行中震下承载力验算，同时按照指定的宽厚比等级及延性等级分别进行中震下构件的宽厚比、高厚比及长细比限值等构造措施的控制，新钢标表3.5.1规定了不同的板件宽厚比等级下梁、柱的宽厚比、高厚比限值。

表3.5.1　压弯和受弯构件的截面板件宽厚比等级及限值

构件	截面板件宽厚比等级		S1级	S2级	S3级	S4级	S5级
压弯构件（框架柱）	H形截面	翼缘 b/t	$9\varepsilon_k$	$11\varepsilon_k$	$13\varepsilon_k$	$15\varepsilon_k$	20
		腹板 h_0/t_w	$(33+13\alpha_0^{1.3})\varepsilon_k$	$(38+13\alpha_0^{1.39})\varepsilon_k$	$(40+18\alpha_0^{1.5})\varepsilon_k$	$(45+25\alpha_0^{1.66})\varepsilon_k$	250
	箱形截面	壁板（腹板）间翼缘 b_0/t	$30\varepsilon_k$	$35\varepsilon_k$	$40\varepsilon_k$	$45\varepsilon_k$	—
	圆钢管截面	径厚比 D/t	$50\varepsilon_k^2$	$70\varepsilon_k^2$	$90\varepsilon_k^2$	$100\varepsilon_k^2$	—

续表

构件	截面板件宽厚比等级		S1 级	S2 级	S3 级	S4 级	S5 级
受弯构件（梁）	工字形截面	翼缘 b/t	$9\varepsilon_k$	$11\varepsilon_k$	$13\varepsilon_k$	$15\varepsilon_k$	20
		腹板 h_0/t_w	$65\varepsilon_k$	$72\varepsilon_k$	$93\varepsilon_k$	$124\varepsilon_k$	250
	箱形截面	壁板（腹板）间翼缘 b_0/t	$25\varepsilon_k$	$32\varepsilon_k$	$37\varepsilon_k$	$42\varepsilon_k$	—

（2）中震下塑性耗能构件实际性能系数的计算

1）规范相关要求

对于框架结构和框架-支撑结构的塑性耗能区实际的性能系数，计算程序按照新钢标 17.2.2 条第 3 款的要求进行计算，如式（7.4-5）、式（7.4-6）所示（新钢标式 17.2.2-2、式 17.2.2-3）

框架结构：

$$\Omega_0^a=(W_E f_y-M_{GE}-0.4M_{Ehk2})/M_{Evk2} \tag{7.4-5}$$

支撑结构：

$$\Omega_0^a=\frac{(N'_{br}-N'_{GE}-0.4N'_{Evk2})}{(1+0.7\beta_i)N'_{Ehk2}} \tag{7.4-6}$$

注意：由于程序中没有框架-偏心支撑结构体系的选择，因此，对于新钢标中的偏心支撑结构的实际性能系数计算 SATWE 程序没有处理。同时新钢标中的式（17.2.2-2）（式 7.4-5）有误，程序已经按照正确的公式进行了计算，正确的计算公式如下：

$$\Omega_0^a=(W_E f_y-M_{GE}-0.4M_{Evk2})/M_{Ehk2} \tag{7.4-7}$$

2）软件计算结果及手工校核

选取某框架结构，对于其中某根塑性耗能梁的计算结果如图 7.4-17 所示，按照规范对软件计算的性能系数结果进行手工校核。

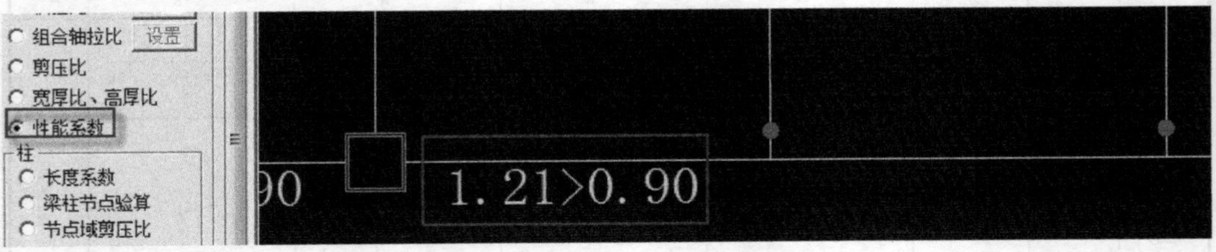

图 7.4-17　框架结构中某根梁的实际性能系数输出

① 查看选取梁构件的截面及其截面特性，图 7.4-18 所示为截面形式及截面特性。

② 选择性能等级性能 2，重点设防类延性等级Ⅴ级，宽厚比等级 S5 级，梁构件材

```
☆ 截面：焊接组合H形截面：
      H*B1*B2*Tw*T1*T2=400*200*200*8*12*12
☆ 截面材料：钢
☆ 截面特性
  A  =7.8080e-003;  Xc =1.0000e-001;  Yc =2.0000e-001;
  Ix =2.1615e-004;  Iy =1.6016e-005;
  ix =1.6638e-001;  iy =4.5291e-002;
  W1x=1.0807e-003;  W2x=1.0807e-003;
  W1y=1.6016e-004;  W2y=1.6016e-004;
  Wpx=1.2140e-003;  Wpy=2.4602e-004;
☆ 高厚比、宽厚比
  腹板计算高厚比 H0/Tw=47.00
  翼缘宽厚比      B/T=8.00
☆ 轴心受压构件的截面分类
  对 X 轴：b类
```

图 7.4-18　该工字截面梁及其截面特性

料 Q345。

框架梁实际性能系数计算公式如式（7.4-5）所示，对于截面模量 W_E 按照新钢标表 17.2.2-2取值。

表 17.2.2-2　构件截面模量 W_E 取值

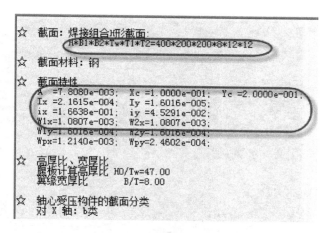

截面板件宽厚比等级	S1	S2	S3	S4	S5
构件截面模量	$W_E=W_p$		$W_E=\gamma_x W$	$W_E=W$	有效截面模量

注：W_p 为塑性截面模量；γ_x 为截面塑性发展系数，按本标准表 8.1.1 采用；W 为弹性截面模量；有效截面模量，均匀受压翼缘有效外伸宽度不大于 $15\varepsilon_k$，腹板可按本标准第 8.4.2 条的规定采用。

③ 通过构件信息查看该梁的详细的内力计算结果，图 7.4-19 输出了该梁构件的恒活荷载下的内力。

(1)DL	76.53	61.78	47.18	32.88	18.99	5.59	-7.39	-20.08	-32.61	0.00
	-59.18	-58.78	-57.88	-56.47	-54.57	-52.67	-51.26	-50.36	-49.96	0.00
(2)LL	36.23	29.27	22.38	15.60	9.02	2.66	-3.51	-9.55	-15.53	0.00
	-27.88	-27.76	-27.38	-26.76	-25.88	-25.01	-24.38	-24.01	-23.88	0.00

图 7.4-19　选定的塑性耗能构件梁的恒活单工况内力

M_{GE} 为重力荷载代表值产生的弯矩效应，根据上述的单工况内力得到梁左端的 M_{GE} 组合为 $1.0D+0.5L$，则 $M_{GE}=(76.53+0.5\times36.23)\text{kN}\cdot\text{m}=94.645\text{kN}\cdot\text{m}$。

④ 查看该塑性耗能梁在地震作用下的单工况内力。

该梁构件在中震下 X 向正偏心地震调整前与调整后的弯矩分别如图 7.4-20 及图 7.4-21 所示。注意：由于地震有正负偶然偏心及多方向地震等，程序计算实际性能系数时，需要计算最不利的实际性能系数，因此取几种地震下最大的弯矩，本例中 X 正偶然偏心地震作用下的效应最大，计算出的性能系数最不利，因此，取 X 向正偏心地震的内力结果。

⑤ 根据上述输出的中震下的地震内力结果校核调整系数是否正确。

调整前梁端弯矩为：267.5kN·m，调整后梁端弯矩为：240.7kN·m，因此，调整

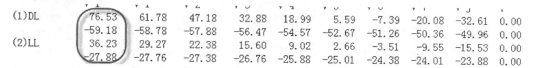

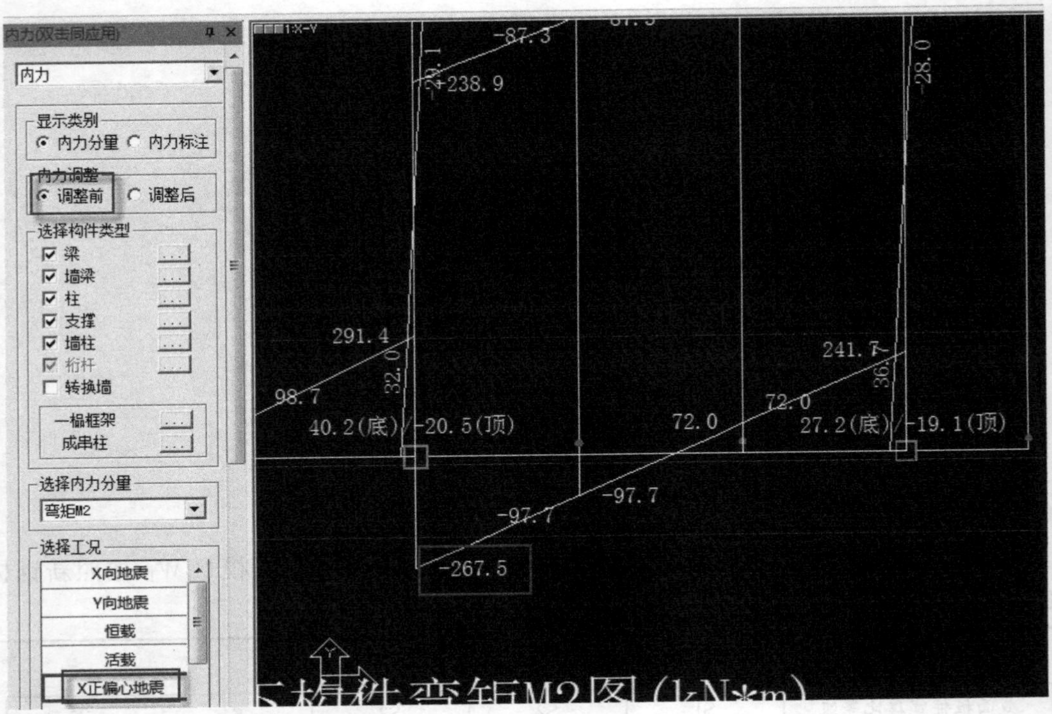

图 7.4-20　*X* 正偏心地震调整前选定梁的左端弯矩

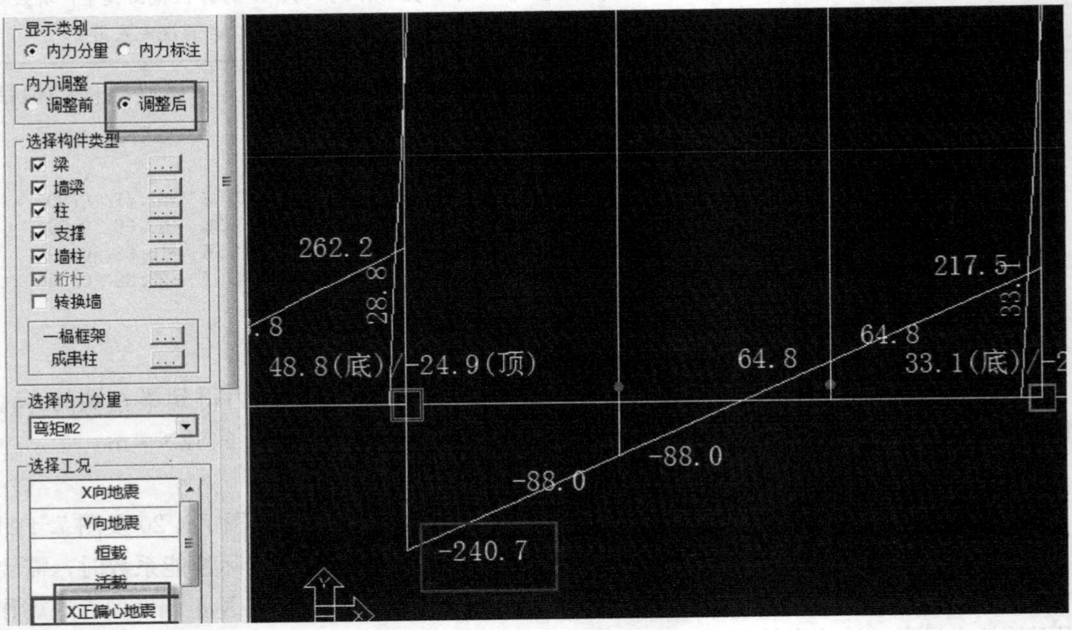

图 7.4-21　*X* 正偏心地震调整后选定梁的左端弯矩

后与调整前的系数为：240.7/267.5＝0.9。该塑性耗能构件的性能等级及性能系数如图 7.4-22所示。

构件两端约束标志	两端刚接
构件属性信息	主梁，普通梁，钢梁，塑性耗能构件
宽厚比等级	S5
性能等级	2
性能系数最小值	0.90
构件延性等级	V
非塑性耗能区内力调整系数	1.00
塑性耗能区刚度折减系数	1.00
是否人防	非人防构件
刚度放大系数	COEF_STIFF=1.00
活荷内力折减系数	1.00

图7.4-22　该塑性耗能梁指定的性能等级及最小性能系数

通过上述的计算分析可知，塑性耗能构件中震下的内力调整正确，由于塑性耗能区构件 $\beta_e=1.0$，$\Omega_i=\beta_e\Omega_{min}=\Omega_{min}=0.9$。

⑥ 根据新钢标实际性能系数公式计算塑性耗能梁的实际性能系数。

根据上述的分析得到的与实际性能系数计算相关的参数为，$W_E=W_P=0.001214m^3$，$M_{GE}=94.645kN\cdot m$，$M_{Ehv2}=267.5kN\cdot m$，由于没有计算竖向地震，故 $M_{EVv2}=0$，则计算的实际性能系数为：

$\Omega_{0a}=\left(\dfrac{0.001214\times345\times1000-94.645}{267.5}\right)=1.21$，该系数按照手工校核结果与软件输出的结果是一致的。

（3）中震下强柱弱梁的验算

1）强柱弱梁规范要求

性能设计中震模型下需要按照新钢标的 17.2.5 条进行强柱弱梁验算，如式（7.4-8）、式（7.4-9）所示（新钢标式 17.2.5-1、式 17.2.5-2），与正常结构强柱弱梁验算不同的是，中震模型下的验算，对于梁柱截面均需要采用 W_E，而该参数的取值与板件宽厚比等级是有关系的，如新钢标表 17.2.2-2 所示。

柱截面板件宽厚比等级为 S1、S2 时：

$$\sum W_{Ec}(f_{yc}-N_p/A_c)\geqslant\eta_y\sum W_{Eb}f_{yb}\tag{7.4-8}$$

柱截面板件宽厚比等级为 S3、S4 时：

$$\sum W_{Ec}(f_{yc}-N_p/A_c)\geqslant1.1\eta_y\sum W_{Eb}f_{yb}\tag{7.4-9}$$

注意：中震下强柱弱梁不需要做验算的几个条件与小震下不做强柱弱梁验算的条件不完全相同。条件如下：

① 单层框架和顶层框架柱；

② 规则框架，本层受剪承载力比相邻上一层的受剪承载力高出 25%；

③ 不满足强柱弱梁要求的柱子提供的受剪承载力之和，不超过总受剪承载力的 20%；

④ 与支撑斜杆相连的框架柱；

⑤ 框架柱轴压比不超过 0.4，且柱的截面板件宽厚比等级满足 S3 级要求；

⑥ 柱满足构件延性等级为Ⅴ级的承载力要求。

其中①、④、⑤和⑥条软件可以自动判断并执行。

2）强柱弱梁验算软件计算结果及手工校核

某框架结构，计算完毕之后，查看中震下的计算结果，选取其中某根柱计算结果，该柱子 X 方向有两根梁与之相连，Y 方向只有一边有梁与之相连，输出如图 7.4-23 所示详细构件信息，计算结果中可以看到强柱弱梁验算结果 P_X，P_y。

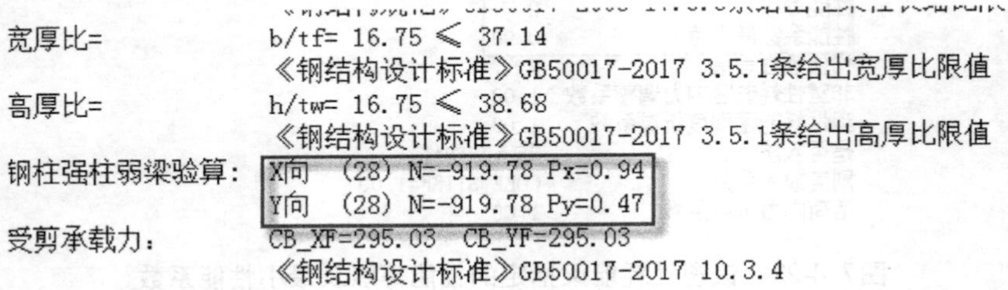

图 7.4-23　选取柱中震下强柱弱梁验算结果

① 该柱构件的截面信息及截面特性如图 7.4-24 所示。

② 与该柱相连的 X、Y 两方向梁截面均一致，梁截面信息及特性如图 7.4-25 所示。

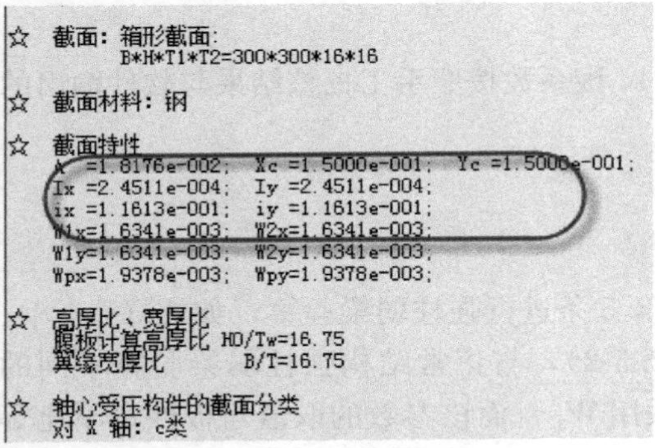

图 7.4-24　考察柱的截面信息及其特性

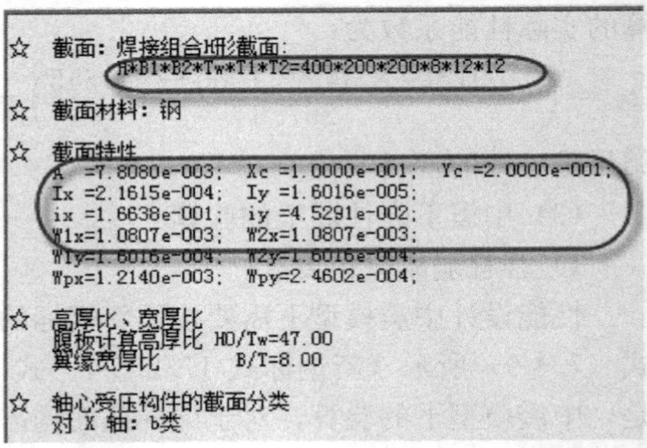

图 7.4-25　与考察柱相连的两个方向梁截面信息及其特性

③ 柱的受弯承载力计算。

该梁及柱的宽厚比等级均为 S3 级，按照新钢标对应的 S3 级进行强柱弱梁验算时，按照钢标 17.2.5 条中公式考虑 $W_E = \gamma W$，则上下柱的受弯承载力验算为：

$$W_{Ec}(f_{yc} - N_p/A_c) = \gamma W(f_{yc} - N_p/A_c)$$

其中 N_p 就是本层强柱弱梁验算的控制轴力，在该算例中 $N_p = 919.78\text{kN}$。对于箱形截面柱的塑性发展系数，两个方向均为 $\gamma_x = \gamma_y = 1.05$。

上柱 $W_{Ec}(f_{yc} - N_p/A_c) = 1.6341 \times 1.05 \times (345000 - 919.78/0.018176) = 505.05\text{kN} \cdot \text{m}$；

下柱 $W_{Ec}(f_{yc} - N_p/A_c) = 1.6341 \times 1.05 \times (345000 - 919.78/0.018176) = 505.05\text{kN} \cdot \text{m}$；

上下柱承载力之和 $\Sigma W_{Ec}(f_{yc} - N_p/A_c) = 505.05 + 505.05 = 1010.1\text{kN} \cdot \text{m}$

④ 超强系数的取值。

超强系数取值按新钢标表 17.2.2-3 确定，但对于材料超出该表范围时，SATWE 程序约定如下：如果梁采用钢材超出了Q345，η_y 的取值为1.0；如果柱采用的钢材超过了Q460，则仍然按照Q460进行取值；另外如果采用了管材，则 η_y 在查表的基础上还需要放大1.1倍。

⑤ 计算与柱相连的两个方向梁的受弯承载力。

对于 X、Y 两个方向的梁均为工字截面，其截面塑性发展系数两个方向分别为 $\gamma_x=1.05$，$\gamma_y=1.2$。按照梁的受弯承载力计算公式计算两个方向的梁的受弯承载力如下：

X 方向两根梁 $\eta_y \sum W_{eb} f_{yb} = 1.1 \times 1.1 \times 2 \times 345 \times 1.05 \times 1.0807 = 947.4\text{kN}\cdot\text{m}$；

Y 方向的一根梁 $\eta_y \sum W_{eb yb} = 1.1 \times 1.1 \times 345 \times 1.05 \times 1.0807 = 473.7\text{kN}\cdot\text{m}$。

⑥ 强柱弱梁 P_x，P_y 的计算。

按照新钢标性能设计强柱弱梁的验算公式，对应 X、Y 两个方向的强柱弱梁验算结果分别为：

$$P_x = 947.4/1010.1 = 0.94,\ P_y = 473.7/1010.1 = 0.47$$

手工校核结果与软件输出结果一致。

(4) 中震下框架梁受剪、受压验算

1) 规范相关要求

按照新钢标性能设计，对于中震下框架梁的抗剪承载力应该按照钢标17.2.4条式(17.2.4-1)进行计算，并按照新钢标表17.3.4-1的限值进行判断。同时对于存在轴力的梁还需要验算梁的组合轴力是否满足对应各延性等级下的轴力限值要求。

17.2.4 框架梁的抗震承载力验算应符合下列规定：

1 框架结构中框架梁进行受剪计算时，剪力应按下式计算：

$$V_{pb} = V_{Gb} + \frac{W_{Eb,A} f_y + W_{Eb,B} f_y}{l_n} \tag{17.2.4-1}$$

表17.3.4-1 结构构件延性等级对应的塑性耗能区（梁端）截面板件宽厚比等级和轴力、剪力限值

结构构件延性等级	Ⅴ级	Ⅳ级	Ⅲ级	Ⅱ级	Ⅰ级
截面板件宽厚比最低等级	S5	S4	S3	S2	S1
N_{E2}	—	$\leqslant 0.15Af$		$\leqslant 0.15Af_y$	
V_{pb}（未设置纵向加劲肋）	—	$\leqslant 0.5h_w t_w f_v$		$\leqslant 0.5h_w t_w f_{vy}$	

2) 软件按照规范要求进行的输出计算及手工校核抗剪

提取某框架结构中一根梁的计算结果，从计算结果中提取如下梁构件信息进行校核。该梁构件对应的延性等级为Ⅱ级，宽厚比等级为S2，输出的抗剪、受压计算结果信息如图7.4-26所示。

① 查看该梁的截面信息及截面特性如图7.4-27所示。

② 按照钢标公式计算 N_{max}。

由于该梁构件的延性等级Ⅱ级，宽厚比等级为S2级，按照新钢标计算公式，$N_{max} = 0.15Af_y = 0.15 \times 7.808 \times 345 = 404.6\text{kN}$。

③ 按照钢标公式校核中震下 $N_{e2} < N_{max}$。

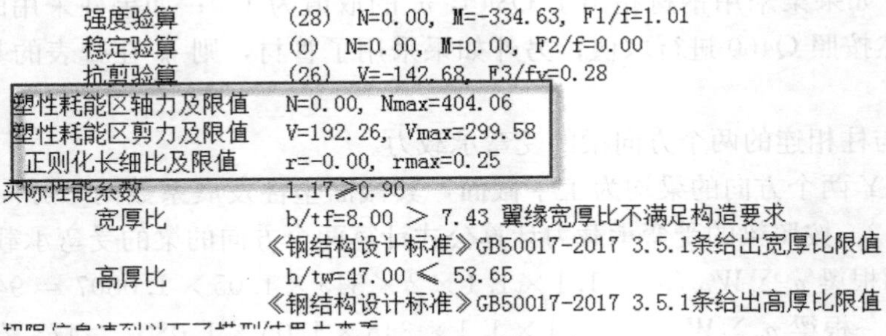

强度验算 (28) N=0.00, M=-334.63, F1/f=1.01
稳定验算 (0) N=0.00, M=0.00, F2/f=0.00
抗剪验算 (26) V=-142.68, F3/fv=0.28
塑性耗能区轴力及限值 N=0.00, Nmax=404.06
塑性耗能区剪力及限值 V=192.26, Vmax=299.58
正则化长细比及限值 r=-0.00, rmax=0.25
实际性能系数 1.17≥0.90
宽厚比 b/tf=8.00 ＞ 7.43 翼缘宽厚比不满足构造要求
《钢结构设计标准》GB50017-2017 3.5.1条给出宽厚比限值
高厚比 h/tw=47.00 ≤ 53.65
《钢结构设计标准》GB50017-2017 3.5.1条给出高厚比限值

图 7.4-26　梁的抗剪、受压输出结果

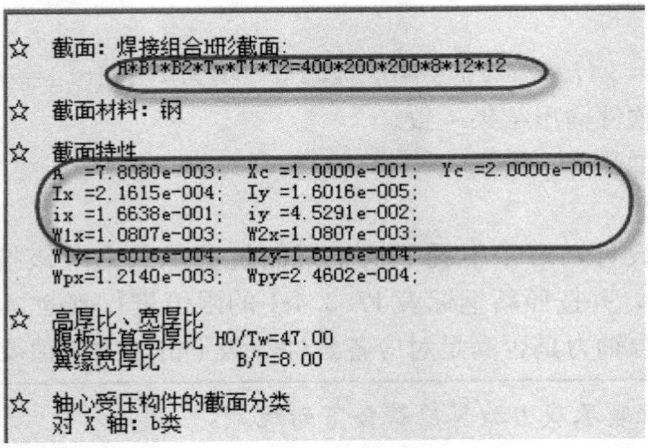

图 7.4-27　校核梁的截面信息及特性

该框架结构中有楼板与该框架梁相连，在正常计算时，如果不定义弹性板，楼板会按照分块刚性板计算，梁与刚性板一起变形协调，梁中无相对变形，因此梁中没有轴力，$N_{e2}=0$，手工校核结果与软件计算结果一致。

3）软件按照规范要求进行的输出计算及手工校核受压验算

① 梁的截面信息及截面特性如图 7.4-27 所示。

② 按照钢标公式计算 V_{max}。

该梁构件输出的详细的单工况内力结果如图 7.4-28 所示，梁的长度 $l_n = l = 6\text{m}$。

在图 7.4-28 的内力计算结果中可以查看到该梁左右两端在恒、活载下的内力。梁左右两端在重力荷载代表值作用下的剪力分别为：

梁左端：$V_{Gb左} = 1.0D + 0.5L = 1.0 \times 41.18 + 0.5 \times 19.68 = 51.02\text{kN}$

梁右端：$V_{Gb右} = 1.0D + 0.5L = 1.0 \times 42.5 + 0.5 \times 20.32 = 52.66\text{kN}$

梁左端截面的受弯承载力：$W_{ef} f_y = W_p f_y = 1.214 \times 345 = 419\text{kN}$

梁右端截面的受弯承载力：$W_{ef} f_y = W_p f_y = 1.214 \times 345 = 419\text{kN}$

按照新钢标公式，梁左端截面的 V_p 为：

$$V_{p左} = 51.02 + (419 + 419)/6 = 51.02 + 139.66 = 190.69\text{kN}$$

梁另一边右端 V_p 为：

$$V_{p右} = 52.66 + (419 + 419)/6 = 52.66 + 139.66 = 192.32\text{kN}$$

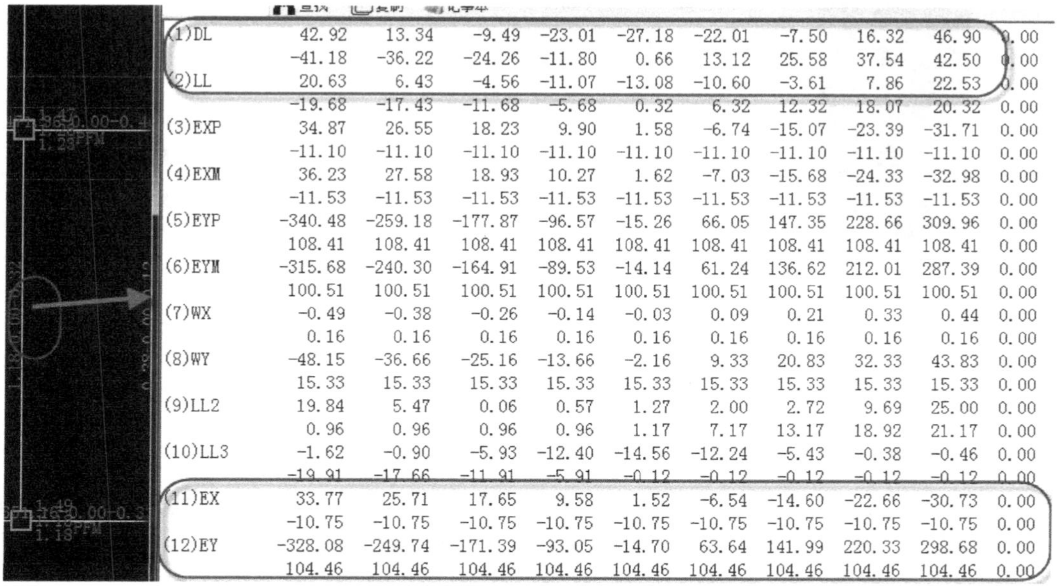

(1)DL	42.92	13.34	-9.49	-23.01	-27.18	-22.01	-7.50	16.32	46.90	0.00
	-41.18	-36.22	-24.26	-11.80	0.66	13.12	25.58	37.54	42.50	0.00
(2)LL	20.63	6.43	-4.56	-11.07	-13.08	-10.60	-3.61	7.86	22.53	0.00
	-19.68	-17.43	-11.68	-5.68	0.32	6.32	12.32	18.07	20.32	0.00
(3)EXP	34.87	26.55	18.23	9.90	1.58	-6.74	-15.07	-23.39	-31.71	0.00
	-11.10	-11.10	-11.10	-11.10	-11.10	-11.10	-11.10	-11.10	-11.10	0.00
(4)EXM	36.23	27.58	18.93	10.27	1.62	-7.03	-15.68	-24.33	-32.98	0.00
	-11.53	-11.53	-11.53	-11.53	-11.53	-11.53	-11.53	-11.53	-11.53	0.00
(5)EYP	-340.48	-259.18	-177.87	-96.57	-15.26	66.05	147.35	228.66	309.96	0.00
	108.41	108.41	108.41	108.41	108.41	108.41	108.41	108.41	108.41	0.00
(6)EYM	-315.68	-240.30	-164.91	-89.53	-14.14	61.24	136.62	212.01	287.39	0.00
	100.51	100.51	100.51	100.51	100.51	100.51	100.51	100.51	100.51	0.00
(7)WX	-0.49	-0.38	-0.26	-0.14	-0.03	0.09	0.21	0.33	0.44	0.00
	0.16	0.16	0.16	0.16	0.16	0.16	0.16	0.16	0.16	0.00
(8)WY	-48.15	-36.66	-25.16	-13.66	-2.16	9.33	20.83	32.33	43.83	0.00
	15.33	15.33	15.33	15.33	15.33	15.33	15.33	15.33	15.33	0.00
(9)LL2	19.84	5.47	0.06	0.57	1.27	2.00	2.72	9.69	25.00	0.00
	0.96	0.96	0.96	0.96	1.17	7.17	13.17	18.92	21.17	0.00
(10)LL3	-1.62	-0.90	-5.93	-12.40	-14.56	-12.24	-5.43	-0.38	-0.46	0.00
	-19.91	-17.66	-11.91	-5.91	-0.12	-0.12	-0.12	-0.12	-0.12	0.00
(11)EX	33.77	25.71	17.65	9.58	1.52	-6.54	-14.60	-22.66	-30.73	0.00
	-10.75	-10.75	-10.75	-10.75	-10.75	-10.75	-10.75	-10.75	-10.75	0.00
(12)EY	-328.08	-249.74	-171.39	-93.05	-14.70	63.64	141.99	220.33	298.68	0.00
	104.46	104.46	104.46	104.46	104.46	104.46	104.46	104.46	104.46	0.00

图 7.4-28　该梁输出的单工况内力计算结果

要判断 $V_p < V_{pmax}$，需要从梁的两端中挑出最大的 V_p，因此，最终计算的 V_p =192.32kN；按新钢标宽厚比等级为 S2，计算的 V_{max} 为：

$$V_{max} = 0.5h_w t_w f_{vy} = 0.5 \times 8 \times (400 - 2 \times 12) \times 345/\sqrt{3} = 299.58\text{kN}$$

手工校核结果与软件计算结果完全一致。

（5）中震下梁的正则化长细比及限值验算

1）新钢标对梁的正则化长细比及限值要求

> 2　当梁端塑性耗能区为工字形截面时，尚应符合下列要求之一：
>
> ① 工字形梁上翼缘有楼板且布置间距不大于 2 倍梁高的加劲肋；
>
> ② 工字形梁受弯正则化长细比 $\lambda_{n,b}$ 限值符合表 17.3.4-2 的要求；
>
> ③ 上下翼缘均设置侧向支承。

表 17.3.4-2　工字形梁受弯正则化长细比 $\lambda_{n,b}$ 限值

结构构件延性等级	Ⅰ级、Ⅱ级	Ⅲ级	Ⅳ级	Ⅴ级
上翼缘有楼板	0.25	0.40	0.55	0.80

注：受弯正则化长细比 $\lambda_{n,b}$ 应按本标准式（6.2.7-3）计算。

2）软件对于符合要求的梁进行正则化长细比计算及限值输出

还是图 7.4-27 所示的梁截面，选取了其中一根该截面的梁，该梁的长度为 l=6m，材料为 Q345，该梁两端与柱相连，上面无次梁与之相连。输出了如图 7.4-29 所示的详细信息，对结果进行正则化长细比及限值的校核。

① 按照新钢标计算该梁的 γ，φ_1。

这两个参数按照新钢标的公式计算如下：

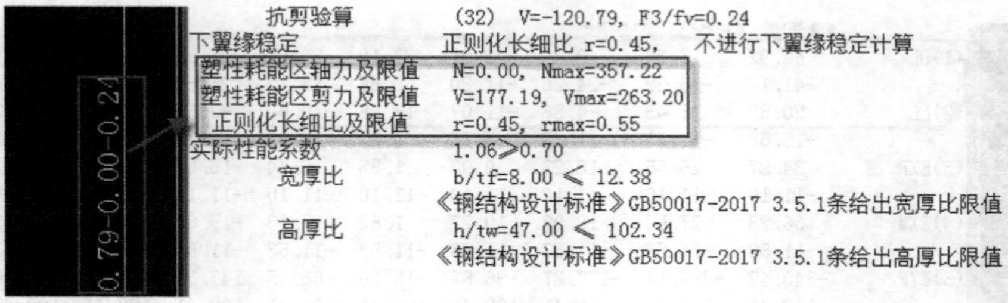

图 7.4-29　中震下梁正则化长细比及限值输出

$$\gamma = \frac{b_1}{t_w}\sqrt{\frac{b_1 t_1}{h_w t_w}} \tag{7.4-10}$$

$$\varphi_1 = \frac{1}{2}\left(\frac{5.436\gamma h_w^2}{l^2} + \frac{l^2}{5.436\gamma h_w^2}\right) \tag{7.4-11}$$

$b_1=200\text{mm}$，$t_1=12\text{mm}$，$t_w=8\text{mm}$，$h_w=400-2\times12=376\text{mm}$，按照新钢标 l 取值为主梁的一半，则 $l=6/2=3\text{m}$，按照正则化长细比的计算公式可以得到：

$$\gamma = \frac{200}{8}\times\sqrt{\frac{200\times12}{8\times(400-2\times12)}} = 200\times0.8932/8 = 22.33$$

$$\varphi_1 = \frac{1}{2}\times\left(\frac{5.436\times22.33\times376^2}{3000^2} + \frac{3000^2}{5.436\times22.33\times376^2}\right) = 1.216$$

② 计算正则化长细比 $\lambda_{n,b}$。

按照新钢标式（6.2.7-3）计算，如下：

$$\lambda_{n,b} = \sqrt{\frac{f_y}{\sigma_{cr}}} \tag{7.4-12}$$

$$\sigma_{cr} = \frac{3.46 b_1 t_1^3 + h_w t_w^3 (7.27\gamma + 3.3)\varphi_1}{h_w^2 (12 b_1 t_1 + 1.78 h_w t_w)} E \tag{7.4-13}$$

$$\lambda_{n,b} = \sqrt{\frac{f_y}{\sigma_{cr}}} = \sqrt{\frac{345}{1705}} = 0.449$$

$$\sigma_{cr} = \frac{3.46\times200\times12^3 + 376\times8^3\times(7.27\times22.33+3.3)\times1.216}{376^2\times(12\times200\times12+1.78\times8\times376)}\times206000$$

$$= 1705\text{N/mm}^2$$

软件输出结果为 0.45，手工校核结果与软件计算结果完全一致。

③ 按照新钢标的要求，对于该宽厚比等级下的限值输出。

由于该梁的延性等级为Ⅳ级，如图 7.4-30 所示，按照新钢标表 17.3.4-2 的要求，其正则化长细比限值为 0.55，软件输出的结果与标准要求结果一致。

（6）中震下非塑性耗能构件内力调整系数校核

按照规范要求，验算中震下的承载力时需要考虑对于非塑性耗能构件内力的调整放大，选择某框架结构中某根箱形柱，进行强度及稳定承载力校核，同时校核其非塑性耗能区内力的调整系数软件输出结果与手工校核结果是否一致。

选取某框架结构中某根柱，其强度应力比及稳定应力比计算结果如图 7.4-31 所示，然后进行详细的内力调整系数校核。

三、构件设计属性信息	
构件两端约束标志	两端刚接
构件属性信息	主梁，普通梁，钢梁，塑性耗能构件
宽厚比等级	S4
性能等级	3
性能系数最小值	0.70
构件延性等级	IV
非塑性耗能区内力调整系数	1.00
塑性耗能区刚度折减系数	0.80
是否人防	非人防构件
刚度放大系数	COEF_STIFF=1.00
活荷内力折减系数	1.00
活荷载弯矩放大系数	1.00
扭矩折减系数	0.40
地震作用放大系数	X向：1.00 Y向：1.00
薄弱层地震内力调整系数	X向：1.25 Y向：1.25

图 7.4-30　该梁的延性等级等信息

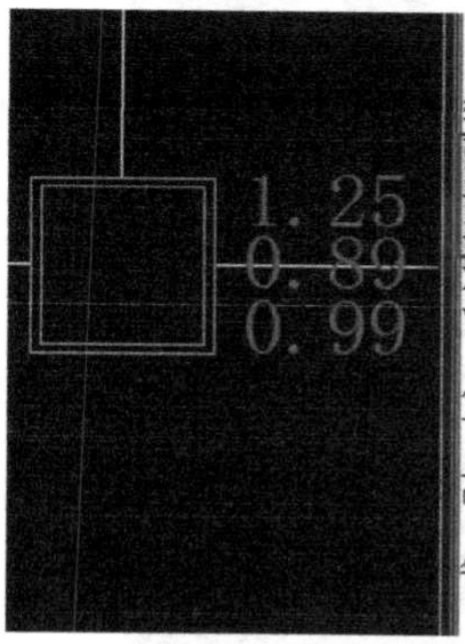

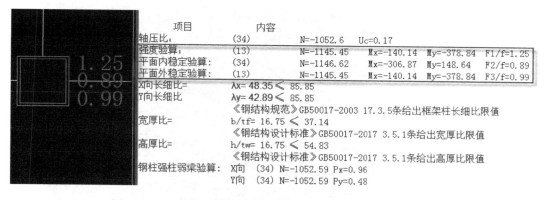

项目	内容
轴压比：	(34)　N=-1052.6　Uc=0.17
强度验算：	(13)　N=-1145.45　Mx=-140.14　My=-378.84　F1/f=1.25
平面内稳定验算：	(34)　N=-1146.62　Mx=-306.87　My=148.64　F2/f=0.89
平面外稳定验算：	(13)　N=-1145.45　Mx=-140.14　My=-378.84　F3/f=0.99
X向长细比=	λx= 48.35 ≤ 85.85
Y向长细比	λy= 42.89 ≤ 85.85 《钢结构规范》GB50017-2003 17.3.5条给出框架柱长细比限值
宽厚比=	b/tf= 16.75 ≤ 37.14 《钢结构设计标准》GB50017-2017 3.5.1条给出宽厚比限值
高厚比=	h/tw= 16.75 ≤ 54.83 《钢结构设计标准》GB50017-2017 3.5.1条给出高厚比限值
钢柱强柱弱梁验算：	X向　(34) N=-1052.59 Px=0.96 Y向　(34) N=-1052.59 Py=0.48

图 7.4-31　中震下某根柱输出的强度及稳定应力比验算结果

1）该柱截面为箱形截面，对应的截面信息及截面特性结果如图 7.4-32 所示。

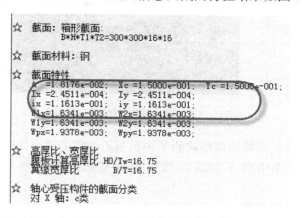

☆ 截面：箱形截面：
　　B*H*T1*T2=300*300*16*16

☆ 截面材料：钢

☆ 截面特性
　A =1.8176e-002;　Xc =1.5000e-001;　Yc =1.5000e-001;
　Ix =2.4511e-004;　Iy =2.4511e-004;
　ix =1.1613e-001;　iy =1.1613e-001;
　W1x=1.6341e-003;　W2x=1.6341e-003;
　W1y=1.6341e-003;　W2y=1.6341e-003;
　Wpx=1.9378e-003;　Wpy=1.9378e-003;

☆ 高厚比、宽厚比
　腹板计算高厚比　H0/Tw=16.75
　翼缘宽厚比　B/T=16.75

☆ 轴心受压构件的截面分类
　对 X 轴：c类

图 7.4-32　中震强度及稳定验算的柱截面信息及截面特性

2）查看该柱在中震下的单工况内力计算结果，如图 7.4-33 所示。

3）查看中震作用下该柱构件作为非塑性耗能构件的调整。

荷载工况	Axial	Shear-X	Shear-Y	MX-Bottom	MY-Bottom	MX-Top	MY-Top
(1)DL	-638.37	1.13	-6.55	8.74	2.54	-16.81	-1.85
(2)LL	-291.17	0.55	-3.15	4.20	1.24	-8.09	-0.90
(3)EXP	-361.49	157.16	-49.58	129.29	375.68	-65.37	-237.58
(4)EXM	-320.63	130.29	-48.75	127.02	311.53	-64.40	-196.90
(5)EYP	316.13	73.65	103.68	-279.72	173.80	125.55	-113.81
(6)EYM	362.66	64.62	109.63	-296.03	151.80	132.53	-100.69
(7)WX	-39.71	22.81	-0.17	0.44	54.30	-0.23	-34.66
(8)WY	54.32	1.91	20.00	-53.65	4.39	24.37	-3.06
(9)EX	-340.92	143.72	-49.10	127.97	343.59	-64.82	-217.23
(10)EY	339.21	67.50	106.66	-287.87	158.87	129.04	-104.82

图 7.4-33 该柱在中震下的单工况内力计算结果

查看该柱构件在非塑性耗能构件调整后的 Y 向负偏心地震的轴力，如图 7.4-34 所示。

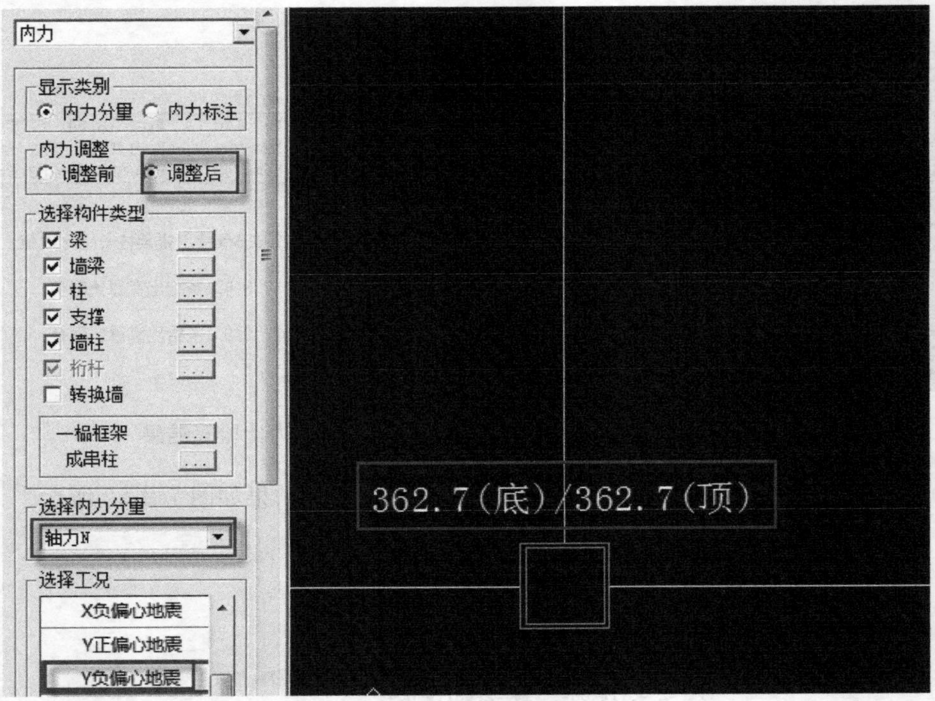

图 7.4-34 非塑性耗能柱中震调整后的轴力

该柱构件在非塑性耗能构件调整前的 Y 向负偏心地震的轴力如图 7.4-35 所示。

该非塑性耗能构件中震下地震作用内力调整前后的调整系数为：362.7/390.7＝0.928。

该柱构件输出的性能等级、最小性能系数及非塑性耗能区内力放大系数如图 7.4-36 所示。

按照新钢标的计算，该非塑性耗能构件内力调整系数为 1.35，综合考虑最小的性能系数对应的调整系数为：0.55×1.35＝0.7425。但是查看该柱的单工况内力调整结果如图 7.4-37所示，可以看到该柱构件还进行了 $0.2V_0$ 调整，调整系数为 1.25，因此再考虑

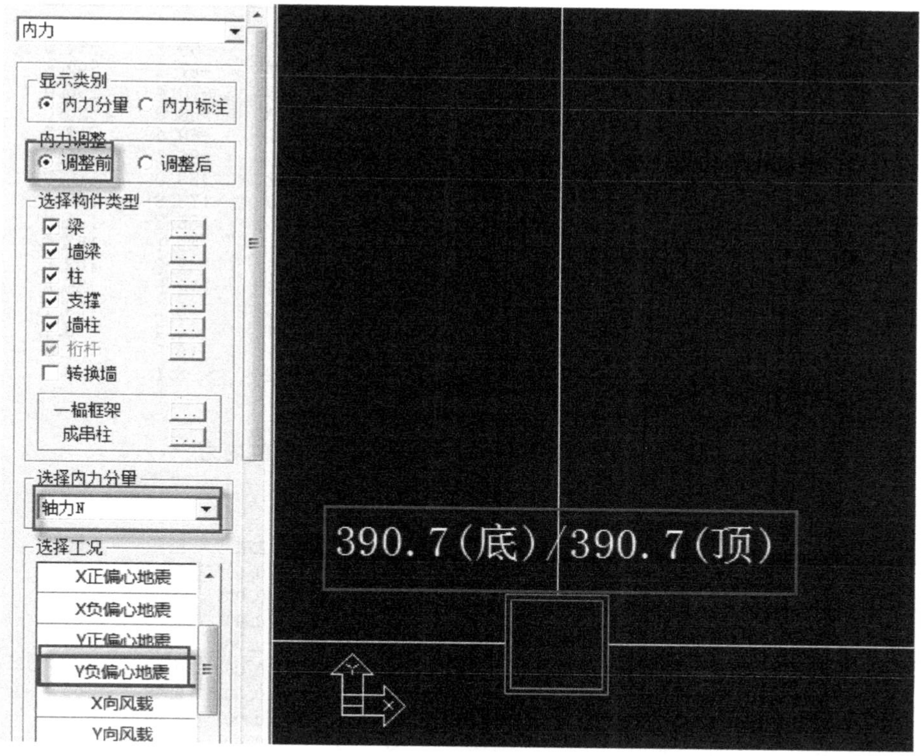

图 7.4-35　非塑性耗能柱中震调整前的轴力

三、构件设计属性信息	
构件两端约束标志	两端刚接
构件属性信息	普通柱，普通钢柱
宽厚比等级	S4
性能等级	4
性能系数最小值	0.55
构件延性等级	IV
非塑性耗能区内力调整系数	1.35
塑性耗能区刚度折减系数	1.00
是否人防	非人防构件
长度系数	Cx=1.44　Cy=1.28
活荷内力折减系数	1.00
地震作用放大系数	X向：1.00 Y向：1.00
薄弱层地震内力调整系数	X向：1.25 Y向：1.25

图 7.4-36　程序输出的性能系数最小值及非塑性耗能区内力调整系数

薄弱层和非塑性耗能构件综合内力调整系数为：1.25×0.55×1.35＝0.928。显然这个调整系数手工核算结果与软件直接用调整前后内力的比值计算的结果一致。

（7）中震下非塑性耗能构件柱的强度应力比、稳定应力比校核

还是从图 7.4-31 的非塑性耗能构件柱的强度及稳定应力比计算结果可以看到，该柱强度与稳定的组合分别为 13 与 34 组合，然后分别对这两个组合进行组合内力的计算及应力比手工校核。

1）13 及 34 详细的组合情况如图 7.4-38 所示。

N-C = 2 Node-i= 33, Node-i= 5, DL= 3.900(m), Angle= 0.000

(1*)	-154.8	52.9	-367.3	-137.9	-370.2	-69.8	234.0
(1)	-193.6	66.1	-459.1	-172.3	-462.7	-87.3	292.6
(2*)	-169.3	53.4	-389.5	-139.3	-404.8	-70.4	256.0
(2)	-211.7	66.8	-486.9	-174.1	-506.0	-88.0	320.0
(3*)	-140.4	52.5	-345.5	-136.9	-335.7	-69.4	212.2
(3)	-175.5	65.7	-431.8	-171.1	-419.6	-86.7	265.2
(4*)	-72.7	-114.9	365.5	310.2	-171.2	139.0	112.9
(4)	-90.9	-143.6	456.8	387.7	-214.0	173.8	141.2
(5*)	-79.3	-111.7	340.6	301.4	-187.3	135.3	122.6
(5)	-99.2	-139.6	425.8	376.7	-234.1	169.1	153.3
(6*)	-69.6	-118.1	390.7	319.0	-163.6	142.8	108.5
(6)	-87.0	-147.7	488.4	398.7	-204.4	178.5	135.6
(7)	-22.8	0.2	-39.7	-0.4	-54.3	-0.2	34.7
(8)	-1.9	-20.0	54.3	53.7	-4.4	24.4	3.1
(9)	-1.1	6.6	-638.4	-8.7	-2.5	-16.8	1.9
(10)	-0.5	3.2	-291.2	-4.2	-1.2	-8.1	0.9

C_WKX= 1.250 C_WKY= 1.250

图 7.4-37 该柱单工况内力结果及调整后的内力

编号	基本组合系数									
	DL	LL	EX	LL2	LL3	EY	EXP	EXM	EYP	EYM
1	1.00	0.50	1.00	0.00	0.00	0.00	0.00	0.00	0.00	0.00
2	1.00	0.00	1.00	0.50	0.00	0.00	0.00	0.00	0.00	0.00
3	1.00	0.00	1.00	0.00	0.50	0.00	0.00	0.00	0.00	0.00
4	1.00	0.50	-1.00	0.00	0.00	0.00	0.00	0.00	0.00	0.00
5	1.00	0.00	-1.00	0.50	0.00	0.00	0.00	0.00	0.00	0.00
6	1.00	0.00	-1.00	0.00	0.50	0.00	0.00	0.00	0.00	0.00
7	1.00	0.50	0.00	0.00	0.00	1.00	0.00	0.00	0.00	0.00
8	1.00	0.00	0.00	0.50	0.00	1.00	0.00	0.00	0.00	0.00
9	1.00	0.00	0.00	0.00	0.50	1.00	0.00	0.00	0.00	0.00
10	1.00	0.50	0.00	0.00	0.00	-1.00	0.00	0.00	0.00	0.00
11	1.00	0.00	0.00	0.50	0.00	-1.00	0.00	0.00	0.00	0.00
12	1.00	0.00	0.00	0.00	0.50	-1.00	0.00	0.00	0.00	0.00
13	1.00	0.50	0.00	0.00	0.00	0.00	1.00	0.00	0.00	0.00
14	1.00	0.00	0.00	0.50	0.00	0.00	1.00	0.00	0.00	0.00
15	1.00	0.00	0.00	0.00	0.50	0.00	1.00	0.00	0.00	0.00
16	1.00	0.50	0.00	0.00	0.00	0.00	-1.00	0.00	0.00	0.00
17	1.00	0.00	0.00	0.50	0.00	0.00	-1.00	0.00	0.00	0.00
18	1.00	0.00	0.00	0.00	0.50	0.00	-1.00	0.00	0.00	0.00
19	1.00	0.50	0.00	0.00	0.00	0.00	0.00	1.00	0.00	0.00
20	1.00	0.00	0.00	0.50	0.00	0.00	0.00	1.00	0.00	0.00
21	1.00	0.00	0.00	0.00	0.50	0.00	0.00	1.00	0.00	0.00
22	1.00	0.50	0.00	0.00	0.00	0.00	0.00	-1.00	0.00	0.00
23	1.00	0.00	0.00	0.50	0.00	0.00	0.00	-1.00	0.00	0.00
24	1.00	0.00	0.00	0.00	0.50	0.00	0.00	-1.00	0.00	0.00
25	1.00	0.50	0.00	0.00	0.00	0.00	0.00	0.00	1.00	0.00
26	1.00	0.00	0.00	0.50	0.00	0.00	0.00	0.00	1.00	0.00
27	1.00	0.00	0.00	0.00	0.50	0.00	0.00	0.00	1.00	0.00
28	1.00	0.50	0.00	0.00	0.00	0.00	0.00	0.00	-1.00	0.00
29	1.00	0.00	0.00	0.50	0.00	0.00	0.00	0.00	-1.00	0.00
30	1.00	0.00	0.00	0.00	0.50	0.00	0.00	0.00	-1.00	0.00
31	1.00	0.50	0.00	0.00	0.00	0.00	0.00	0.00	0.00	1.00
32	1.00	0.00	0.00	0.50	0.00	0.00	0.00	0.00	0.00	1.00
33	1.00	0.00	0.00	0.00	0.50	0.00	0.00	0.00	0.00	1.00
34	1.00	0.50	0.00	0.00	0.00	0.00	0.00	0.00	0.00	-1.00
35	1.00	0.00	0.00	0.50	0.00	0.00	0.00	0.00	0.00	-1.00
36	1.00	0.00	0.00	0.00	0.50	0.00	0.00	0.00	0.00	-1.00

图 7.4-38 该柱构件对应的内力组合情况

2）对13工况的轴力及弯矩进行组合。

对应的13组合，其组合情况为1.0D+0.5L+1.0EXP，则对应的组合轴力值为：

$$N=1.0\times638.37+0.5\times291.17+361.49=1145.445\text{kN}$$

手工校核结果与软件输出结果一致。

对应13组合的弯矩也为1.0D+0.5L+1.0EXP，但弯矩组合要区分柱底和柱顶，则有：

$$M_{x顶}=1.0\times16.81+0.5\times8.09+1.0\times65.37=86.225\text{kN}\cdot\text{m}$$

$$M_{x底}=1.0\times8.74+0.5\times4.2+1.0\times129.29=140.13\text{kN}\cdot\text{m}$$

$$M_{y顶}=1.0\times1.85+0.5\times0.9+1.0\times237.58=239.88\text{kN}\cdot\text{m}$$

$$M_{y底}=1.0\times2.54-0.5\times1.24+1.0\times375.68=378.84\text{kN}\cdot\text{m}$$

13控制组合下柱底内力：N=1145.445kN，M_x=140.13kN·m，M_y=378.84kN·m；

13控制组合下柱顶内力：N=1145.445kN，M_x=86.225kN·m，M_y=239.88kN·m。

从以上柱底柱顶的组合内力中可以直观判断出，强度应力比对应的最不利组合为柱底截面的13组合。

3）进行该柱在中震下的强度应力比验算。

该柱13组合为地震作用参与组合，由于属于性能设计中震验算，地震作用组合不考虑γ_{RE}=0.75的调整。钢材净毛面积比系数为0.85，按照新钢标压弯构件强度计算公式计算，此处柱考虑双向压弯进行强度计算。

$$\sigma=\frac{N}{A_n}+\frac{M_x}{\gamma_x W_{nx}}+\frac{M_y}{\gamma_y W_{ny}}$$

则柱顶 $\sigma=\dfrac{1145.445}{0.85\times18.176}+\dfrac{86.225}{0.85\times1.05\times1.6341}+\dfrac{239.88}{0.85\times1.05\times1.6341}$

$=297.74\text{N/mm}^2$

柱底　$\sigma=\dfrac{1145.445}{0.85\times18.176}+\dfrac{378.84}{0.85\times1.05\times1.6341}+\dfrac{140.13}{0.85\times1.05\times1.6341}$

$=429.98\text{N/mm}^2$

强度应力比取柱顶部与底部的大值，柱底部的应力比较大，因此，柱构件强度控制的组合为柱底组合N=1145.445kN，M_x=86.225kN·m，M_y=239.88kN·m，对应最大应力为柱底应力429.98N/mm²，手工校核的组合及应力结果与软件输出结果一致。

该柱对应的强度应力比为：429.98/345=1.246，该柱强度应力比手工校核结果与软件计算结果一致。

4）进行该柱在中震下的面内稳定应力比验算。

SATWE程序按照新钢标对压弯、拉弯的要求进行柱稳定承载力的验算，验算公式如下所示（即新钢标式8.2.1-1～式8.2.1-4），当然程序考虑双向压弯的稳定验算。

平面内稳定性计算：

$$\frac{N}{\varphi_x Af}+\frac{\beta_{mx}M_x}{\gamma_x W_{1x}(1-0.8N/N'_{Ex})f}\leqslant1.0 \quad (7.4\text{-}14)$$

$$N'_{Ex}=\pi^2EA/(1.1\lambda_x^2) \quad (7.4\text{-}15)$$

平面外稳定性计算：

$$\frac{N}{\varphi_y Af}+\eta\frac{\beta_{tx}M_x}{\varphi_b W_{1x}f}\leqslant1.0 \quad (7.4\text{-}16)$$

$$\left|\frac{N}{Af}-\frac{\beta_{mx}M_x}{\gamma_x W_{2x}(1-1.25N/N'_{Ex})f}\right|\leqslant 1.0 \tag{7.4-17}$$

SATWE 程序输出的该柱两个方向长细比分别为：$\lambda_x=48.35$，$\lambda_y=42.89$。该柱为矩形截面，其两个方向都属于 C 类截面，同时由于该柱材料输入 Q345，对应考虑材料修正的两个方向长细比分别为：$\lambda_x=48.35/\sqrt{235/345}=58.6$，$\lambda_y=42.89/\sqrt{235/345}=52$。按新钢标附录 D 查表，得到该 Q345 柱构件 C 类截面的轴心受压构件稳定系数为：$\varphi_x=0.72$，$\varphi_y=0.76$。

该柱平面内稳定应力比验算控制组合：

$N=-1146.62\text{kN}$，$M_x=-306.87\text{kN}\cdot\text{m}$，$M_y=148.64\text{kN}\cdot\text{m}$。

该框架结构为有侧移，按新钢标需要按式（7.4-18）进行 β_m 的计算：

$$\beta_{mx}=1-0.36N/N_{cr} \tag{7.4-18}$$

$$N_{cr}=\frac{3.14^2\times 20600\times 2.4511}{(1.44\times 3.9)^2}=15784.59\text{kN}$$

$$\beta_{mx}=\beta_{my}==1-0.36\times N/N_{cr}=1-0.36\times 1146.62/15784.59=0.9738$$

该柱属于箱形截面，对于闭口截面，截面影响系数 $\eta=0.7$；

$$N_{ex}=\frac{3.14^2\times 20600\times 1.8176}{1.1\times(48.35)^2}=14356.2\text{kN}$$

$$N_{ey}=\frac{3.14^2\times 20600\times 1.8176}{1.1\times(42.89)^2}=18243.99\text{kN}$$

按照新钢标，对应参数 β_t 的取值按照下列要求进行计算。

> 等效弯矩系数 β_{tx} 应按下列规定采用：
>
> 1　在弯矩作用平面外有支承的构件，应根据两相邻支承间构件段内的荷载和内力情况确定：
>
> 1）无横向荷载作用时，β_{tx} 应按下式计算
>
> $$\beta_{tx}=0.65+0.35\frac{M_2}{M_1} \tag{8.2.1-12}$$
>
> 2）端弯矩和横向荷载同时作用时，β_{tx} 应按下列规定取值：
>
> 使构件产生同向曲率时：
>
> $$\beta_{tx}=1.0$$
>
> 使构件产生反向曲率时
>
> $$\beta_{tx}=0.85$$
>
> 3）无端弯矩有横向荷载作用时，$\beta_{tx}=1.0$。

在 X、Y 方向的等效弯矩系数为：$\beta_{tx}=\beta_{ty}=0.5$。

按照双向受弯的公式（式 7.4-19）进行该柱平面内的稳定验算：

$$f=\frac{N}{\varphi_x A}+\frac{\beta_{mx}M_x}{\gamma_x M_x\left(1-0.8\frac{N}{N'_{Ex}}\right)}+\eta\frac{\beta_{ty}M_y}{\varphi_{by}W_y} \tag{7.4-19}$$

$$\sigma=\frac{1146.62}{0.72\times 18.176}+\frac{306.87\times 0.9738}{1.05\times 1.6341\times(1-0.8\times 1146.62/14356.2)}+\frac{0.7\times 0.5\times 148.64}{1\times 1.6341}=305.6\text{ N/mm}^2$$

该稳定应力组合为地震作用参与组合，但该组合是性能设计对应组合，不考虑 γ_{RE} 的影响，故对应的平面内稳定应力比为：305.6/345＝0.89，手工校核结果与软件计算输出结果一致。

5）进行该柱在中震下的面外稳定应力比验算。

柱平面外稳定应力比验算也是按照双向压弯稳定公式计算，按照式（7.4-20）进行计算。

$$稳定应力\ f=\frac{N}{\varphi_y A}+\frac{\beta_{my}M_y}{\gamma_y W_y\left(1-0.8\dfrac{N}{N'_{Ey}}\right)}+\eta\frac{\beta_{tx}M_x}{\varphi_{bx}W_x} \tag{7.4-20}$$

其中的参数 φ_{by} 对于闭口截面，按照规范的取值为 1.0；φ_y＝0.76，则按照公式计算得：

$$\sigma=\frac{1145.445}{0.76\times18.176}+\frac{0.9738\times378.84}{1.05\times1.6341\times(1-0.8\times1145.445/18243.99)}$$
$$+\frac{0.5\times0.7\times140.14}{1.0\times1.6341}$$
$$=339.1\text{N/mm}^2$$

则该柱平面外稳定应力比为：339.1/345＝0.99，手工校核结果与软件计算结果一致。

（8）中震下框架支撑结构中梁的压弯验算

1）梁压弯验算新钢标相关要求

对于框架-支撑结构，如果存在交叉支撑或者人字形支撑，这会导致梁和板中均产生较大的轴力。钢标对于这种框架-支撑结构，一般要求支撑系统应先于周边的构件和节点屈服。考虑到强柱弱梁和强节点弱杆件的构造措施，这就要求在支撑系统达到屈服前框架-支撑体系中与支撑相连的梁应该有足够的刚度和承载力，因此规范对于框架-支撑结构中的梁有压弯计算的特殊要求，并且对于人字形和 V 字形支撑系统中的框架梁压弯验算时还需要考虑拉压支撑屈服承载力不同而引起的竖向不平衡力产生的附加弯矩影响。梁在压弯验算时，梁的轴力及竖向不平衡力分别按照新钢标 17.2.4 相关要求计算。

> 3　交叉支撑系统中的框架梁，应按压弯构件计算；轴力可按式（17.2.4-2）计算，计算弯矩效应时，其非塑性耗能区内力调整系数宜按式（17.2.2-9）确定。
>
> $$N=A_{br1}f_y\cos\alpha_1-\eta\varphi A_{br2}f_y\cos\alpha_2 \tag{17.2.4-2}$$
> $$\eta=0.65+0.35\tanh(4-10.5\lambda_{n,br}) \tag{17.2.4-3}$$
> $$\lambda_{n,br}=\frac{\lambda_{br}}{\pi}\sqrt{\frac{f_y}{E}} \tag{17.2.4-4}$$
>
> 4　人字形、V 形支撑系统中的框架梁在支撑连接处应保持连续，并按压弯构件计算；轴力可按式（17.2.4-2）计算；弯矩效应宜按不计入支撑支点作用的梁承受重力荷载和支撑屈曲时不平衡力作用计算，竖向不平衡力计算宜符合下列规定：
>
> 1）除顶层和出屋面房间的框架梁外，竖向不平衡力可按下列公式计算：
>
> $$V=\eta_{red}(1-\eta\varphi)A_{br}f_y\sin\alpha \tag{17.2.4-5}$$
> $$\eta_{red}=1.25-0.75\frac{V_{P,F}}{V_{br,k}} \tag{17.2.4-6}$$
>
> 2）顶层和出屋面房间的框架梁，竖向不平衡力宜按式（17.2.4-5）计算的 50% 取值。

2）框架-支撑结构梁的压弯计算软件实现及手工校核

如图 7.4-39 所示的框架-支撑结构，没有楼板，这样梁中会产生轴力。性能设计完成后考虑梁的压弯强度与稳定验算。查看其中某根梁在中震下的强度及稳定应力比验算结果如图 7.4-40 所示。

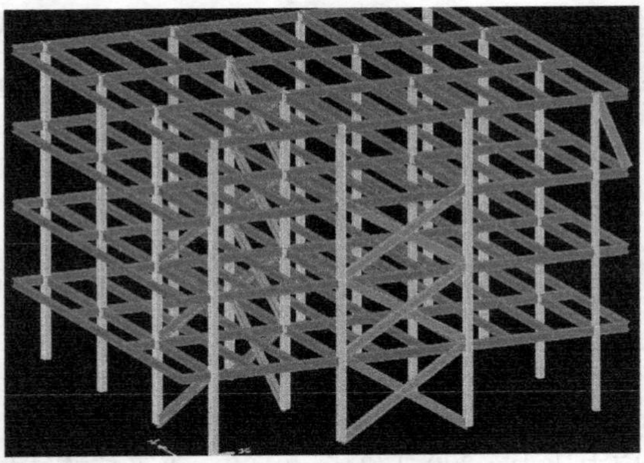

图 7.4-39　框架-支撑结构三维图

	-I-	-1-	-2-	-3-	-4-	-5-	-6-	-7-	-J-
-M	-31.14	-23.03	-15.28	-8.13	-2.39	-11.97	-21.93	-32.23	-42.88
LoadCase	29	29	29	29	32	26	26	26	26
+M	32.64	24.41	15.83	7.17	0.00	5.93	12.31	18.34	24.03
LoadCase	27	27	27	27	1	30	30	30	30
Shear	11.03	-11.21	-11.67	-12.13	-12.58	-13.04	-13.50	-13.96	-14.42
LoadCase	30	26	26	26	26	26	26	26	26
N-T	174.28	174.28	174.28	174.28	174.28	174.28	174.28	174.28	174.28
LoadCase	31	31	31	31	31	31	31	31	31
N-C	-5.35	-5.35	-5.35	-5.35	-5.35	-5.35	-5.35	-5.35	-5.35
LoadCase	34	34	34	34	34	34	34	34	34

```
强度验算            (26)  N=-2172.55, M=-42.88, F1/f=1.14
稳定验算            (27)  N=-2172.55, M=32.64, F2/f=1.14
抗剪验算            (26)  V=-14.42, F3/fv=0.03
塑性耗能区轴力及限值  N=-2172.55, Nmax=404.06
塑性耗能区剪力及限值  V=143.26, Vmax=299.58
正则化长细比及限值    r=0.45, rmax=0.25
实际性能系数          11.37≥0.90
```

图 7.4-40　该梁的强度及稳定应力比输出结果

① 查看该梁构件的单工况荷载下的内力，如图 7.4-41 所示。

② 与支撑构件相连的梁的位置。

按照压弯构件校核梁的位置如图 7.4-42 所示。

③ 与该梁相连的四根支撑的截面。

与该梁相连的支撑左右两端上下层共四根，这四根支撑的截面均一致，截面参数信息及截面特性如图 7.4-43 所示。

④ 梁构件对应的所有组合号列表如图 7.4-44 所示。

⑤ 与支撑相连的梁中的组合弯矩计算。

由于该梁的强度组合为 26，该组合号对应的组合为：1.0×D+0.5L+1.0EYP，按照梁输出的如图 7.4-41 所示的单工况内力进行弯矩组合，其组合弯矩为：

$$M=1.0\times8.38+0.5\times3.28+1.0\times32.37=42.88\text{kN}\cdot\text{m}$$

荷载工况	M-I V-I	M-1 V-1	M-2 V-2	M-3 V-3	M-4 V-4	M-5 V-5	M-6 V-6	M-7 V-7	M-J V-J	N T
(1)DL	-0.34	-0.46	-0.23	0.34	1.26	2.52	4.13	6.08	8.38	69.00
	-0.39	0.07	0.53	0.99	1.45	1.91	2.37	2.83	3.29	0.00
(2)LL	-1.12	-0.57	-0.02	0.53	1.08	1.63	2.18	2.73	3.28	30.93
	0.73	0.73	0.73	0.73	0.73	0.73	0.73	0.73	0.73	0.00
(3)EXP	17.72	13.27	8.81	4.36	-0.10	-4.55	-9.00	-13.46	-17.91	22.54
	-5.94	-5.94	-5.94	-5.94	-5.94	-5.94	-5.94	-5.94	-5.94	0.01
(4)EXM	17.75	13.29	8.82	4.36	-0.11	-4.57	-9.04	-13.50	-17.97	24.68
	-5.95	-5.95	-5.95	-5.95	-5.95	-5.95	-5.95	-5.95	-5.95	0.01
(5)EYP	-31.44	-23.46	-15.49	-7.51	0.47	8.44	16.42	24.39	32.37	89.24
	10.63	10.63	10.63	10.63	10.63	10.63	10.63	10.63	10.63	0.01
(6)EYM	-28.92	-21.57	-14.22	-6.86	0.49	7.84	15.20	22.55	29.90	89.82
	9.80	9.80	9.80	9.80	9.80	9.80	9.80	9.80	9.80	0.01
(7)WX	0.18	0.13	0.07	0.02	-0.03	-0.08	-0.14	-0.19	-0.24	1.77
	-0.07	-0.07	-0.07	-0.07	-0.07	-0.07	-0.07	-0.07	-0.07	0.00
(8)WY	-4.08	-3.05	-2.01	-0.98	0.05	1.08	2.12	3.15	4.18	9.77
	1.38	1.38	1.38	1.38	1.38	1.38	1.38	1.38	1.38	0.00
(9)LL2	0.08	0.06	0.04	0.54	1.27	2.02	2.76	3.51	4.26	30.93
	1.00	1.00	1.00	1.00	1.00	1.00	1.00	1.00	1.00	0.00
(10)LL3	-1.73	-0.98	-0.24	-0.01	-0.01	-0.03	-0.05	-0.07	-0.09	30.93
	-0.03	-0.03	-0.03	-0.03	-0.03	-0.03	-0.03	-0.03	-0.03	0.00
(11)EX	17.72	13.27	8.81	4.35	-0.10	-4.56	-9.01	-13.47	-17.93	23.50
	-5.94	-5.94	-5.94	-5.94	-5.94	-5.94	-5.94	-5.94	-5.94	0.01
(12)EY	-30.18	-22.51	-14.85	-7.19	0.48	8.14	15.81	23.47	31.13	89.45
	10.22	10.22	10.22	10.22	10.22	10.22	10.22	10.22	10.22	0.01

图 7.4-41　该梁单工况内力计算结果

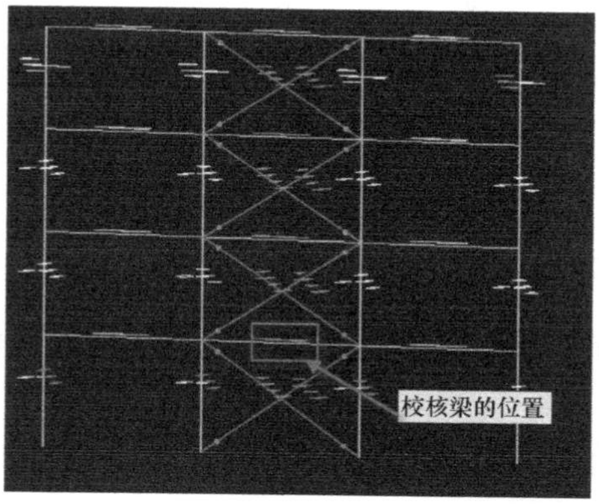

图 7.4-42　按照压弯校核梁的强度与稳定的梁位置

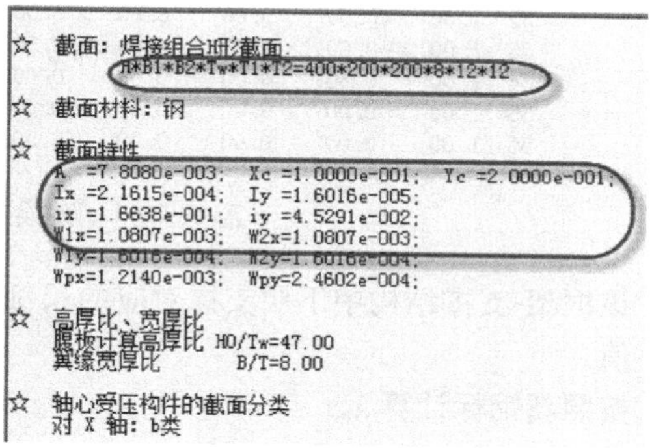

图 7.4-43　支撑构件的截面信息及截面特性

⑥ 与支撑相连的梁中的组合轴力计算。

该梁在性能设计时的轴力要按照新钢标 17.2.4 条的相关要求计算。

该梁有 i 及 j 两端，此处校核该梁 j 端的轴力与弯矩，因此，要考虑与该梁 j 端相连的支撑情况，该梁 j 端上部有支撑，下端也存在同样截面的支撑。该层层高为 3.6m，与该梁相连的上支撑所在层高为 3.9m，梁的跨度为 6m，按照新钢标计算：

$$A_{br}f_y\cos\alpha = 7.808 \times 345 \times \frac{6}{\sqrt{6^2 + 3.6^2}} = 2308\text{kN}$$

编号	基本组合系数									
	DL	LL	EX	LL2	LL3	EY	EXP	EXM	EYP	EYM
1	1.00	0.50	1.00	0.00	0.00	0.00	0.00	0.00	0.00	0.00
2	1.00	0.00	1.00	0.50	0.00	0.00	0.00	0.00	0.00	0.00
3	1.00	0.00	1.00	0.00	0.50	0.00	0.00	0.00	0.00	0.00
4	1.00	0.50	-1.00	0.00	0.00	0.00	0.00	0.00	0.00	0.00
5	1.00	0.00	-1.00	0.50	0.00	0.00	0.00	0.00	0.00	0.00
6	1.00	0.00	-1.00	0.00	0.50	0.00	0.00	0.00	0.00	0.00
7	1.00	0.50	0.00	0.00	0.00	1.00	0.00	0.00	0.00	0.00
8	1.00	0.00	0.00	0.50	0.00	1.00	0.00	0.00	0.00	0.00
9	1.00	0.00	0.00	0.00	0.50	1.00	0.00	0.00	0.00	0.00
10	1.00	0.50	0.00	0.00	0.00	-1.00	0.00	0.00	0.00	0.00
11	1.00	0.00	0.00	0.50	0.00	-1.00	0.00	0.00	0.00	0.00
12	1.00	0.00	0.00	0.00	0.50	-1.00	0.00	0.00	0.00	0.00
13	1.00	0.50	0.00	0.00	0.00	0.00	1.00	0.00	0.00	0.00
14	1.00	0.00	0.00	0.50	0.00	0.00	1.00	0.00	0.00	0.00
15	1.00	0.00	0.00	0.00	0.50	0.00	1.00	0.00	0.00	0.00
16	1.00	0.50	0.00	0.00	0.00	0.00	-1.00	0.00	0.00	0.00
17	1.00	0.00	0.00	0.50	0.00	0.00	-1.00	0.00	0.00	0.00
18	1.00	0.00	0.00	0.00	0.50	0.00	-1.00	0.00	0.00	0.00
19	1.00	0.50	0.00	0.00	0.00	0.00	0.00	1.00	0.00	0.00
20	1.00	0.00	0.00	0.50	0.00	0.00	0.00	1.00	0.00	0.00
21	1.00	0.00	0.00	0.00	0.50	0.00	0.00	1.00	0.00	0.00
22	1.00	0.50	0.00	0.00	0.00	0.00	0.00	-1.00	0.00	0.00
23	1.00	0.00	0.00	0.50	0.00	0.00	0.00	-1.00	0.00	0.00
24	1.00	0.00	0.00	0.00	0.50	0.00	0.00	-1.00	0.00	0.00
25	1.00	0.50	0.00	0.00	0.00	0.00	0.00	0.00	1.00	0.00
26	1.00	0.00	0.00	0.50	0.00	0.00	0.00	0.00	1.00	0.00
27	1.00	0.00	0.00	0.00	0.50	0.00	0.00	0.00	1.00	0.00
28	1.00	0.50	0.00	0.00	0.00	0.00	0.00	0.00	-1.00	0.00
29	1.00	0.00	0.00	0.50	0.00	0.00	0.00	0.00	-1.00	0.00
30	1.00	0.00	0.00	0.00	0.50	0.00	0.00	0.00	-1.00	0.00
31	1.00	0.50	0.00	0.00	0.00	0.00	0.00	0.00	0.00	1.00
32	1.00	0.00	0.00	0.50	0.00	0.00	0.00	0.00	0.00	1.00
33	1.00	0.00	0.00	0.00	0.50	0.00	0.00	0.00	0.00	1.00
34	1.00	0.50	0.00	0.00	0.00	0.00	0.00	0.00	0.00	-1.00
35	1.00	0.00	0.00	0.50	0.00	0.00	0.00	0.00	0.00	-1.00
36	1.00	0.00	0.00	0.00	0.50	0.00	0.00	0.00	0.00	-1.00

图 7.4-44 该梁中震下组合号列表

该框架-支撑结构中下层支撑对应的长细比如下：$\lambda_x=43.01$，$\lambda_y=158.00$，取两者的较小值。

按照新钢标计算 $\lambda_{n,br}$：

$$\lambda_{n,br}=\frac{\lambda_{br}}{\pi}\sqrt{\frac{f_y}{E}}=\frac{43.01}{3.14}\sqrt{\frac{345}{206000}}=0.56$$

按照新钢标式（17.2.4-3）计算 η：

$$\eta=0.65+0.35\tanh(4-10.5\lambda_{n,br})=0.65+0.35\times\tanh(4-10.5\times0.56)=0.316$$

根据支撑构件的长细比 $\lambda_x=43.01$，$\lambda_y=158.00$，材料 Q345 及截面分类（绕 x 轴属于 b 类截面，绕 y 轴属于 c 类截面），分别查新钢标附录 D 计算该支撑的 x，y 两个方向的稳定系数为：$\varphi_x=0.847$，$\varphi_y=0.18975$，然后取该支撑的稳定系数为最不利的 $\varphi=0.18975$。

计算梁 j 端下支撑产生的附加轴力：

$$\eta\varphi A_{br}f_y\cos\alpha=0.18975\times0.316\times7.808\times345\times\frac{6}{\sqrt{6^2+3.9^2}}=135.42\text{kN}$$

按照新钢标式（17.2.4-2）计算该梁中轴力为：

$$N = 2308 - 135.42\text{kN} = 2172.55\text{kN}$$

该手工计算结果与软件输出的强度及稳定验算轴力一致。

同时要按照该梁端相连支撑的反向拉压验算。

$$A_{\text{br}} f_{\text{y}} \cos\alpha = 7.808 \times 345 \times \frac{6}{\sqrt{6^2 + 3.9^2}} = 2258.6\text{kN}$$

$$\eta \varphi A_{\text{br}} f_{\text{y}} \cos\alpha = 0.18975 \times 0.316 \times 7.808 \times 345 \times \frac{6}{\sqrt{6^2 + 3.6^2}} = 138.5\text{kN}$$

按新钢标式（17.2.4-2）计算该梁中的轴力为：

$$N = 2258.6 - 138.5 = 2120.1\text{kN}$$

需要综合考虑上述两种情况，得到最大的轴力作为梁压弯验算的轴力，因此，该梁在强度与稳定验算时的轴力不是单工况内力的组合轴力，而是按照新钢标要求直接计算得到的，该轴力为两者的大值：

$$N = \max(2172.55, 2120.1) = 2172.55\text{kN}$$

手工校核结果与软件输出的结果一致。

⑦ 梁的压弯、拉弯验算。

注意：按照程序内部的约定，对于钢梁只要有轴力并且大于 5kN，均按照压弯构件或者拉弯构件做强度及稳定验算。对于稳定验算，SATWE 程序是按照纯弯构件整体稳定验算结果与压弯稳定验算结果取大，并输出最大稳定应力比对应的组合号。如图 7.4-44 所示，可以看到该梁在中震下的强度应力比与稳定应力比均由压弯控制。

梁压弯下的强度应力比及稳定应力比校核同前面的柱。此处从略。

3）框架-支撑结构中与人字形支撑相连梁的压弯计算软件实现及手工校核

如所示的工程，该框架-支撑结构中有人字形支撑，三维模型如图 7.4-45。选取需要进行压弯校核梁的位置，如图 7.4-46 所示。

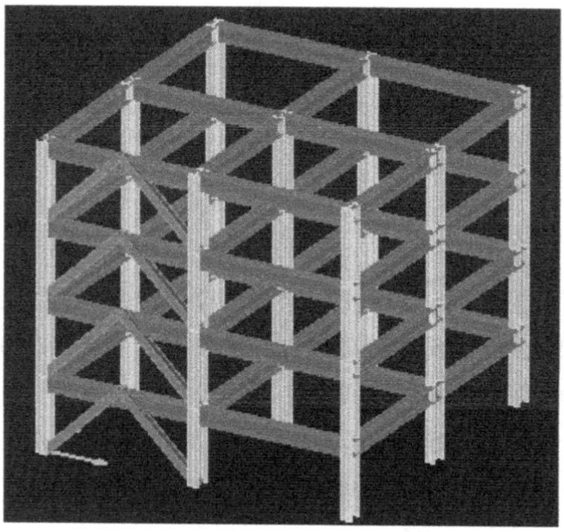

图 7.4-45　框架-支撑结构梁与人字形支撑相连

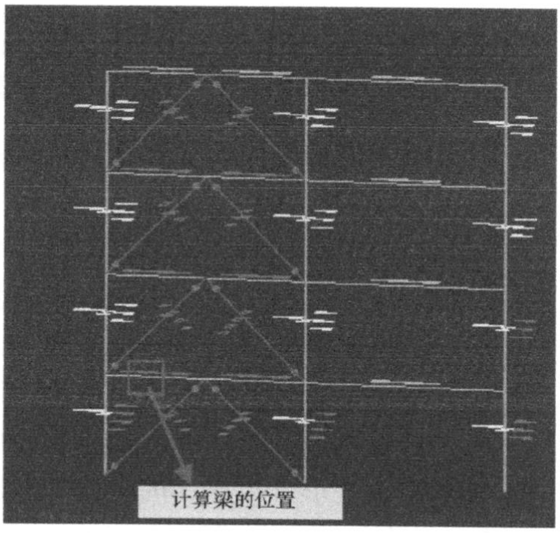

图 7.4-46　需按照压弯校核梁的位置

① 与底部人字形支撑相连的梁中震下单工况内力结果输出如图 7.4-47 所示。

荷载工况	M-I V-I	M-1 V-1	M-2 V-2	M-3 V-3	M-4 V-4	M-5 V-5	M-6 V-6	M-7 V-7	M-J V-J	N T
(1)DL	-2.31	-6.32	-8.98	-9.23	-6.02	1.70	15.00	34.93	62.54	81.86
	-11.57	-9.36	-4.35	3.48	14.12	27.57	43.83	62.91	84.80	0.01
(2)LL	-0.45	-1.36	-2.01	-2.13	-1.46	0.26	3.30	7.93	14.40	18.92
	-2.55	-2.20	-1.15	0.61	3.07	6.24	10.10	14.67	19.95	0.00
(3)EXP	-172.64	-153.47	-134.29	-115.12	-95.94	-76.77	-57.59	-38.42	-19.24	1350.83
	61.50	61.50	61.50	61.50	61.50	61.50	61.50	61.50	61.50	0.25
(4)EXM	-162.34	-144.37	-126.40	-108.43	-90.46	-72.50	-54.53	-36.56	-18.59	1269.32
	57.14	57.14	57.14	57.14	57.14	57.14	57.14	57.14	57.14	0.26
(5)EYP	10.45	3.48	-3.50	-10.48	-17.46	-24.43	-31.41	-38.39	-45.37	73.15
	-18.53	-18.53	-18.53	-18.53	-18.53	-18.53	-18.53	-18.53	-18.53	0.31
(6)EYM	24.58	15.24	5.91	-3.42	-12.75	-22.09	-31.42	-40.75	-50.08	45.85
	-24.84	-24.84	-24.84	-24.84	-24.84	-24.84	-24.84	-24.84	-24.84	0.37
(7)WX	-7.39	-6.46	-5.54	-4.61	-3.69	-2.76	-1.83	-0.91	0.02	48.01
	2.47	2.47	2.47	2.47	2.47	2.47	2.47	2.47	2.47	0.01
(8)WY	0.99	0.64	0.29	-0.06	-0.41	-0.76	-1.10	-1.45	-1.80	1.68
	-0.93	-0.93	-0.93	-0.93	-0.93	-0.93	-0.93	-0.93	-0.93	0.01
(9)LL2	2.91	0.06	0.00	0.00	0.00	0.00	0.00	0.00	2.33	18.92
	0.00	0.00	0.00	0.00	0.00	1.10	4.97	9.54	14.81	0.00
(10)LL3	-0.17	-0.36	-3.06	-5.30	-6.74	-7.14	-6.21	-3.70	-1.68	18.92
	-8.19	-7.84	-6.79	-5.03	-2.57	-0.50	-0.50	-0.50	-0.50	0.00
(11)EX	-167.48	-148.90	-130.32	-111.74	-93.16	-74.58	-56.00	-37.41	-18.83	1310.01
	59.31	59.31	59.31	59.31	59.31	59.31	59.31	59.31	59.31	0.25
(12)EY	17.44	9.30	1.15	-6.99	-15.14	-23.29	-31.43	-39.58	-47.73	23.24
	-21.68	-21.68	-21.68	-21.68	-21.68	-21.68	-21.68	-21.68	-21.68	0.34

图 7.4-47 中震下梁单工况内力结果输出

② 该梁组合内力及承载力验算结果输出如图 7.4-48 所示。

	-I-	-1-	-2-	-3-	-4-	-5-	-6-	-7-	-J-
-M	-872.80	-672.94	-475.82	-281.14	-89.92	0.00	0.00	0.00	0.00
LoadCase	17	17	17	17	17	1	1	1	1
+M	0.00	0.00	0.00	0.00	105.34	269.37	427.33	579.19	723.60
LoadCase	1	1	1	1	15	15	3	3	3
Shear	77.17	74.79	69.25	-65.29	-77.16	-92.19	-110.39	-131.75	-156.28
LoadCase	18	18	18	13	13	13	13	13	13
N-T	1442.15	1442.15	1442.15	1442.15	1442.15	1442.15	1442.15	1442.15	1442.15
LoadCase	13	13	13	13	13	13	13	13	13
N-C	-1259.51	-1259.51	-1259.51	-1259.51	-1259.51	-1259.51	-1259.51	-1259.51	-1259.51
LoadCase	16	16	16	16	16	16	16	16	16

强度验算 (17) N=-914.18, M=-872.80, F1/f=0.97
稳定验算 (17) N=-914.18, M=-872.80, F2/f=1.27
抗剪验算 (13) V=-156.28, F3/fv=0.13
下翼缘稳定 正则化长细比 r=0.11, 不进行下翼缘稳定计算

图 7.4-48 中震下梁组合内力、强度及稳定应力比结果输出

③ 该梁对应的强度与稳定组合轴力与弯矩分析。

从单工况内力可以看到，该组合内力并不是直接对 17 组合进行组合得到的，而是按照新钢标 17.2.4 条第 3 款与第 4 款计算得到的结果。该梁的轴力需要考虑支撑的轴力影响，该梁的弯矩需要考虑支撑产生的竖向不平衡力引起的弯矩影响。

④ 梁及与梁相连的支撑截面信息及截面特性分别如图 7.4-49、图 7.4-50 所示。

⑤ 计算与人字形支撑相连的梁的轴力。

梁中的轴力计算与前述框架-支撑的轴力计算方法一致，按照新钢标公式计算。

校核该梁 j 端轴力，要考虑与该梁 j 端相连的支撑，左段梁长度为 3m，底层柱高为 3m，支撑与水平和竖向的夹角均为 45°，对应的 $\sin\alpha=\cos\alpha=0.707$，钢号为 Q235。

```
☆ 截面：焊接组合H形截面：
   H*B1*B2*Tw*T1*T2=600*400*400*20*20*20
☆ 截面材料：钢
☆ 截面特性
   A  =2.7200e-002;  Xc =2.0000e-001;  Yc =3.0000e-001;
   Ix =1.6388e-003;  Iy =2.1371e-004;
   ix =2.4546e-001;  iy =8.8639e-002;
   W1x=5.4628e-003;  W2x=5.4628e-003;
   W1y=1.0685e-003;  W2y=1.0685e-003;
   Wpx=6.2080e-003;  Wpy=1.6560e-003;
☆ 高厚比、宽厚比
   腹板计算高厚比  H0/Tw=28.00
   翼缘宽厚比      B/T=9.50
☆ 轴心受压构件的截面分类
   对 X 轴：b类
```

图 7.4-49 梁的截面信息及截面特性

```
☆ 截面：箱形截面：
   B*H*T1*T2=300*300*10*10
☆ 截面材料：钢
☆ 截面特性
   A  =1.1600e-002;  Xc =1.5000e-001;  Yc =1.5000e-001;
   Ix =1.6279e-004;  Iy =1.6279e-004;
   ix =1.1846e-001;  iy =1.1846e-001;
   W1x=1.0852e-003;  W2x=1.0852e-003;
   W1y=1.0852e-003;  W2y=1.0852e-003;
   Wpx=1.2620e-003;  Wpy=1.2620e-003;
☆ 高厚比、宽厚比
   腹板计算高厚比  H0/Tw=28.00
   翼缘宽厚比      B/T=28.00
☆ 轴心受压构件的截面分类
   对 X 轴：b类
```

图 7.4-50 与该梁相连的支撑截面信息及截面特性

该梁 j 端上部支撑：

$$A_{\rm br}f_{\rm y}\cos\alpha=1.1610\times10\times235\times0.707=1927.28\text{kN}$$

该梁 j 端下层支撑的长细比为：

$$\lambda=\min(\lambda_{\rm x}=35.81,\lambda_{\rm y}=35.81)=35.81$$

$$\lambda_{\rm n,br}=\frac{\lambda_{\rm br}}{\pi}\sqrt{\frac{f_{\rm y}}{E}}=\frac{35.81}{3.14}\sqrt{\frac{235}{206000}}=0.385$$

$$\eta=0.65+0.35\tanh(4-10.5\lambda_{\rm n,br})=0.65+0.35\times\tanh(4-10.5\times0.385)=0.635$$

该支撑的材料为 Q235，该矩形钢管支撑截面的 X、Y 轴方向均属于 b 类截面，查新钢标附录 D，对应的稳定系数为：$\varphi_{\rm x}=0.915$，$\varphi_{\rm y}=0.915$。

计算 j 端下支撑产生的对梁的轴力：

$$\eta\varphi A_{\rm br}f_{\rm y}\cos\alpha=0.635\times0.915\times11.6\times235\times0.707=1119.8\text{kN}$$

按新钢标计算由支撑产生的对梁的轴力为：

$$N=1927.28+1119.8=3047.08\text{kN}$$

该轴力值如果按新钢标公式直接计算，结果很大，导致该梁基本无法设计。抗震规范 8.2.6 条的条文说明指出“当人字支撑的腹杆在大震下受压屈曲后，其承载力将下降，导致横梁在支撑处出现向下的不平衡集中力，可能引起横梁破坏和楼板下陷，并在横梁两端出现塑性铰；此不平衡集中力取受拉支撑的竖向分量减去受压支撑屈服压力竖向分量的 30%。V 形支撑情况类似，仅当斜杆失稳时楼板不是下陷而是向上隆起，不平衡力与前种情况相反。设计单位反映，考虑不平衡力后梁截面过大。”因此，软件对这种情况下的轴力进行了折减，在 SATWE 程序中提供了折减参数，如图 7.4-51 所示，当选“按照新钢标进行性能设计”时，该按钮被打开，程序默认的“支撑系统中框架梁按照压弯验算时的轴力折减系数”为 0.3，设计师可以修改。本案例中填写的系数为 0.3，因此，对应梁按照压弯计算的组合轴力为：

$$N=0.3\times3047.08=914.124\text{kN}$$

该轴力手工校核结果与软件输出结果一致。

⑥ 计算与人字形支撑相连的梁的不平衡竖向力。

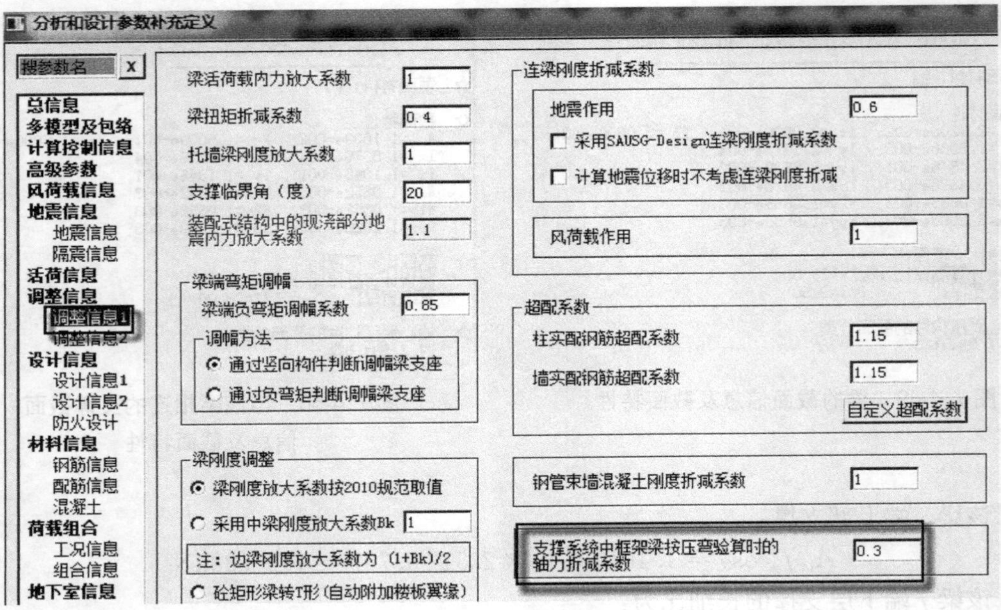

图 7.4-51　支撑系统中框架梁按照压弯验算时的轴力折减系数

荷载工况	Axial	Shear-X	Sh
(1)DL	-117.19	0.00	
(2)LL	-26.57	0.00	
(3)EXP	1502.44	0.00	
(4)EXM	1432.22	0.00	
(5)EYP	73.99	0.00	
(6)EYM	-40.20	0.00	
(7)WX	84.21	0.00	
(8)WY	-2.15	0.00	
(9)EX	1467.30	0.00	
(10)EY	35.60	0.00	

图 7.4-52　左边 2 号支撑的单工况内力

按照与该梁相连的两根人字形支撑的实际受力，计算由该支撑产生的不平衡竖向力，并计算其产生的附加弯矩。

与该梁相连的两根支撑的组合轴力分别如下，其中梁右边节点的左边支撑（该支撑属于 2 号支撑）单工况内力结果如图 7.4-52 所示。

支撑有顶底两个断面，需分别查看支撑底部与顶部的内力，查看软件中的图形文件如图 7.4-53 所示，可以看到 2 号支撑构件在恒载下的顶部与底部轴力。

该 2 号支撑是 X 方向的，主要观察 X 方向的地震作用。该支撑顶部恒载下的轴力为 114.5kN，对应该梁强度控制组合的 17 组合，对于该支撑 17 组合下顶部的轴力组合为：

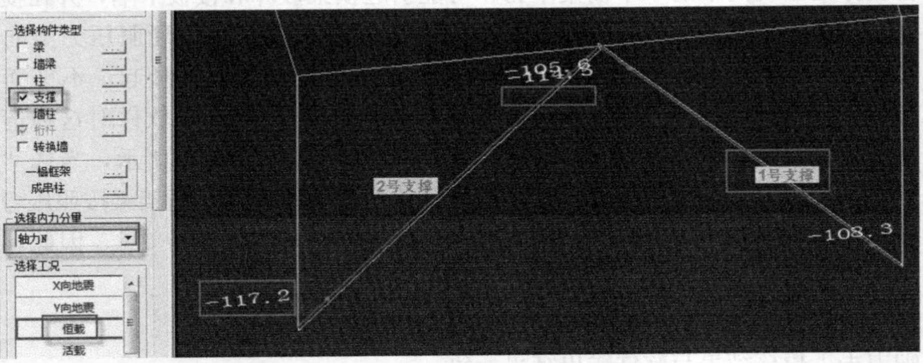

图 7.4-53　2 号支撑构件在恒载下的轴力图

$$N = -1.0 \times 114.5 - 0.5 \times 26.57 - 1.0 \times 1502.44 = -1630.225\text{kN(受压)}$$

再查看 1 号支撑各单工况的内力如图 7.4-54 所示，1 号支撑在恒载下的顶部与底部轴力如图 7.4-55 所示。

荷载工况	Axial	Shear-X	Shear-Y
(1)DL	-108.33	0.00	-1.36
(2)LL	-24.53	0.00	0.00
(3)EXP	-1562.77	0.00	0.00
(4)EXM	-1486.12	0.00	0.00
(5)EYP	-31.35	0.00	0.00
(6)EYM	88.69	0.00	0.00
(7)WX	-86.73	0.00	0.00
(8)WY	4.78	0.00	0.00
(9)EX	-1524.41	0.00	0.00
(10)EY	41.03	0.00	0.00

图 7.4-54　右边 1 号支撑的单工况内力

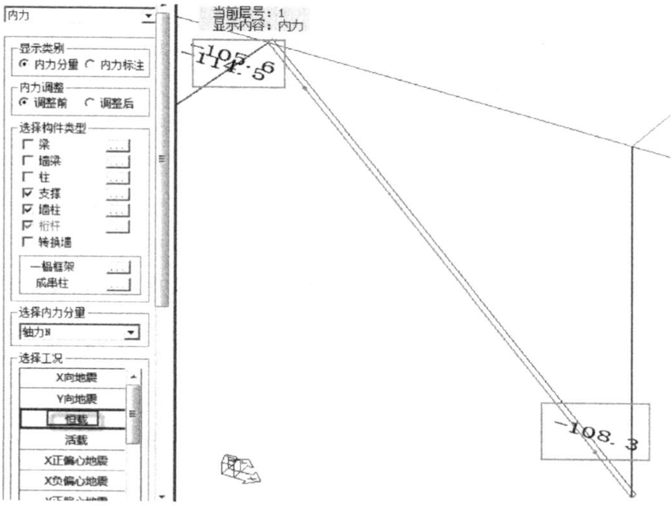

图 7.4-55　右边 1 号支撑恒载下的顶底轴力图

1 号支撑在 17 组合下，支撑顶部的组合轴力为：

$$N = -1.0 \times 105.6 - 0.5 \times 24.53 + 1.0 \times 1562.77 = 1408.905\text{kN(受拉)}$$

该支撑构件与水平和竖向的夹角均为 45°，因此，对应 $\sin\alpha = \cos\alpha = 0.707$；

对于当前 17 组合下，人字形支撑与梁相交处对梁的竖向不平衡力为：

$$N_{\rm p} = 1630.225 \times \sin\alpha - 1408.905 \times \sin\alpha$$
$$= (1630.225 - 1408.905) \times 0.707 = 156.473\text{kN(方向向下)}$$

再按照前面的计算方式，计算屈服后支撑构件对梁的竖向力之和为：

$$A_{\rm br} f_{\rm y} \sin\alpha = 11.6 \times 235 \times 0.707 = 1927.282\text{kN}$$

$$\varphi_{\rm x} = 0.915, \varphi_{\rm y} = 0.915$$

$$\lambda_{\rm n,br} = \frac{\lambda_{\rm br}}{\pi}\sqrt{\frac{f_{\rm y}}{E}} = \frac{35.81}{3.14}\sqrt{\frac{235}{206000}} = 0.385$$

$$\eta = 0.65 + 0.35\tanh(4 - 10.5\lambda_{\rm n,br}) = 0.65 + 0.35 \times \tanh(4 - 10.5 \times 0.385)$$
$$= 0.635$$

$$\eta\varphi A_{\rm br} f_{\rm y} \sin\alpha = 0.635 \times 0.915 \times 11.6 \times 235 \times 0.707 = 1119.8\text{kN}$$

两支撑一拉一压，计算两支撑屈服时对梁的竖向力之和为：

$$N_{\rm y} = A_{\rm br} f_{\rm y} \sin\alpha - \eta\varphi A_{\rm br} f_{\rm y} \sin\alpha$$
$$= 1927.282 - 1119.8 = 807.482\text{kN(方向垂直梁向下)}$$

按照新钢标，竖向不平衡力计算时要考虑竖向不平衡力折减系数 $\eta_{\rm red}$ 的影响：

$$\eta_{\rm red} = 1.25 - 0.75\frac{V_{\rm P,F}}{V_{\rm br,k}}$$

$V_{P,F}$ 为所有柱支撑方向的抗剪承载力之和，计算该层柱构件沿 X 轴方向的抗剪承载力：

本层共有 9 根柱，其 X 方向抗剪承载力分别如下：

第 1 根柱的抗剪承载力为：$CB_XF_1=168.76$kN；

第 2 根柱的抗剪承载力为：$CB_XF_2=120.04$kN；

第 3 根柱的抗剪承载力为：$CB_XF_3=167.75$kN；

第 4 根柱的抗剪承载力为：$CB_XF_4=161.08$kN；

第 5 根柱的抗剪承载力为：$CB_XF_5=83.76$kN；

第 6 根柱的抗剪承载力为：$CB_XF_6=163.22$kN；

第 7 根柱的抗剪承载力为：$CB_XF_7=80.65$kN；

第 8 根柱的抗剪承载力为：$CB_XF_8=57.10$kN；

第 9 根柱的抗剪承载力为：$CB_XF_9=164.05$kN；

这 9 根柱子的累计抗剪承载力为：$V_{P,F}=\sum_{i=1}^{9}CB-XF_i=1166.41\text{kN}$；

再计算上述公式中对应的 $V_{br,k}$。

新钢标的表述为：当支撑发生屈曲时，由人字形支撑提供的抗侧承载力标准值。

两根支撑在 X 方向地震作用下，一根受拉一根受压，其中一根支撑受压屈服之后对应另外一根支撑受拉，该受拉支撑的抗拉承载力为：

$$A_n f_y - S_{GE} = 11.6\times 235\times 0.85-(1.0\times 105.6+0.5\times 24.53)=2199.235\text{kN}$$

注意：其中 $S_{GE}=1.0\times105.6+0.5\times24.53$，为受拉支撑构件的重力荷载代表值。

受压支撑屈服，构件的承载力需要考虑受压构件的稳定系数：

$$\varphi A_n f_y - S_{GE} = 0.91511.6\times 235\times 0.85-(1.0\times 114.5+0.5\times 26.57)=1992.36\text{kN}$$

注意：其中 $S_{GE}=1.0\times114.5+0.5\times26.57$，为受压支撑构件的重力荷载代表值。

再将支撑拉压承载力投影到 X 轴，$\sin\alpha=\cos\alpha=0.707$，则对应支撑抗侧承载力标准值为：

$$0.707\times(2199.235+1992.36)=2963.46\text{kN}$$

$$\eta_{red}=1.25-0.75\frac{V_{P,F}}{V_{br,k}}=1.25-0.75\times\frac{1166.41}{2963.46}=0.9548$$

按新钢标要求，η_{red} 在 0.3～1 之间，因此取 $\eta_{red}=0.9548$。

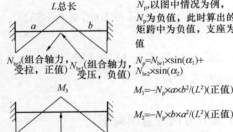

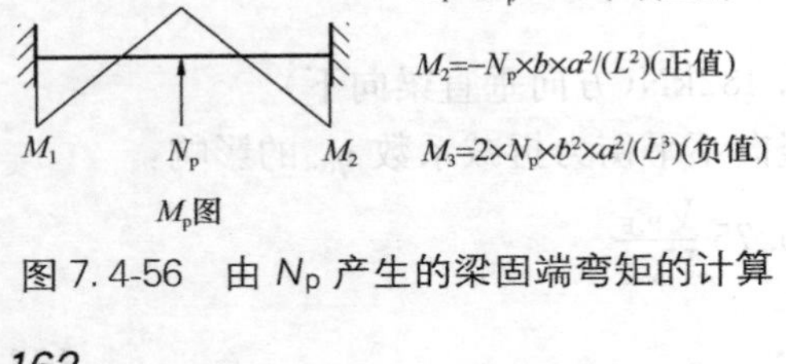

图 7.4-56 由 N_P 产生的梁固端弯矩的计算

$N_p=156.473$kN，方向向下，该荷载乘以 η_{red}，得到调整后的值为 149.4kN。

按照图 7.4-56 的方法计算由调整后的 N_p 产生的固端弯矩。

N_p 产生的固端弯矩为：

$$M_{p1}=M_{p2}=149.4\times3\times3^2/6^2$$
$$=112.05\text{kN}\cdot\text{m}(\text{下部受拉})$$

$$M_{p3}=2\times149.4\times3^2\times3^2/6^3$$
$$=112.05\text{kN}\cdot\text{m}(\text{上部受拉})$$

定义 $\alpha=N_y/N_p$，则 $\alpha=-807.482/156.473=-5.16$

$$(\alpha - 1)M_{p1} = (-5.16 - 1) \times 112.05 = -690.3\text{kN} \cdot \text{m}$$

$$(\alpha - 1)M_{p3} = (-5.16 - 1) \times 112.05 = -690.3\text{kN} \cdot \text{m}$$

对应与该人字支撑相连的梁的内力结果如图 7.4-57 所示。

荷载工况	M-I V-I	M-1 V-1	M-2 V-2	M-3 V-3	M-4 V-4	M-5 V-5	M-6 V-6	M-7 V-7	M-J V-J	N T
(1)DL	-2.31	-6.32	-8.98	-9.23	-6.02	1.70	15.00	34.93	62.54	81.86
	-11.57	-9.36	-4.35	3.48	14.12	27.57	43.83	62.91	84.80	0.01
(2)LL	-0.45	-1.36	-2.01	-2.13	-1.46	0.26	3.30	7.93	14.40	18.92
	-2.55	-2.20	-1.15	0.61	3.07	6.24	10.10	14.67	19.95	0.00
(3)EXP	-172.64	-153.47	-134.29	-115.12	-95.94	-76.77	-57.59	-38.42	-19.24	1350.83
	61.50	61.50	61.50	61.50	61.50	61.50	61.50	61.50	61.50	0.25
(4)EXM	-162.34	-144.37	-126.40	-108.43	-90.46	-72.50	-54.53	-36.56	-18.59	1269.32
	57.14	57.14	57.14	57.14	57.14	57.14	57.14	57.14	57.14	0.26
(5)EYP	10.45	3.48	-3.50	-10.48	-17.46	-24.43	-31.41	-38.39	-45.37	73.15
	-18.53	-18.53	-18.53	-18.53	-18.53	-18.53	-18.53	-18.53	-18.53	0.31
(6)EYM	24.58	15.24	5.91	-3.42	-12.75	-22.09	-31.42	-40.75	-50.08	45.85
	-24.84	-24.84	-24.84	-24.84	-24.84	-24.84	-24.84	-24.84	-24.84	0.37
(7)WX	-7.39	-6.46	-5.54	-4.61	-3.69	-2.76	-1.83	-0.91	0.02	48.01
	2.47	2.47	2.47	2.47	2.47	2.47	2.47	2.47	2.47	0.01
(8)WY	0.99	0.64	0.29	-0.06	-0.41	-0.76	-1.10	-1.45	-1.80	1.68
	-0.93	-0.93	-0.93	-0.93	-0.93	-0.93	-0.93	-0.93	-0.93	0.01
(9)LL2	2.91	0.06	0.00	0.00	0.00	0.00	0.00	0.00	2.33	18.92
	0.00	0.00	0.00	0.00	0.00	1.10	4.97	9.54	14.81	0.00
(10)LL3	-0.17	-0.36	-3.06	-5.30	-6.74	-7.14	-6.21	-3.70	-1.68	18.92
	-8.19	-7.84	-6.79	-5.03	-2.57	-0.50	-0.50	-0.50	-0.50	0.00
(11)EX	-167.48	-148.90	-130.32	-111.74	-93.16	-74.58	-56.00	-37.41	-18.83	1310.01
	59.31	59.31	59.31	59.31	59.31	59.31	59.31	59.31	59.31	0.25
(12)EY	17.44	9.30	1.15	-6.99	-15.14	-23.29	-31.43	-39.58	-47.73	23.24
	-21.68	-21.68	-21.68	-21.68	-21.68	-21.68	-21.68	-21.68	-21.68	0.34

图 7.4-57　梁单工况内力计算结果

该梁 i 端与 j 端对应 17 组合的弯矩组合均为 1.0×D+0.5L−1.0EXP，其组合弯矩如下：

$$M_i = -1 \times 2.31 + 0.5 \times 2.91 + 172.64 = 171.785\text{kN} \cdot \text{m}$$

$$M_j = 1.0 \times 62.54 + 0.5 \times 14.4 + 19.24 = 88.98\text{kN} \cdot \text{m}$$

对应该梁 i 端考虑由不平衡力引起的附加弯矩会变大，故中震下该梁按照压弯计算的弯矩为：

$$M = (\alpha - 1)M_{p1} + M_i = 690.3 + 171.785 = 862.085\text{kN} \cdot \text{m}$$

与软件计算结果基本一致。

通过上述的对比分析可以得到，SATWE 程序对于做性能设计的框架-支撑结构，对有与人字支撑相连的梁按照新钢标进行了轴力与弯矩的取值，并进行了相应的内力折减，同时对梁按照压弯构件做了强度与稳定验算。

7.4.6　按性能设计要求对抗震构造措施的校核

中震下承载力验算满足要求，对梁、柱及支撑构件的构造按照对应的延性等级或宽厚比等级放松处理。对某框架结构进行性能设计，对比校核采用性能设计时对于宽厚比及高厚比的放松情况。

（1）某框架结构三维模型如图 7.4-58 所示，该框架结构三层，与地震相关的参数如图 7.4-59 所示。

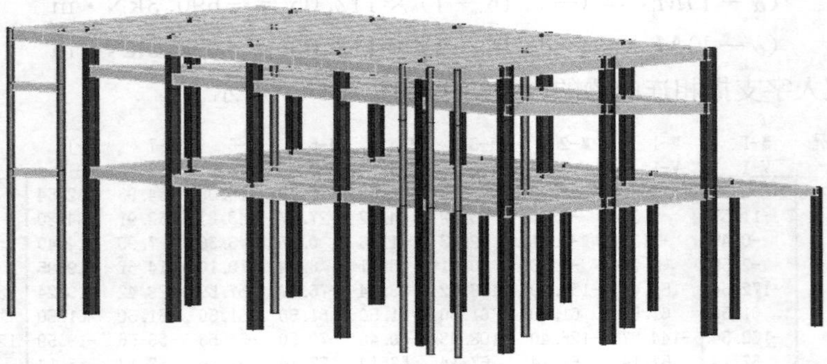

图 7.4-58　钢框架三维模型图

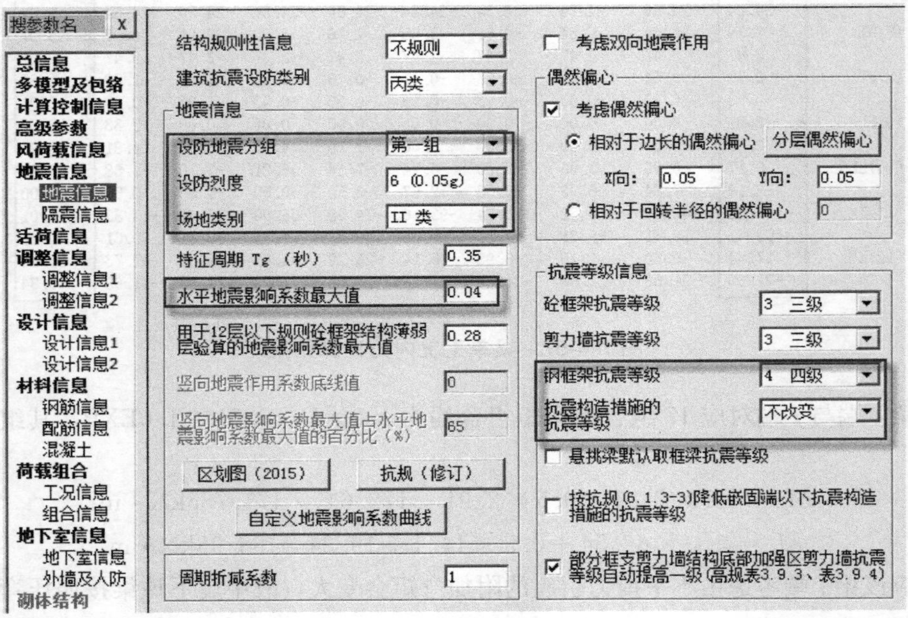

图 7.4-59　该框架结构地震作用计算相关参数

（2）按照抗规设计方法进行设计。

由于该框架结构属于 50m 以下，6 度区，重点设防类建筑，在设计中按四级抗震等级控制相应的构造措施。小震计算完毕之后结构的变形及构件承载力均满足规范要求。选取其中某根柱的强度及稳定应力比计算结果进行查看，如图 7.4-60 所示。小震设计下计算的该柱的强度应力比、稳定应力比均满足规范要求，但是长细比超限。该结构柱材料为 Q345，四级抗震等级，按照抗规的长细比限值控制，对应的长细比限值为 $120\times\sqrt{\dfrac{235}{345}}=99.04$，因此，对该柱截面 X 方向的长细比满足规范要求，Y 向的长细比为 $\lambda_y=147.27$，超出了规范 99.04 的限值。

对于上述超限的柱，可以修改柱截面，以满足抗规对于长细比的要求，也可以直接采用新钢标性能设计进行“低延性-高承载力”或者“高延性-低承载力”设计，根据工程实

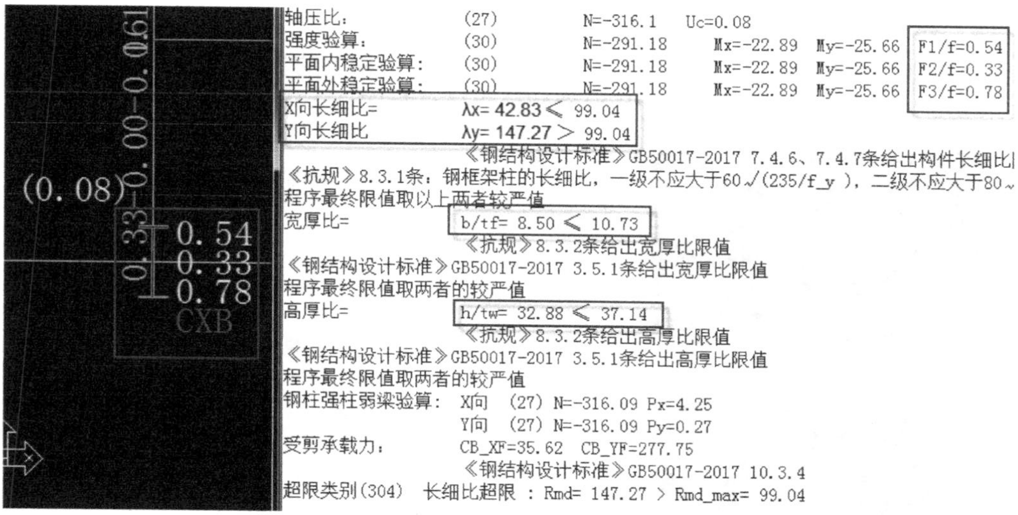

图 7.4-60　按照抗规设计，柱长细比超限

际情况放松相应柱的构造措施。

（3）按照新钢标进行性能设计参数选择。

该结构高度小于 50m，设防烈度为 6 度，重点设防类建筑，按照新钢标表 17.1.4-1 可以初步选择出该结构可以选择的性能范围为 4～7，由于属于低烈度区的多层结构，在设计中可以选择“高承载力-低延性”的性能设计思路。由于新钢标给出的性能范围也是个参考建议，因此，可初步选择某个性能，在该工程中选择为性能 3，则查新钢标表 17.1.4-2 重点设防类建筑，可以确定结构构件最低的延性等级为Ⅳ级，同时按照钢标表 17.3.4-1 确定截面板件的宽厚比最低等级为 S4 级，按照上述确定的参数，填入性能设计时对应的参数。参数输入如图 7.4-61 所示。

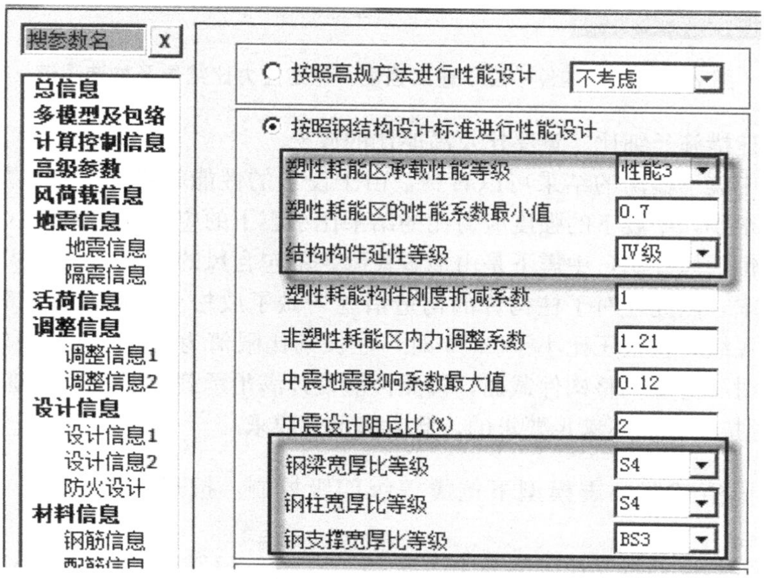

图 7.4-61　宽厚比等级参数

（4）查看中震下该柱的计算输出结果。

该柱在中震下输出的构件详细信息中，与性能设计相关的参数如图 7.4-62 所示，该柱的强度、稳定应力验算及对应的构造控制输出结果如图 7.4-63 所示。

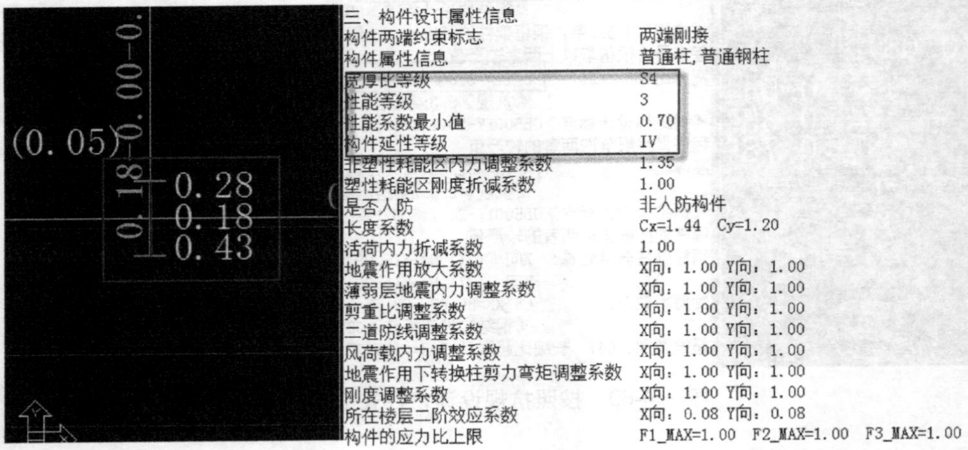

图 7.4-62　柱构件中震下输出详细的性能设计参数

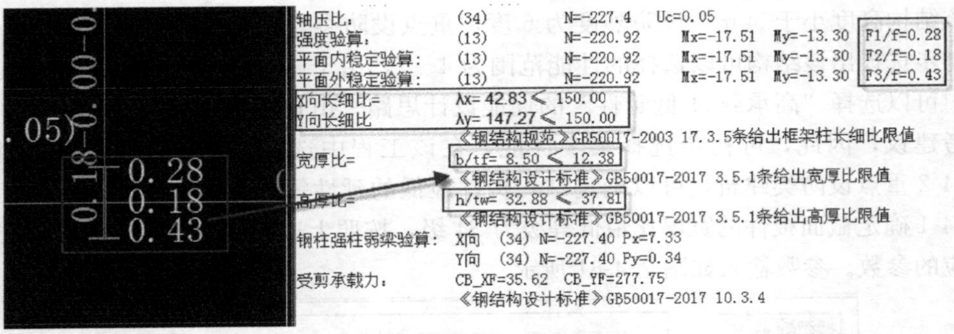

图 7.4-63　柱构件中震下输出强度、稳定应力比结果及构造限值

（5）柱构造措施长细比、宽厚比及高厚比的放松。

通过上述中震下输出的结果可以看到，由于设置的性能等级为 3 级，属于 6 度设防区，地震作用很小，中震下的强度应力比的结果比小震下的应力比结果还小，原因是小震下该柱构件由恒活风控制，中震下是由地震控制，不包含风的工况。此时很容易满足中震下承载力的要求，因此，对于柱构件的构造措施均做了放松。按照新钢标表 17.3.5，对于延性等级为Ⅳ级，且轴压比小于 0.15 时，柱长细比限值为 150，软件也输出了 150 的控制限值，此时不需要调整构件截面，按照性能设计满足承载力要求，长细比限值放松到 150，本来按照抗规控制不满足要求的，此时满足了要求。

宽厚比的限值按照小震模型下抗震等级四级控制，抗规的限值为：$13\times\sqrt{\frac{235}{345}}=10.73$，按照钢标 S4 的宽厚比限值为 $15\varepsilon_k=15\times\sqrt{\frac{235}{345}}=12.38$，软件在小震设计时从严

控制，严格意义上讲应该区分抗震组合与非抗震组合，抗震组合下按照抗震控制宽厚比限值，非抗震组合下按照新钢标控制宽厚比限值。但在中震下，满足了承载力要求，对于宽厚比等级为 S4 级的 H 截面，其宽厚比限值为 $15\xi_k=15\times\sqrt{\frac{235}{345}}=12.38$，直接按照性能设计中对应的宽厚比等级控制宽厚比限值即可，手工校核结果与软件计算输出结果一致。在中震下满足了承载力要求，程序已经按照性能设计的要求对宽厚比的限值做了放松。

腹板高厚比限值按照小震模型下抗震等级四级控制，抗规限值为：$52\xi_k=52\times\sqrt{\frac{235}{345}}=42.9$，同时小震设计时程序要根据新钢标对应的宽厚比等级 S4 级的宽厚比限值进行双控，而新钢标对应的宽厚比等级 S4 级是与受力有关系的，要根据应力梯度进行计算。软件输出的 37.14 的限值，显然是该柱在小震下按照新钢标的 S4 级控制高厚比限值与抗规的四级抗震等级双控的结果，并且是最不利结果。中震下程序直接按照新钢标性能设计指定的宽厚比等级 S4 进行高厚比限值的控制，此时限值同样与应力梯度有关系，因此，即使中震下也是 S4 级的宽厚比等级，但是高厚比的限值控制是不一样的，软件输出的高厚比限值为 37.81。在中震下满足了承载力要求，程序已经按照性能设计的要求对高厚比的限值进行了控制。

注意：由于梁柱构件高厚比限值与对应构件应力状态有关，因此，采用性能设计时未必一定能确保高厚比限值放松，有可能高厚比限值反而会减小，从而使要求更加严格。

（6）SATWE 程序自动对性能设计下小震模型和中震模型的包络。

SATWE 程序在性能设计时，对小震模型和中震模型均做了计算，在主模型下展示了包络后的计算结果与图形文件。如图 7.4-64 所示，该柱应力比、长细比、宽厚比及高厚比显示了小震与中震包络以后的结果，构造措施也是按照包络以后的结果展示，按照中震

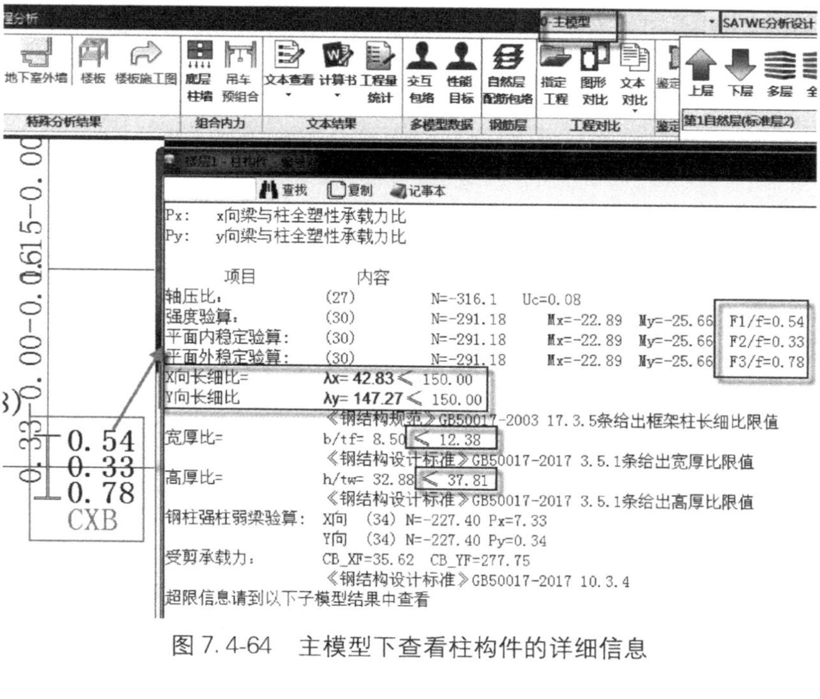

图 7.4-64　主模型下查看柱构件的详细信息

相应的结果输出。

7.4.7 性能 5、性能 6、性能 7 的钢结构大震弹塑性变形验算

新钢标 17.1.4 第 5 款要求，当塑性耗能区的最低承载性能等级为性能 5、性能 6 或性能 7 时，通过罕遇地震下结构的弹塑性分析或按构件工作状态形成新的结构等效弹性分析模型，进行竖向构件的弹塑性层间位移角验算，应满足现行国家标准《建筑抗震设计规范》GB 50011 的弹塑性层间位移角限值；当所有构造要求均满足结构构件延性等级为Ⅰ级的要求时，弹塑性层间位移角限值可增加 25%。

按照上述新钢标的要求，对于 5、6、7 这几个性能目标下的钢结构在进行性能设计时需要补充进行大震下弹塑性分析的变形验算。结构在大震下弹塑性层间位移角需要满足抗规表 5.5.5 的限值要求。

表 5.5.5 弹塑性层间位移角限值

结构类型	$[\theta_p]$
单层钢筋混凝土柱排架	1/30
钢筋混凝土框架	1/50
底部框架砌体房屋中的框架-抗震墙	1/100
钢筋混凝土框架-抗震墙、板柱-抗震墙、框架-核心筒	1/100
钢筋混凝土抗震墙、筒中筒	1/120
多、高层钢结构	1/50

图 7.4-65 所示为一钢框架结构，使用 SAUSAGE 软件对其进行大震弹塑性分析。大震弹塑性分析要进行地震波的选择，按照抗规要求分别选择对应满足计算要求的地震波再进行弹塑性分析。计算完毕之后，可以直接查看其弹塑性层间位移角如图 7.4-66 所示，在

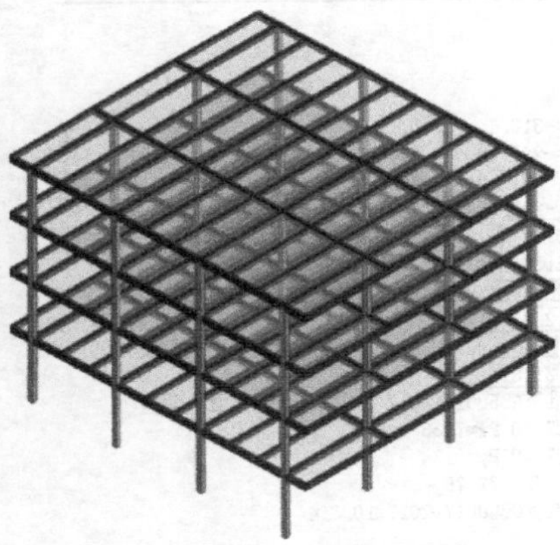

图 7.4-65 大震弹塑性分析的钢框架三维图

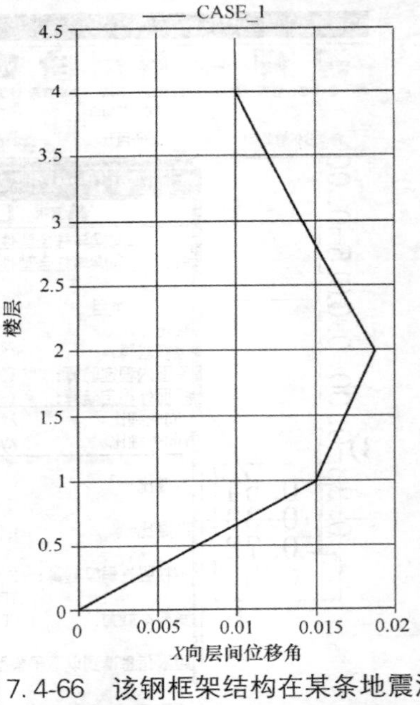

图 7.4-66 该钢框架结构在某条地震波作用下 X 向弹塑性层间位移角

选定满足规范要求的地震波作用下，查看该钢框架结构能否满足大震不倒的弹塑性变形要求，在两个方向均需要满足大震弹塑性层间位移角限值要求。

通过大震弹塑性分析还可以进一步较为精细化地考察结构塑性铰开展情况及结构中梁柱构件的损伤情况，通过直观的 SAUSAGE 软件图形输出结果，可以查看到全楼及楼层的梁、柱损伤比例，分别如图 7.4-67、图 7.4-68 所示。

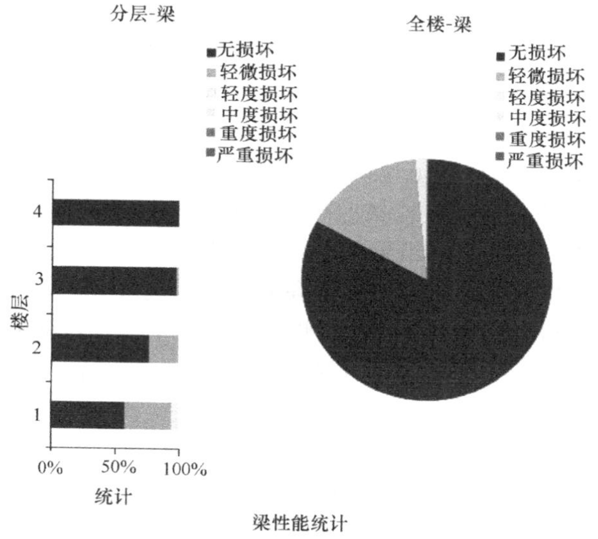

图 7.4-67　该钢框架大震弹塑性分析全楼及分层梁损伤情况

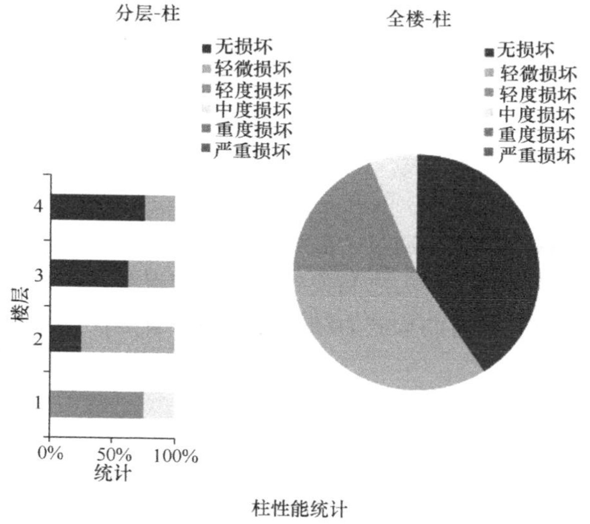

图 7.4-68　该钢框架大震弹塑性分析全楼及分层柱损伤情况

7.5　钢结构性能设计小结

通过上述软件对新钢标性能设计实现的完整流程及详细手工校核可以看出，性能设计存在过程比较烦琐、性能等级难以准确确定、构造措施未必较抗规放松及中震下与支撑构件相连的梁需要进行压弯验算导致梁截面肥大等问题，设计师在设计中不易掌握。PKPM 软件在准确理解规范的基础上，通过合理的设计流程优化及完善的参数定义让性能设计简单化，性能设计时自动根据小震模型形成中震模型，完成小震与中震的包络设计，在中震承载力满足要求的情况下，按照中震下的延性等级确定对应的宽厚比及长细比限值。

在性能设计中还需要注意以下几个关键点：

(1) 钢结构进行性能设计的前提条件：结构高度小于 100m，且小震计算满足抗规及新钢标对结构变形要求及构件承载力要求。

(2) 新钢标给出的性能目标是一个范围，在设计中未必严格执行，比如本算例中对于性能采用了性能 3，未严格按照规范建议的性能 4～7 进行取值。

(3) 性能设计的目的是为了放松按照抗规控制的宽厚比、高厚比及长细比过严的问题，但是从新钢标要求及性能设计结果来看，一般放松构件宽厚比及高厚比是可行的，但放松长细比基本较难（轴压比小于 0.15，长细比放松较易实现）。

(4) 性能设计中要特别注意对关键构件性能目标的指定，新钢标要求柱构件的性能系数高于框架梁，关键构件的性能系数不应低于一般构件，且关键构件及节点的性能系数不宜小于 0.55。

(5) 按照新钢标给出的性能系数及中震下承载力验算公式可以看出，构件如果能满足小震承载力要求，对于性能 6 与性能 7 进行构件的承载力校核，是基本能满足中震下承载力要求的。

(6) 对于性能等级选择了 5、6、7 的结构，需要通过罕遇地震下结构的弹塑性分析或按构件工作状态形成新的结构等效弹性分析模型，进行竖向构件的弹塑性层间位移角验算，并满足现行国家标准《建筑抗震设计规范》GB 50011 的弹塑性层间位移角限值。

(7) 对于框架支撑体系，按照新钢标性能设计中震下压弯计算的梁截面会很大，为了让设计可以实现，PKPM 软件中增加了对于与支撑构件相连的压弯验算梁的轴力折减系数，默认值为 0.3，设计师可以修改。当然对框架支撑体系要计算梁中的轴力需要将楼板定义为弹性板。

(8) 性能化设计的核心思想，通过“高延性-低承载力”或“低延性-高承载力”的抗震设计思路，在结构的延性和承载力之间找到一个平衡点，达到最优设计结果，对高延性结构可适当放宽承载力要求，对高承载力结构可适当放宽延性要求。

第 8 章 钢结构节点设计和施工图

8.1 钢材摩擦面抗滑移系数的修改

对比前后规范表格（表 8.1-1、表 8.1-2）可以发现，原来的 4 种处理方法合并成为 3 种。但是系数上的变化并不是很大，常见的 Q345 喷砂处理从原来的 0.5 降为现在的 0.45，对摩擦型高强螺栓，抗剪承载力下降 10%。但是从实际工程对比来看，因为考虑到实际剪力并不为模数，且有最大边距和间距的要求，所以螺栓排布没有出现明显变化。

《钢结构设计规范》GB 50017—2003 钢材摩擦面抗滑移系数　　表 8.1-1

在连接处构件接触面的处理方法	构件钢号		
	Q235 钢	Q345 钢，Q390 钢	Q420 钢
喷砂（丸）	0.45	0.5	0.5
喷砂（丸）涂无机富锌漆	0.35	0.4	0.4
喷砂（丸）后生赤锈	0.45	0.5	0.5
钢丝刷清除浮锈或未经处理的干净轧制表面	0.3	0.35	0.4

《钢结构设计标准》GB 50017—2017 钢材摩擦面抗滑移系数　　表 8.1-2

在连接处构件接触面的处理方法	构件钢号		
	Q235 钢	Q345 钢，Q390 钢	Q420 钢
喷硬质石英砂或铸钢棱角砂	0.45	0.45	0.45
抛丸（喷砂）	0.4	0.4	0.4
钢丝刷清除浮锈或未经处理的干净轧制表面	0.3	0.35	0.5

8.2 钢结构节点计算修改

8.2.1 规范公式

（1）《建筑抗震设计规范》GB 50011—2010

节点屈服承载力（抗规式 8.2.5-3）：

$$\psi(M_{pb1}+M_{pb2})/V_p \leqslant (4/3)f_{yv} \qquad (8.2\text{-}1)$$

式中：ψ——折减系数，三、四级取 0.6，一、二级取 0.7；

其他参数含义详见《建筑抗震设计规范》GB 50011—2010。

工字形截面柱和箱形截面柱的节点区域计算（抗规式 8.2.5-7、式 8.2.5-8）：

$$t_w \geqslant (h_{b1} + h_{e1})/90 \tag{8.2-2}$$

$$(M_{b1} + M_{b2})/V_p \leqslant (4/3) f_v / \gamma_{RE} \tag{8.2-3}$$

公式参数含义详见《建筑抗震设计规范》GB 50011—2010。

(2)《钢结构设计标准》GB 50017—2017

由于新钢标增加了性能化设计的内容，所以根据是否为地震作用组合控制区分不同的计算公式，非地震组合的验算参见新钢标式（12.3.3-1）～式（12.3.3-6）的内容，地震组合控制的时候参见新钢标式（17.2.10-1）～式（17.2.10-2）的内容。

非地震组合控制时：

节点域的承载力应满足下式（新钢标式 12.3.3-3）要求：

$$(M_{b1} + M_{b2})/V_p \leqslant f_{ps} \tag{8.2-4}$$

式中：f_{ps}——节点域的受剪承载力，应根据节点域受剪正则化宽厚比$\lambda_{n,s}$取值，参见新钢标 12.3.3 条。

地震组合控制时：

当结构构件延性等级为Ⅰ级或Ⅱ级时，节点域的承载力应满足下式（新钢标式 17.2.10-1）要求：

$$\alpha_p (M_{pb1} + M_{pb2})/V_p \leqslant (4/3) f_{yv} \tag{8.2-5}$$

当结构构件延性等级为Ⅲ级、Ⅳ或Ⅴ级时，节点域的承载力应满足下式（新钢标式 17.2.10-2）要求：

$$(M_{b1} + M_{b2})/V_p \leqslant f_{ps} \tag{8.2-6}$$

式中：α_p——节点域弯矩系数，边柱取 0.95，中柱取 0.85。

8.2.2 柱节点域验算程序实现

PKPM V4.2 软件对规范的内容都予以了实现，实现的逻辑如图 8.2-1 所示。

选取一个模型（图 8.2-2）对软件的计算结果进行验算。

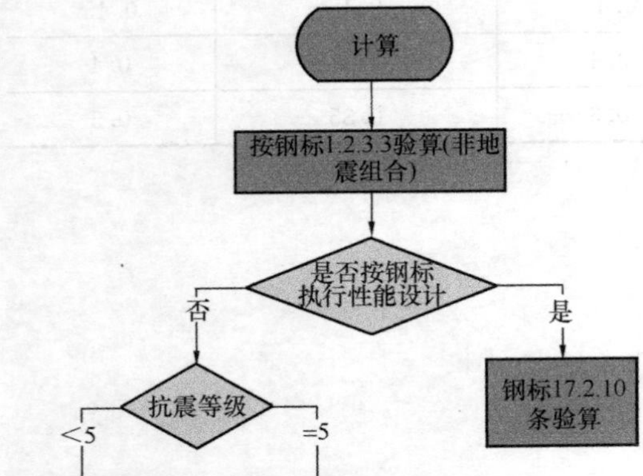

图 8.2-1 柱节点域验算流程

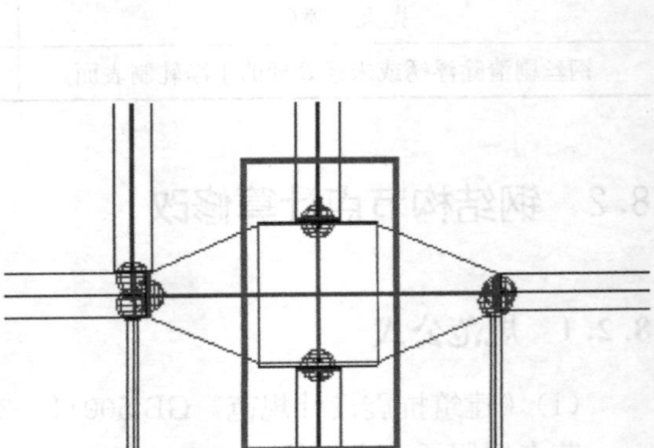

图 8.2-2 柱节点域示意

当不勾选抗震性能化设计且构件抗震等级为一级时，软件计算结果见图 8.2-3。

```
===柱节点域验算结果===
  节点编号： 68, 柱编号：24
  柱截面类型：工字型 H1000X800X16X20

柱强轴方向节点域屈服承载力验算结果：
  折减系数 ψ ：0.70
  全塑性受弯承载力 Mpb1+Mpb2 = 1356.810 kN*m; 节点域体积 Vp = 8906.240 cm3
  [ψ(Mpb1+Mpb2)/Vp]/[(4/3)fv] = 0.587 <= 1
  节点域屈服承载力验算满足!

柱弱轴方向节点域屈服承载力验算结果：
  该方向不用验算节点域

柱强轴方向节点域腹板受剪正则化宽厚比验算结果：
  Hc/Hb = 1.73
  受剪正则化宽厚比λns= 0.37
  λns上限为 0.80
    满足规范要求!|

柱弱轴方向节点域腹板受剪正则化宽厚比验算结果：
  该方向没有连梁或梁都为铰接

柱强轴方向节点域腹板抗剪强度验算结果：
  计算抗剪控制组合号(非地震)： 18
  对应的弯矩和(Mb1+Mb2)：493.42 kN*m ; 对应的节点域体积(Vp)：8906.240 cm3
  [(Mb1+Mb2)/Vp]/fps = 0.443 <= 1
  按GB50017 (12.3.3-3) 抗剪验算满足!

柱弱轴方向节点域腹板抗剪强度验算结果：
  该方向不用验算节点域
-----------------------------------------------------------------------------------
```

图 8.2-3　柱节点域软件计算结果

节点区域屈服承载力验算应用《抗规》式（8.2.5-3），计算过程如下：

上端梁截面为 H300×300×10×15

塑性抵抗矩　$W_{pb1}=300\times15\times(300-15)+0.25\times(300-2\times15)^2\times10=1464750mm^3$

塑性受弯承载力　$M_{pb1}=W_{pb1}\times f_y=1464750\times235=344.2163kN\cdot m$

上端梁截面为　H588×300×12×20

塑性抵抗距　$W_{pb1}=300\times20\times(588-20)+0.25\times(588-2\times20)^2\times12=4308912mm^3$

塑性受弯承载力　$M_{pb1}=W_{pb1}\times f_y=4308912\times235=1012.5943kN\cdot m$

节点区域体积　$V_p=(588-20)\times(1000-20)\times16=8906.24cm^3$

节点区域腹板厚为 16mm，材质为 Q235，f_{yv}取 0.58×235=60.63N/mm²

$$\frac{\psi(M_{pb1}+M_{pb2})}{V_p}/(4/3)f_{yv}=0.5878$$

与软件计算一致。

8.2.3　梁柱连接算例

梁截面：H550×160×10×18

柱截面：H600×450×18×22

钢号：Q345

弯矩 M（kN·m）：106.60

剪力 V（kN）：57

梁端切角尺寸为：35mm

10.9 级高强度螺栓摩擦型连接

螺栓直径 $D=20$mm

构件接触面处理：喷砂

腹板螺栓排列：

行数：6，列数：1

柱边连接单连接板

当前组合：非地震组合

抗震等级：三级

钢梁长：6m

图示：图 8.2-4、图 8.2-5

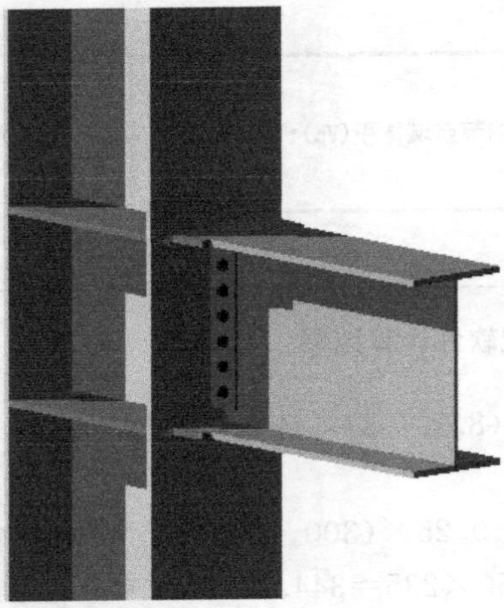

图 8.2-4　节点效果图

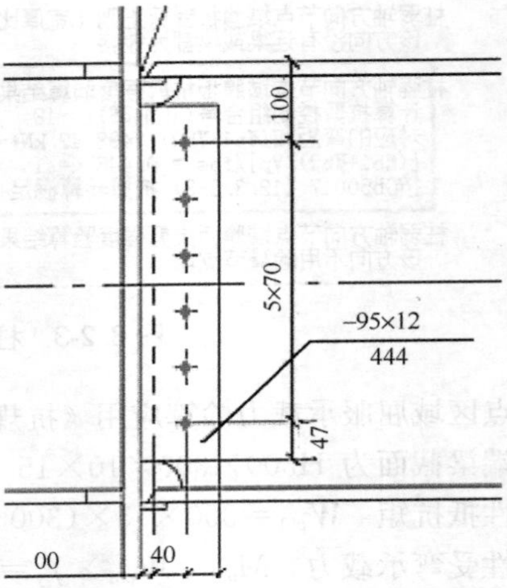

图 8.2-5　连接节点图

（1）节点域验算

查钢标，得 $f_v=180\text{N/mm}^2$、$f=295\text{N/mm}^2$（剪应力设计值按腹板厚度取，正应力设计值按翼缘厚度取）

$$H_b=550-18=532\text{mm}$$

$$H_c=600-22=578\text{mm}$$

$$(H_b+H_c)/T_w=61.67<90\text{（满足）}$$

$$V_p=H_b\times H_c\times T_w=5534.928\text{ cm}^3$$

$$M_{b1}+M_{b2}=106.60\text{kN}\cdot\text{m}\text{（此处}M_{b2}=0\text{）}$$

$$(M_{b1}+M_{b2})/V_p=19.38\text{N/mm}^2<4\times f_v/3=226.7\text{N/mm}^2\text{（满足）}$$

$$M_{pb1}=W_p\times f_y=1241.772\text{kN}\cdot\text{m}$$

$$M_{pb2}=0$$

ψ 由抗规 8.2.5 条得三级为 0.60

$$\psi(M_{pb1}+M_{pb2})/V_p$$

$$=134.6\text{N/mm}^2<4\times0.58\times f_y/3$$

$$=259.07\text{N/mm}^2\text{（满足）}$$

（2）连接承载力验算

① 设计方法判断

$$W_{pf}=B\times T_f\times(H-T_f)=160\times18\times(550-18)=1.53\times10^6\ mm^3$$

$$W_{pw}=(H-2\times T_f)^2\times T_w/4=(550-2\times18)^2\times10\div4=6.6\times10^5 mm^3$$

$$W_{pf}/(W_{pf}+W_{pw})=0.699<0.7$$

由于比值小于 0.7，应按精确设计法设计

全截面惯性矩：

$$\frac{55^3\times16}{12}-2\times\frac{51.4^3\times7.5}{12}=52087.37\ cm^4$$

腹板惯性矩：

$$\frac{51.4^3\times1}{12}=11316.4\ cm^4$$

腹板承担弯矩：

$$106.6\times\frac{11316.4}{52087.37}=23.16kN$$

翼缘承担弯矩：

$$106.6-23.16=83.44kN$$

② 螺栓验算

最外侧螺栓受弯时沿 x 向剪力：

$$V_{xmax}=\frac{M\times y_{max}}{\Sigma x_i^2+\Sigma y_i^2}=23.16\times10^3\times\frac{175}{2\times(35^2+105^2+175^2)}=47.265kN$$

最外侧螺栓受弯时沿 y 向剪力：由于只有一排，则其中 $x_{max}=0$，$V_{ymax}=0$

剪力产生的螺栓剪力：

$$V_y=\frac{V}{n}=\frac{57}{6}=9.5kN$$

螺栓实际承受剪力：

$$V_{max}=\sqrt{V_{xmax}^2+V_y^2}=\sqrt{47.265^2+9.5^2}=48.21kN$$

③ 连接板验算

连接板尺寸为：$B\times H\times T=95\times444\times12$

连接板净截面惯性矩：

$$I_{nx}=I_x-\Sigma I_{bolthole}=\frac{444^3\times12}{12}-22\times12\times(35^2+105^2+175^2)\times2$$

$$=64.89\times10^6 mm^4$$

面积矩：

$$S_x=0.5\times H^2\times\frac{t_w}{4}=0.5\times444^2\times12\div4=2.96\times10^5\ mm^3$$

连接板的正应力：

$$\frac{M\times y}{I_{nx}}=\frac{23.16\times10^6\times222}{64.89\times10^6}=79.23N/mm^2$$

连接板的最大剪应力：

$$\frac{V\times S}{I_x\times t_w}=\frac{1.5\times V}{A_{板}}=\frac{1.5\times57\times1000}{444\times12}=16.05N/mm^2$$

④ 梁腹板验算

梁腹板的最大剪应力：

$$\frac{V \times S}{I_x \times t_w} = \frac{1.5 \times V}{A_{腹}} = \frac{1.5 \times 57 \times 1000}{514 \times 10} = 16.63\text{N/mm}^2$$

梁腹板净截面的惯性矩：

$$I_{nx} = I_x - \Sigma I_{bolthole} = \frac{514^3 \times 10}{12} - 22 \times 10 \times (35^2 + 105^2 + 175^2) \times 2 = 94.3 \times 10^6\ \text{mm}^4$$

梁腹板净截面正应力：

$$\frac{M \times y}{I_{nx}} = \frac{23.16 \times 10^6 \times 257}{94.3 \times 10^6} = 63.12\text{N/mm}^2$$

(3) 抗震极限承载力验算

① 极限受弯承载力验算

梁塑性受弯承载力：

$$M_p = W_p \times f_y$$
$$= [160 \times 18 \times (550 - 18) + (550 - 2 \times 18)^2 \times 10/4] \times 345 = 756.46\text{kN} \cdot \text{m}$$

梁翼缘极限受弯承载力：

$$M_{uf} = A_f \times (H - T_f) \times F_u$$
$$= (160 + 2 \times 35) \times 18 \times (550 - 18) \times 470 = 1035.17\text{kN} \cdot \text{m}$$

梁腹板极限受弯承载力：

$$W_{pe} = T_w \times (H - 2 \times (T_f + R))^2/4$$
$$= 10 \times (550 - 2 \times (18 + 35))^2 \div 4 = 492840\ \text{mm}^3$$
$$M_{uw} = m \times W_{pe} \times f_y = 1.0 \times 492840 \times 345 = 170.03\text{kN} \cdot \text{m}$$
$$M_u = M_{uf} + M_{uw} = 1035.17 + 170.03 = 1205.2 > \eta_j \times M_p = 1021.23(\text{满足})$$

② 极限抗剪承载力验算

连接板和柱翼缘的连接焊缝：

$$V_{u1} = 0.7 \times h_f \times (H - 2 \times h_f) \times 0.58 \times f_u \times 2$$
$$= 0.7 \times 8 \times (444 - 2 \times 8) \times 0.58 \times 470 \times 2 = 1306.74\text{kN}$$

梁腹板净截面：

$$V_{u2} = (H - 2 \times (T_f + R) - n \times D_0) \times T_w \times 0.58 \times f_u$$
$$= (550 - 2 \times (18 + 35) - 6 \times 22) \times 10 \times 0.58 \times 470 = 850.51\text{kN}$$

连接板净截面：

$$V_{u3} = (H - n \times D_0) \times T \times 0.58 \times f_u = (444 - 6 \times 22) \times 12 \times 0.58 \times 470$$
$$= 1020.61\text{kN}$$

腹板螺栓连接：

$$N_{vbu} = 0.58 \times n_v \times A_e \times f_u = 0.58 \times 1 \times 244.8 \times 1040 = 147.67\text{kN}$$
$$N_{cbu} = D \times \Sigma T \times 1.5 \times f_u = 20 \times 10 \times 1.5 \times 470 = 141\text{kN}$$

取两者较小值141kN

$$V_{u4}=N_{bu}\times n=846\mathrm{kN}$$

抗剪承载力取以上四者中的较小值

$$V_u=846\mathrm{kN}$$

$$V_{gb}=\rho\times A_n\times l\times g=3.83\mathrm{kN}$$

$$1.2\times(2\times M_p/l_n)+V_{gb}=486.14\mathrm{kN}<V_u(\text{满足})$$

8.3　钢结构施工图改进

8.3.1　钢结构施工图丰富了表达方式

V4.2 版本 PKPM 丰富了单独绘制立面图及平面图的表达方式，不光能够单独选择立面图或者平面图进行绘制，还能在此立面图上表达相应的节点及节点索引，构件编号及构件表。见图 8.3-1～图 8.3-3。

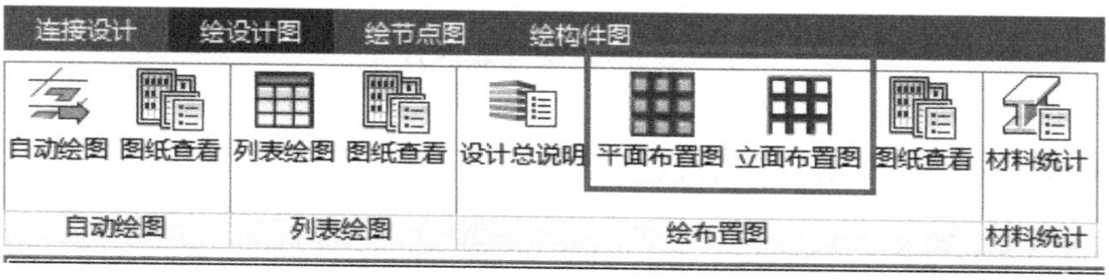

图 8.3-1　单独选择立面图或平面图功能入口

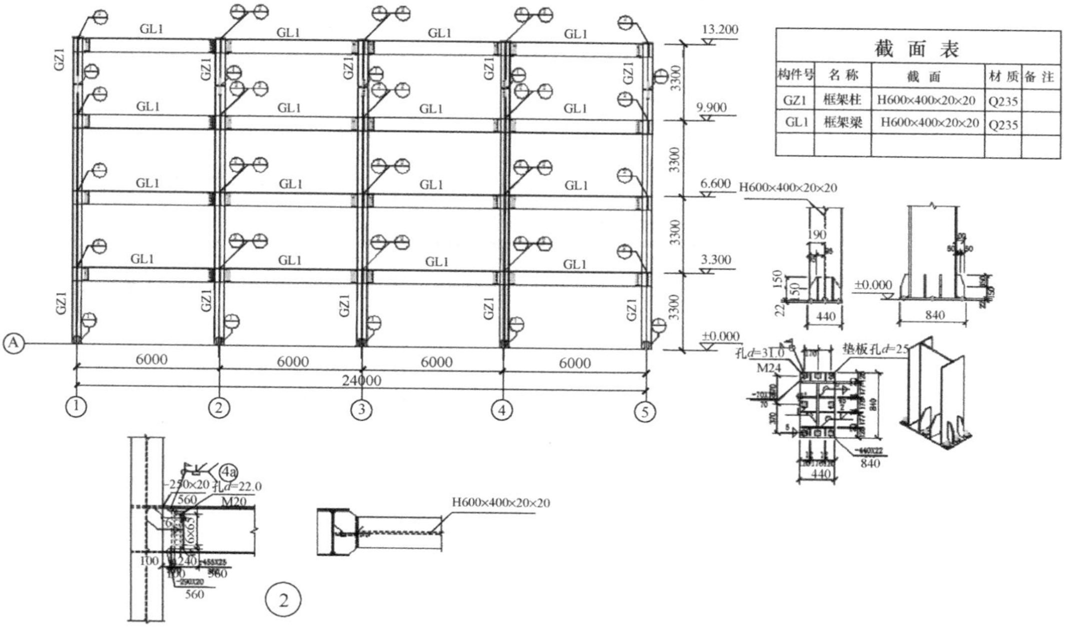

图 8.3-2　立面图表达方式

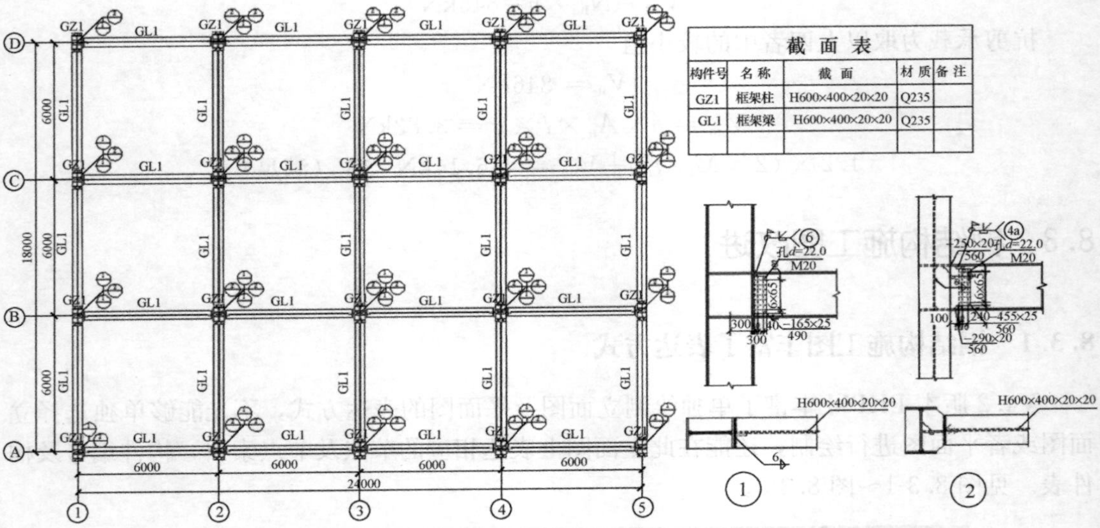

图 8.3-3　平面图表达方式

8.3.2　钢框架施工图丰富了参数设置功能

详见图 8.3-4、图 8.3-5。

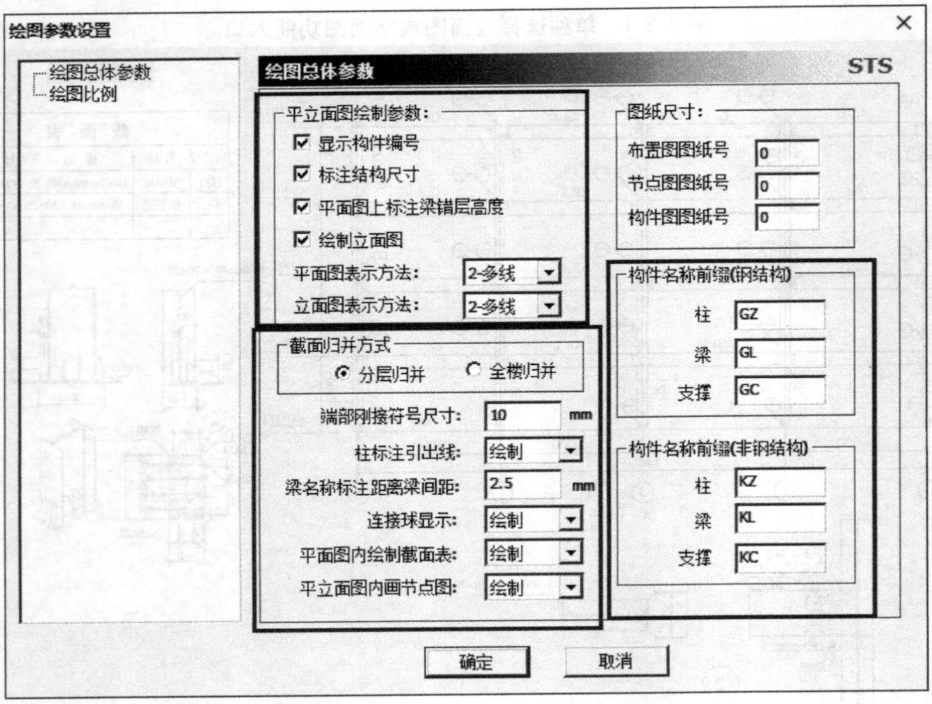

图 8.3-4　钢框架施工图参数控制对话框

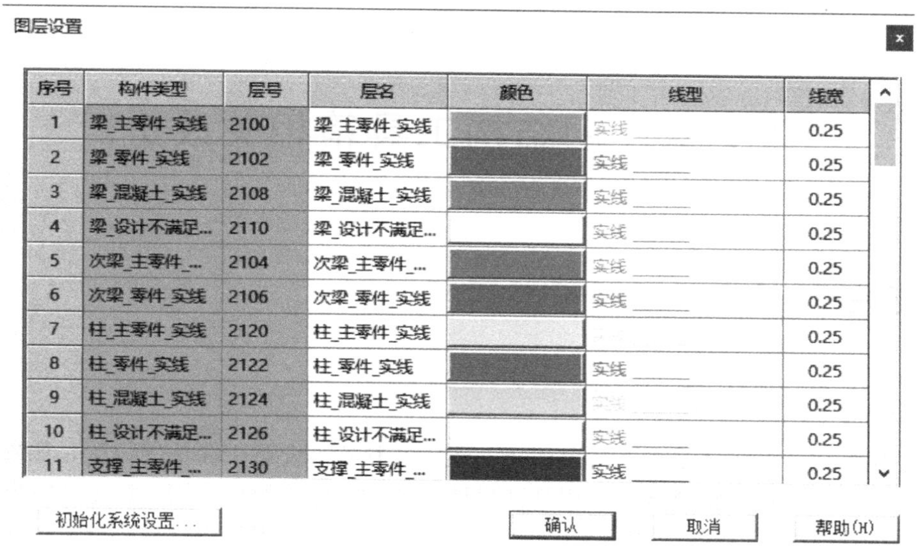

序号	构件类型	层号	层名	颜色	线型	线宽
1	梁_主零件_实线	2100	梁_主零件_实线		实线	0.25
2	梁_零件_实线	2102	梁_零件_实线		实线	0.25
3	梁_混凝土_实线	2108	梁_混凝土_实线		实线	0.25
4	梁_设计不满足...	2110	梁_设计不满足...		实线	0.25
5	次梁_主零件_...	2104	次梁_主零件_...		实线	0.25
6	次梁_零件_实线	2106	次梁_零件_实线		实线	0.25
7	柱_主零件_实线	2120	柱_主零件_实线			0.25
8	柱_零件_实线	2122	柱_零件_实线		实线	0.25
9	柱_混凝土_实线	2124	柱_混凝土_实线		实线	0.25
10	柱_设计不满足...	2126	柱_设计不满足...		实线	0.25
11	支撑_主零件_...	2130	支撑_主零件_...		实线	0.25

图 8.3-5　钢框架施工图图层控制对话框

第 9 章　钢结构工具箱相关改进

9.1　组合梁工具箱

9.1.1　组合梁板件宽厚比要求

宽厚比的执行原则还是和旧规范保持一致，即判断组合梁中和轴的位置，如果中和轴在混凝土板内，则认为钢梁部分采用弹性设计，此时宽厚比等级按用户指定的宽厚比等级执行（一般建议按 S4 级执行即可）；如果中和轴在钢梁内，则认为钢梁部分采用塑性设计方法，此时应按钢结构设计标准第 10 章执行，对于铰接的组合梁，按 S3 级控制宽厚比。

9.1.2　组合梁有效翼缘宽度确定

组合梁的有效翼缘宽度按如下公式计算：

$$b_e = b_0 + b_1 + b_2 \tag{9.1-1}$$

其中b_0的计算相对 03 规范，新增加了一项规定"当混凝土板和钢梁不直接接触时，取栓钉的横向间距，仅有一列栓钉时取 0mm"。其中采用压型钢板的组合（非组合）楼盖就是不直接接触的一种形式，所以在使用这种楼盖形式时，需要注意b_0的取值问题。图 9.1-1 和图 9.1-2 的图形可以看到新旧规范对b_0的取值差异。

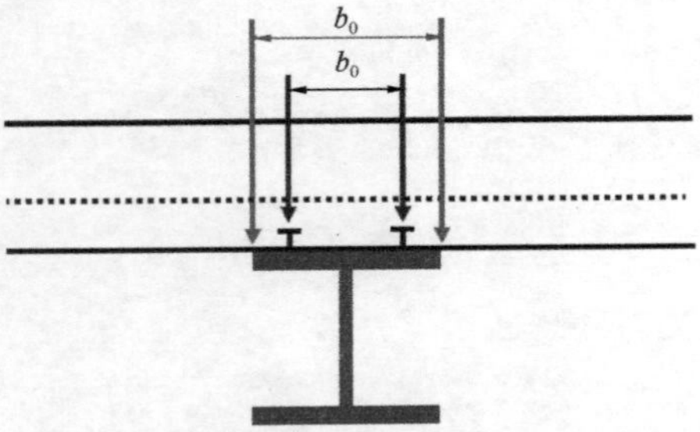

图 9.1-1　肋与梁垂直

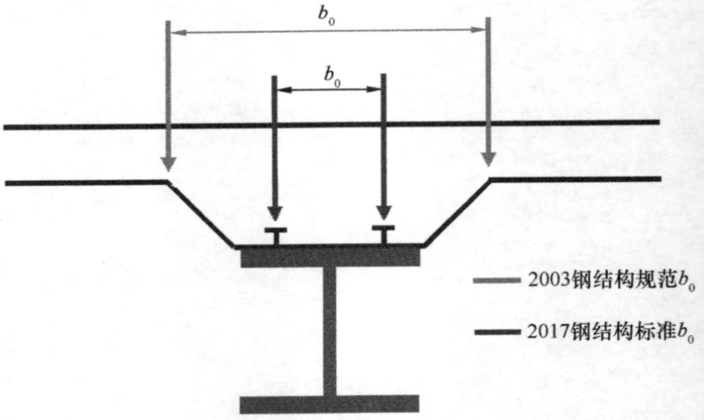

图 9.1-2　肋与梁平行

对比变化可以看到，如果采用压型钢板的组合（非组合）楼盖时，新标准下取得的b_0会较老规范变小，尤其是肋与梁平行时，差异相对更大。如果抗剪栓钉采用一排或者两排以上时，最终有效翼缘宽度的差异会进一步增加。当然对于直接采用混凝土楼板的情况，新旧规范的b_0取值没有发生变化。

程序目前在处理 b_0 时，都是按照楼板与钢梁直接接触的原则自动生成。所以如果实际采用了压型钢板组合（非组合）楼盖时，需要人为修改 b_0 的取值（见图 9.1-3、图 9.1-4）。

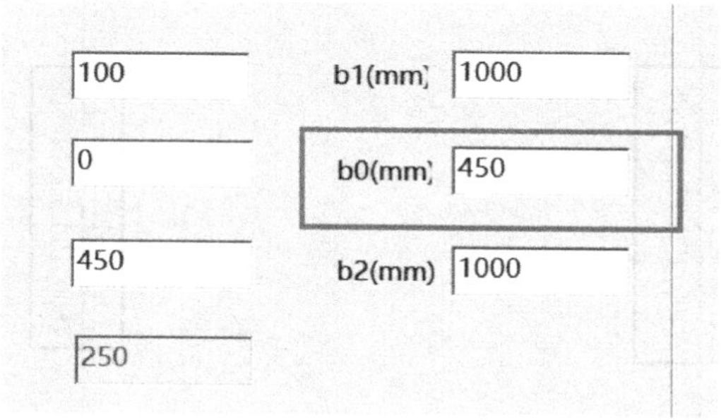

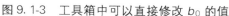

图 9.1-3　工具箱中可以直接修改 b_0 的值

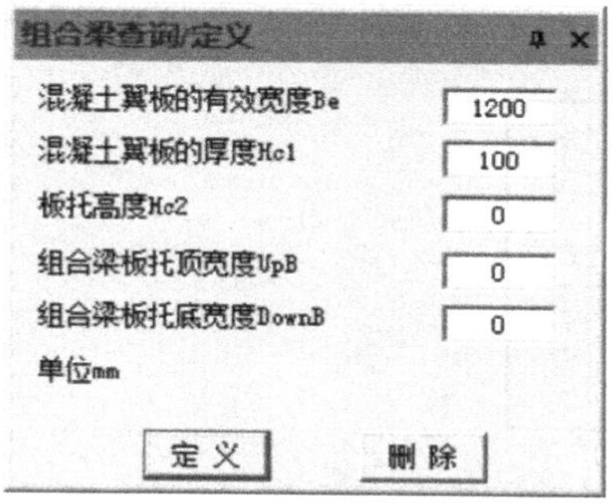

图 9.1-4　SATWE 里没有 b_0 的定义，可以直接修正 B_e 值

在计算 b_1 和 b_2 时，新钢标引入了一个等效跨径 l_e 的概念，对于不同位置不同约束的梁的等效跨径是不同的，如表 9.1-1 所示。而在旧规范中，没有等效跨径的概念，直接用的组合梁跨度。

标准对等效跨径的取值　　表 9.1-1

位置	l_e	位置	l_e	位置	l_e
连续梁边跨	$0.8l$	连续梁中间跨	$0.6l$	简支梁	l

当然，大部分设计师的设计习惯只会对简支梁按组合梁进行设计，所以对实际设计的影响并不会很大。

在最终计算，新钢标中取消了 6 倍板厚和 1/6 跨长取小的设定，直接取 1/6 等效跨径。当板厚较薄时，对简支的组合梁新钢标实际会算得更大一些。

下面以 PKPM V4.2 版软件计算结果为例，说明不同条件下组合梁有效翼缘宽度。组合梁有效翼缘宽度见图 9.1-5，软件计算结果见表 9.1-2。

软件计算结果显示　　表 9.1-2

测试条件	软件计算（17 钢标）	软件计算（03 钢规）	手算校核（17 钢标）
翼缘 400 宽；简支梁；中间跨；梁宽度 6000	2400	1600	400+6000/6+6000/6=2400
翼缘 400 宽；连续梁；中间跨；梁宽度 6000	1600	1600	400+(0.6×6000/6)×2=1600
翼缘 400 宽；连续梁；中间跨；梁宽度 6000	1000	1000	400+(0.6×6000/6)=1000

注：板厚均为 100，表中尺寸单位为 mm。

对比可以发现，对于简支梁，17 钢标的计算结果较旧规范有效翼缘宽度会大一点，这样带来的直接效果就是组合梁混凝土部分的面积增加，中和轴也更容易进入到混凝土楼

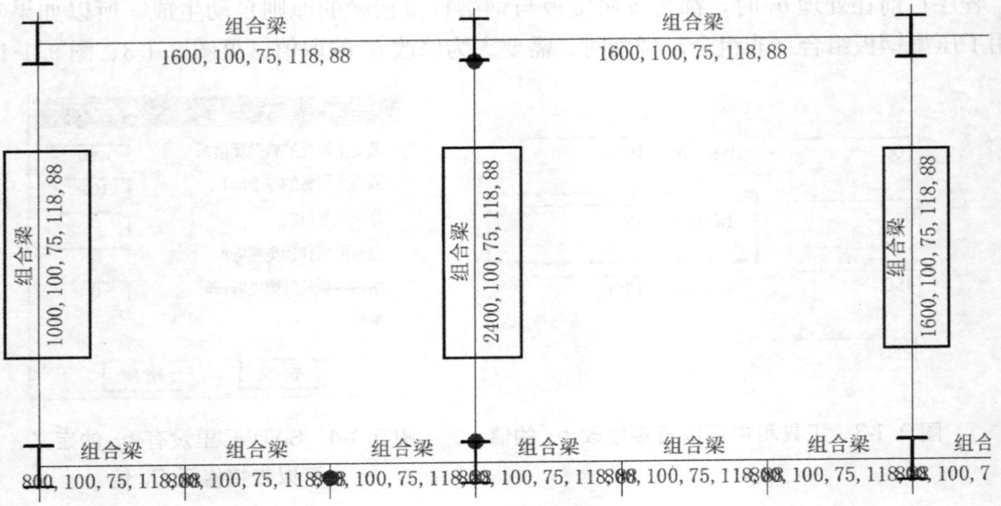

图 9.1-5 组合梁有效翼缘宽度

板中。参考前面的梁的宽厚比控制原则，组合梁中的钢梁在更多时候会采用弹性设计方法，对宽厚比的限值就会更加宽松。

而对连续梁，即使考虑了最多 0.6 的跨长折减，在大部分情况下，有效翼缘的宽度也不会小于旧规范，也就不会出现比旧规范更严的情况。

结论：新钢标的修改对简支的直接接触楼板的组合梁验算比较有利，都会减小梁截面；但是对于其他情况，由于考虑到栓钉间距以及等效跨径等原因，并不一定会减小梁截面。

9.1.3 纵向抗剪验算

考虑到实际使用中，抗剪键会在界面上形成较大剪力，导致混凝土受压破坏，所以混凝土楼板的抗剪界面也需要进行承载力验算。

新钢标 14.6.1 条规定了纵向抗剪验算的具体方法，程序也在使用阶段的验算中增加该部分的验算，并增加了该部分验算的结果输出。

14.6.1 组合梁板托及翼缘板纵向受剪承载力验算时，应分别验算图 14.6.1 所示的纵向受剪界面 a-a、b-b、c-c 及 d-d。

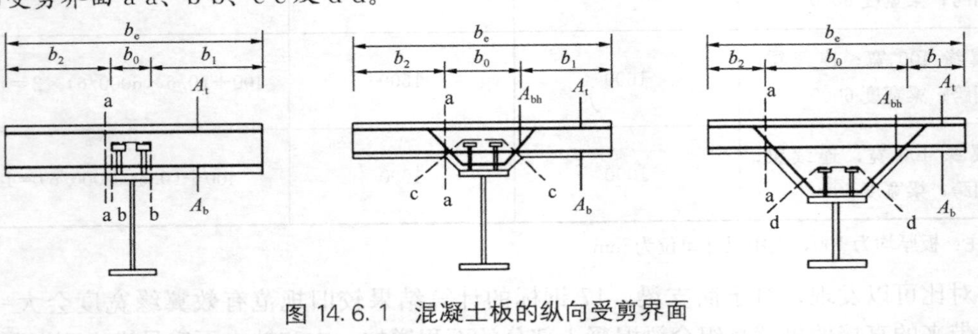

图 14.6.1 混凝土板的纵向受剪界面

标准给出的情况中考虑了凹槽中配置钢筋的情况，程序也提供了此处钢筋的配置输入（图 9.1-6）。如果实际并没有在其中配置钢筋，可以将承托底部的钢筋直径修改为 0，下皮钢筋也可同样处理。

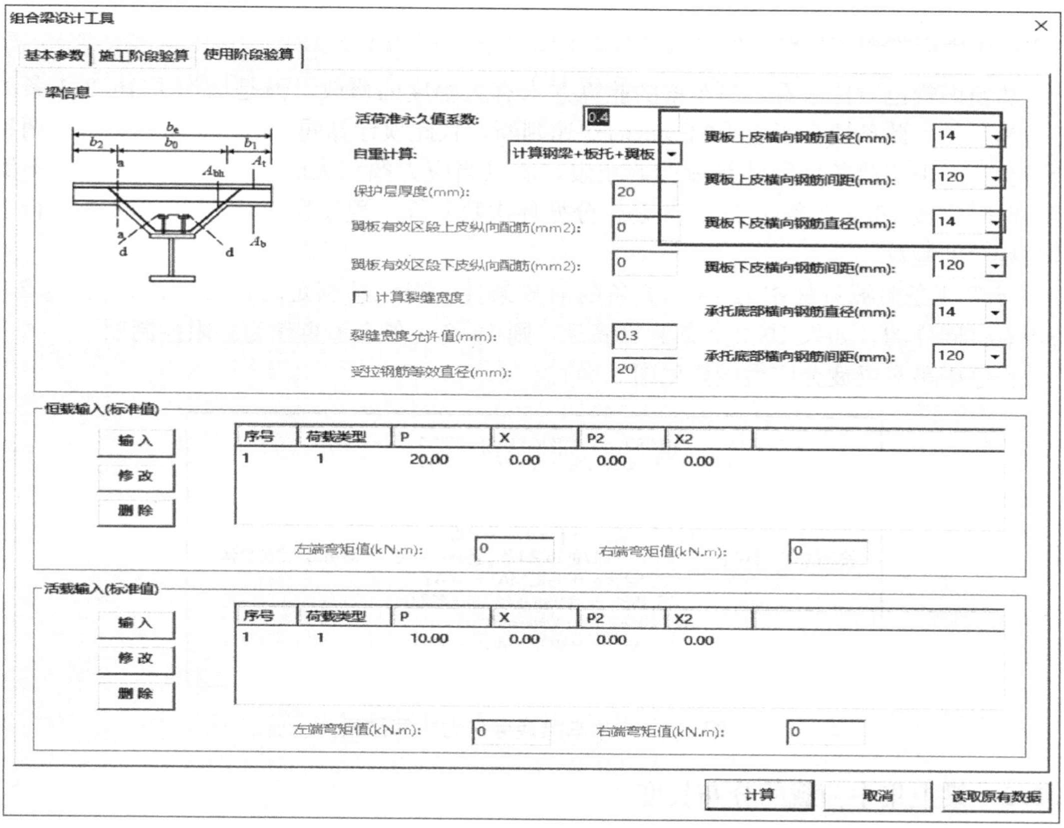

图 9.1-6　组合梁工具箱参数

程序对纵向抗剪采用的是验算的方法，如果最后承载力不满足要求，则需要调整实际的配筋。如图 9.1-7 所示。

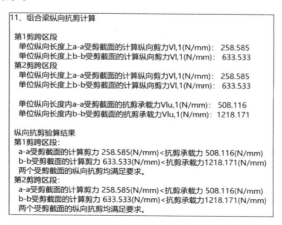

11、组合梁纵向抗剪计算

第1剪跨区段
单位纵向长度上a-a受剪截面的计算纵向剪力Vl,1(N/mm): 258.585
单位纵向长度上b-b受剪截面的计算纵向剪力Vl,1(N/mm): 633.533
第2剪跨区段
单位纵向长度上a-a受剪截面的计算纵向剪力Vl,1(N/mm): 258.585
单位纵向长度上b-b受剪截面的计算纵向剪力Vl,1(N/mm): 633.533

单位纵向长度内a-a受剪截面的抗剪承载力Vlu,1(N/mm): 508.116
单位纵向长度内b-b受剪截面的抗剪承载力Vlu,1(N/mm): 1218.171

纵向抗剪验算结果
第1剪跨区段:
a-a受剪截面的计算剪力 258.585(N/mm)<抗剪承载力 508.116(N/mm)
b-b受剪截面的计算剪力 633.533(N/mm)<抗剪承载力1218.171(N/mm)
两个受剪截面的纵向抗剪均满足要求。
第2剪跨区段:
a-a受剪截面的计算剪力 258.585(N/mm)<抗剪承载力 508.116(N/mm)
b-b受剪截面的计算剪力 633.533(N/mm)<抗剪承载力1218.171(N/mm)
两个受剪截面的纵向抗剪均满足要求。

图 9.1-7　组合梁纵向抗剪验算结果

9.2 吊车梁工具箱

9.2.1 疲劳验算相关修改

从新旧规范对比来看，吊车梁的验算并未有大幅度的修改，但是增加了 16.2.1 条的应力幅验算。此条适合于应力幅较低时快速判断，且此项计算同时适用于常幅和变幅两种疲劳验算。由于此条采用的是疲劳截止限，所以当应力幅稍大时，此条往往验算会不满足，此时应按 16.2.2 条或 16.2.3 条，分循环次数验算。程序目前只按 16.2.2 条进行了常幅疲劳的验算。

16.2.1 条验算只是作为 16.2.2 条的前置条件，当该项满足时，可不再进行 16.2.2 条验算；同样的，如果 16.2.2 条验算满足，则 16.2.1 条也不再作为超限控制项。

程序中吊车梁疲劳应力验算见图 9.2-1。

```
                rt =       1.000
        a*SIGMA =      40.052 <= rt*[SIGMAL] = 70.0
 ***** a*SIGMA:0 =     48.353 > rt*[SIGMAL:0] = 46.0
   ***** a*Tao:0 =     16.299 > [TAOL:0] = 16
      a*SIGMA:5 =      43.814 <= rt*[SIGMAL:0] = 46.0
            L/FY =     69092.562 >= [L:FY] = 2200
按钢结构设计规范  GB50017-2017的16.2.1条，计算不满足，下面用16.2.2条验算。
        a*SIGMA =      40.052 <= rt*[SIGMA] = 144.0
      a*SIGMA:0 =      48.353 <= rt*[SIGMA:0] = 112.0
         a*Tao:0 =     16.299 <= [TAO:0] = 59
      a*SIGMA:5 =      43.814 <= rt*[SIGMA:0] = 112.0
按钢结构设计规范  GB50017-2017的16.2.2条，计算满足。
```

图 9.2-1　吊车梁疲劳应力验算结果

9.2.2 梁上集中荷载的分布长度

吊车梁除了需要验算疲劳等情况外，还需要验算吊车小车车轮集中力作用下，吊车梁腹板的局部承压。

其中局部承压的计算公式规范没有发生变化，但是对于梁上集中荷载的假定分布长度 l_z，新的钢结构标准在旧规范公式（4.1.3-2）的基础上，又提出了一个新的公式：$l_z = 3.25\sqrt[3]{\dfrac{I_R + I_f}{t_w}}$。这个公式中除了 I_R 以外都是已知吊车梁的参数，I_R 为轨道的惯性矩。

在吊车梁设计时，程序提供了两种假定分布长度的选择，这两种方式都是规范允许的计算方式，选择任何一种方式都可以。见图 9.2-2。

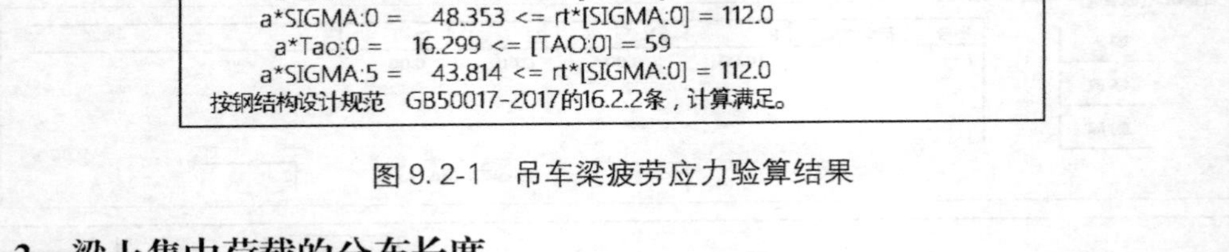

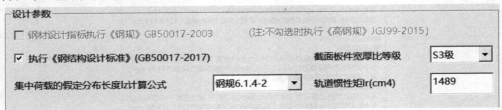

图 9.2-2　吊车梁工具箱中定义轨道惯性矩

轨道的惯性矩在标准的条文说明的表 11 中，可以根据轨道的参数查询到，见图 9.2-3。

轨道规格及其惯性矩(cm^4)								
24kg	33kg	38kg	43kg	50kg	QU70	QU80	QU100	QU120
486	821.9	1204.4	1489	2037	1082	1547.4	2864.73	4923.79

图 9.2-3　不同规格轨道的惯性矩

这里以 43kg 的吊车梁轨道为例，对比钢标 6.1.4 条第 3 款和 6.1.4 条第 2 款的计算结果。

其中吊车梁的截面参数如图 9.2-4 所示。

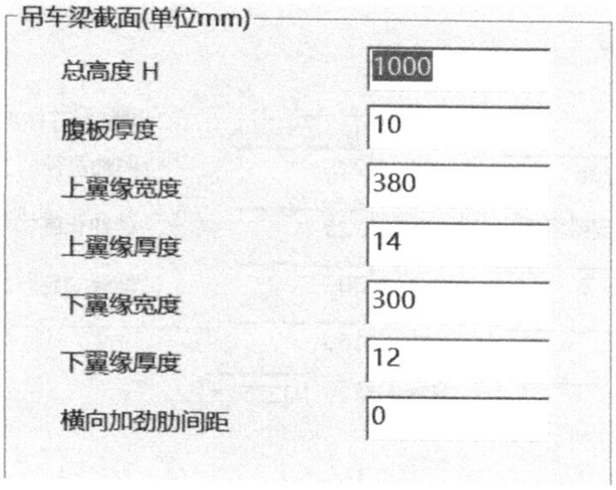

图 9.2-4　吊车梁截面参数

吊车采用默认的两台 5t 的轻级工作制吊车。

按 6.1.4 条第 3 款考虑假定分布后，程序给出的挤压应力的结果为：128.836（N/mm^2）；而按 6.1.4 条第 2 款计算的结果为：122.824（N/mm^2）。可见按新增公式计算时，假定分布长度一般会较旧公式略大，但差异并不很大，对结果影响较小。

9.3　增加了销轴连接设计工具箱

钢结构工具箱依据新钢标第 11 章的内容增加销轴节点设计的功能（图 9.3-1）。销轴连接只能适应面内受力的情况，所以如果存在较大的面外荷载，建议采用其他方法进行验算。

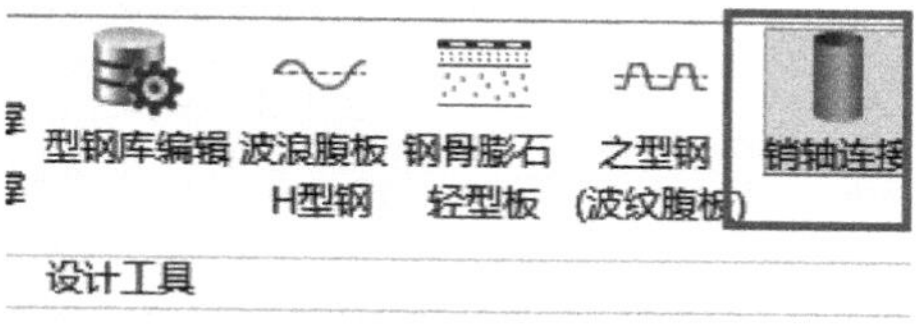

图 9.3-1　销轴连接设计菜单按钮

当上耳板的数量超过 2 个时，销轴杆的弯矩有两种考虑方法：简支梁和连续梁。梁的支座取耳板厚度中点的位置，此时可以看到销轴的弯矩会相应的改变。销轴连接设计对话框见图 9.3-2。

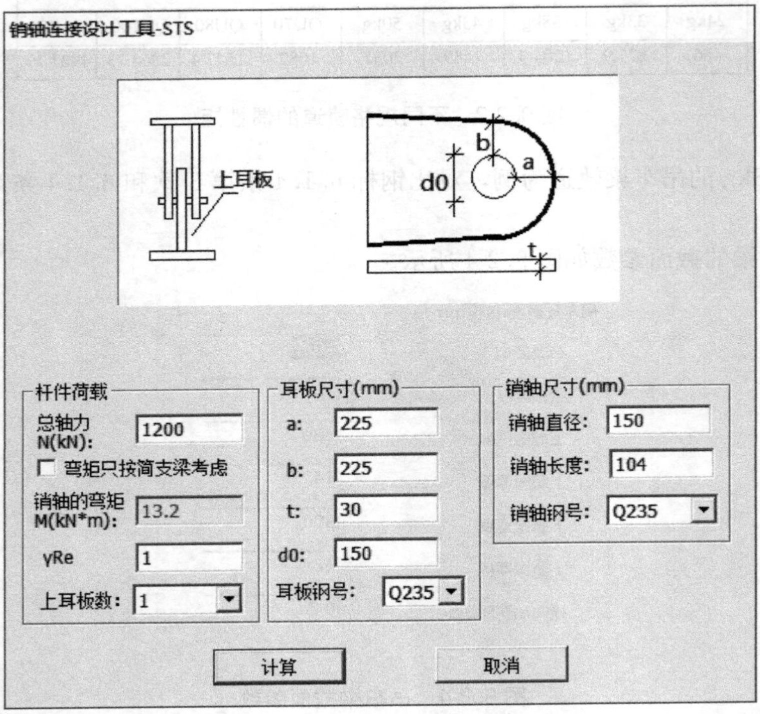

图 9.3-2　销轴连接设计对话框